빵선생 이성실의

홈 베이킹 노트

이성실 지음

엄마의 곰돌이 빵, 아내의 단팥빵, 남편의 생일케이크……
빵을 구우며 마음을 나누는 이 자리가 참 행복합니다!

매일 아침 제 스튜디오는 진하게 내린 커피 한 잔과 행복한 수다로 문을 엽니다.

가족들이 먹을 빵을 만들기 위해 반죽을 하면서, 오븐에 넣은 반죽이 익기를 기다리면서, 그리고 맛있게 구워진 빵을 나누어 먹으면서 우리들은 많은 이야기를 나누지요. 물론 아이들 이야기를 할 때가 다들 가장 행복해보여요.

아이들이 먹을 빵과 쿠키, 케이크를 직접 만들어주려고 정성껏 몰두하는 엄마들을 보면 문득 제가 처음 베이킹을 시작하던 때가 떠오릅니다. 어떻게 하면 조금 덜 달고 덜 기름진 빵을 먹일 수 있을까? 저 역시 그런 생각으로 빵을 굽기 시작했으니까요.

어느 날 한 아이가 편지를 보내왔습니다.

– 선생님, 오늘은 우리 엄마가 만든 곰돌이 빵이 좀 멋졌어요!

다음번엔 저도 엄마와 함께 가서 반죽하는 거 도울래요.

참, 눈썹이 찌그러진 곰돌이 빵을 깨물었더니 초콜릿이 나와서 깜짝 놀랐어요.

잘 먹겠습니다.

그런데 아이가 먹은 것이 정말 곰돌이 빵뿐이었을까요?

아닙니다. 아이는 곰돌이 빵 속에 가득한 엄마의 사랑도 함께 먹은 거예요. 눈썹이 좀 찌그러졌다고 해도 아마 세상에서 가장 맛있는 빵이었을 거예요.

제 수업을 듣는 아내의 남편이 핸드폰으로 메시지를 보내오기도 했습니다.

– 오늘 아내가 만들어온 단팥빵은 정말 눈물의 단팥빵이었습니다.

한국에서의 추억이 담긴, 따뜻한 단팥빵!

제 아내에게 좋은 걸 가르쳐주셔서 감사합니다.

아내의 생일에 세상에 하나뿐인 케이크를 깜짝 선물하고 싶다며 찾아온 남편도 있었지요.

일일이 열거하지 않아도 우리는 빵이 사람들에게 사랑과 행복을 선물한다는 것을 이미 알고 있습니다.

저는 오랜 시간 많은 사람들과 베이킹에 관한 이야기를 나누며 소통해 왔습니다. 셀 수 없이 많은 종류의 빵과 케이크, 디저트를 구우면서 쉬지 않고 가르쳤지요. 가끔 힘에 벅차 지치는 순간도 있었지만 언제나 베이킹을 사랑했고 지금도 사랑에 푹 빠져 있습니다. 이 일을 하게 된 것도 늘 감사히 생각하고요. 제가 한 일이라곤 단지 누군가에게 빵 만드는 법을 가르쳤을 뿐인데 상상도 못했던 감동을 선물 받은 적이 한두 번이 아니거든요.

제게 '빵선생'이라는 호칭은 정말 기쁘고 자랑스러운 별명입니다.

《빵선생 이성실의 홈베이킹 노트》는 저의 베이킹 책으로는 네 번째 책입니다. 이전 책에 채 담지 못했던 새로운 메뉴들을 소개하는 한편 기존 메뉴에서 꼼꼼히 다루지 못했던 기본원리와 실패 요인을 섬세하게 다루고 싶어 조금 욕심을 냈더니, 책의 두께가 어마어마해졌습니다.

하지만 처음으로 홈베이킹을 시작하는 분들이나 이미 홈베이킹과 사랑에 빠져 더 멋진 빵을 굽고 싶은 분들에게는 적지 않은 도움이 되리라 믿습니다. 아무쪼록 이 책이 우울할 때나 슬플 때, 심심할 때마다 늘 펼쳐 놓고 행복을 굽는 좋은 친구가 되었으면 좋겠습니다.

2015년 가을, 베이징 스튜디오에서
빵선생 이성실 올림

Daily Bread

Sweet Bread

머핀

비스킷과 스콘

도넛

Simple Cake

Lovely Dessert

홈베이킹의 기본 재료

빵, 쿠키, 케이크, 마카롱, 무엇을 만들던지 가장 먼저 떠오르는 재료들이 있어요. 베이킹을 시작하기에 앞서 기본적인 재료, 메뉴마다 필요한 특징적인 재료 등을 알고 그 역할과 성질 등을 이해하면 한결 수월하게 작업을 할 수 있어요. 베이킹은 생각보다 꽤 과학적이어서 재료를 완벽히 다룰 줄 알아야 성공적인 결과물을 만들 수 있습니다. 베이킹 전반에 꼭 필요한 기본 재료를 소개할게요. 종목에 따라 간혹 쓰이는 특수 재료는 해당 레시피에 표기했습니다.

1 밀가루

빵이나 케이크, 쿠키 등을 만들 때 첫 번째 기준이 되는 것이 밀가루예요. 반죽의 구조를 형성하고 불에 굽는 동안 호화되어 그 구조를 유지하는 중요한 역할을 하지요. 밀가루에 포함된 밀단백질의 양에 따라 용도가 나뉘는데, 단백질 함량이 가장 높은 강력분, 중간 정도의 중력분, 함량이 가장 낮은 박력분으로 나뉘어요.
특히 빵에 있어 밀가루의 역할은 절대적인데, 맛과 모양을 좌우하는 가장 중요한 재료입니다. 다량의 버터와 설탕으로 맛과 질감을 내는 케이크나 머핀, 쿠키, 파이, 스콘 등은 밀가루 의존도가 빵에 비해 자유롭지만, 이 역시 어떤 밀가루를 사용하느냐에 따라 식감이 달라집니다. 예를 들어, 중력분의 가장 좋은 용도는 머핀이나 파운드케이크 같은 버터케이크예요. 밀가루의 배합량이 많고 묵직한 식감을 가진 메뉴에 적당하지요. 각 레시피에 적당한 밀가루를 재료에 표기했습니다.

2 감미료

여러 가지 종류의 설탕과 꿀, 시럽 등의 감미료는 제과제빵에서 여러 가지 역할을 담당해요. 빵을 만들 때 사용하는 가장 기본적인 감미료는 백설탕이고, 통밀 같은 곡물빵을 만들 때는 꿀이나 메이플시럽 등의 천연감미료를 사용해 풍미를 더해요. 빵을 제외한 케이크나 쿠키, 스콘, 파이 등에서 감미료의 역할은 단맛을 내는 것뿐 아니라 수분 보유력을 높여 식감을 촉촉하게 만드는 거예요. 밀 단백질을 연화시켜 조직을 부드럽게 만들고 반죽을 굽는 동안 껍질 색을 진하고 먹음직스럽게 만드는 역할을 합니다.

3 유지

홈베이킹에 가장 흔하게 쓰이는 버터는 유지 중에서 가장 풍미가 뛰어나 빵이나 케이크, 쿠키, 스콘, 파이 등에 개성 있는 맛과 향을 냅니다. 버터는 약 80%의 우유 지방과 14~20%의 수분으로 이루어지는데, 쉽게 녹고 냄새를 잘 흡수하는 성질이 있어 −5~0℃의 낮은 온도에서 밀폐하여 보관하는 것이 좋습니다. 기본적으로는 무염버터를 사용하며, 가염버터를 사용할 경우에는 이를 감안하여 레시피 상의 소금 양을 줄이도록 하세요.

빵에 있어 유지는 반죽을 할 때 글루텐이 늘어나는 것을 도와 볼륨이 풍성한 빵으로 만들어요.

빵 결(크럼)과 빵 껍질(크러스트)을 얇고 부드럽게 만들며, 수분 증발을 막아 노화를 지연시켜요.

파운드케이크나 머핀, 쿠키에 있어 버터의 존재는 믹싱할 때 공기를 잡아들여 부피를 늘이는 '크림성'을 높이고 식감을 부드럽게 하며, 장기간 보존해도 산패되지 않도록 도와줍니다. 파이를 만들 때는 반죽이 잘 밀어 펴지도록 '신장성'을 더해주지요. 또, 파이 반죽에 들어가는 버터의 양이 많아질수록 바삭바삭 부서지기 쉬운 상태가 되고, 양이 줄어들수록 식감이 단단해지기 때문에 적절한 배합이 필요합니다.

4 달걀

달걀은 특히 케이크와 쿠키에서 중요한 역할을 담당해요. 밀가루와 함께 구조를 형성할 뿐만 아니라, 노른자에는 '레시틴'이라 불리는 천연 유화제가 들어 있어서 부드러운 식감을 만드는 데 꼭 필요한 재료입니다.

5 소금

소금은 적은 양을 사용하지만 모든 재료의 맛이 조화를 이루도록 해 완성된 후의 맛에 결정적인 역할을 합니다. 빵 반죽에서 소금은 이스트의 활동에 관여해서 발효를 조절해주며 반죽 내에 잡균이 번식하는 것을 막아줘요. 케이크나 쿠키 등에 소금이 들어가면 간이 맞아 단맛이 더해집니다. 가염버터를 사용하는 레시피에는 소금의 양을 조금 줄이도록 하세요.

6 유제품

빵을 만들 때 우유나 버터밀크, 탈지분유 등의 유제품이 들어가면 빵 껍질(크러스트)의 색과 광택이 좋아져 먹음직스럽게 보여요. 유제품은 보수성이 강해 빵결(크럼)을 부드럽게 하지요. 파운드케이크나 머핀, 스콘 등에 주로 쓰이는 유제품은 밀가루와 함께 구조를 형성하는 역할도 해요. 우유에 산을 가미해 응고시킨 버터밀크, 생크림을 발효시킨 사워크림, 우유나 요플레 등이 베이킹에 주로 사용되는 유제품입니다.

7 곡물

이 책에서는 맛과 영양을 위해 오트밀과 플랙시드를 부재료로 사용한 메뉴를 몇 가지 소개했어요. 귀리를 볶아 납작하게 눌러 만든 오트밀은 몸에 좋은 섬유소를 다량 함유하고 있어 건강식 베이킹에 자주 사용됩니다. 플랙시드는 오메가3 지방산과 식물성 에스트로겐을 많이 함유하고 있을 뿐 아니라, 항암효과에 탁월한 성분도 다량 들어 있어요. 플랙시드를 구입할 때는 반드시 전곡 형태의 볶은 씨앗을 구입해 필요할 때마다 갈아서 사용하세요.

밀가루 외에 베이킹에 사용되는 대표적인 가루 재료로는 코코아파우더와 아몬드파우더가 있어요. 코코아 파우더는 카카오에서 코코아버터를 제거하고 건조시켜 곱게 분쇄한 것으로, 초콜릿의 풍미와 색감을 더해줍니다. 코코아파우더에는 지방 성분이 있어 수분 반죽에 잘 섞이지 않으므로 반드시 밀가루와 함께 체에 2~3번 내려 사용하고, 때에 따라 우유나 액체 재료에 녹여 섞어야 합니다.

아몬드파우더는 아몬드의 껍질을 벗겨 곱게 빻아 만들어요. 아몬드 자체의 유분이 촉촉한 상태를 유지하기 때문에 밀가루의 일부를 대신할 경우 고소한 맛과 함께 촉촉하고 부드러운 식감의 결과물이 됩니다. 보통 밀가루 대비 15~30% 선에서 밀가루를 대신할 수 있어요. 너무 많은 양을 사용하면 케이크 구조에 영향을 주어 부슬부슬 부서집니다. 반드시 밀가루와 함께 체에 내려 사용하며, 체에 내린 뒤에도 다시 뭉칠 수 있으니 주의하세요. 공기 중에 오랜 시간 노출되면 산화되므로 반드시 밀봉하여 냉장고에 보관하세요.

9 팽창제

이스트는 빵을 만들 때 사용하는 효모로, 반죽의 발효를 담당해요. 물과 섞여 반죽에 들어가면 반죽 속 당분을 먹이로 분해하면서 탄산가스와 함께 빵의 풍미를 내는 물질을 배출하여 빵에 볼륨과 맛을 더해줍니다. 홈베이킹에 가장 널리 사용되는 인스턴트 드라이이스트는 별도로 물에 발효시키지 않아도 되어 편리하고, 밀폐용기에 담아 냉장고에 넣어두면 6개월 정도 보관해두고 쓸 수 있어요.

베이킹파우더는 케이크나 쿠키, 스콘 등의 부피를 키우고 부드러움을 더하는 팽창제입니다. 열에 의해 화학반응을 일으켜 반죽 내에서 탄산가스와 암모니아가스를 발생시키는데, 이 가스가 반죽을 부풀리고 조직을 가볍게 만들어줍니다. 베이킹파우더는 베이킹소다와 산성제, 전분을 섞어 만든 것으로, 비누 맛과 쓴맛이 나는 베이킹소다의 단점을 보완한, 안정적인 팽창제이지요. 레몬즙이나 꿀, 과일, 코코아파우더, 초콜릿, 버터밀크 등의 산성 물질을 사용하는 베이킹에서는 산성을 중화시키기 위해 베이킹파우더와 베이킹소다를 함께 넣기도 합니다.

사워크림

사워크림은 우유에서 지방을 분리해 만든 생크림이 주재료라서 유지방 함량이 높고
유산균으로 발효시켜 적절한 신맛이 가미된 크림이지요. 파운드케이크나 머핀, 스콘
등을 만들 때 주로 쓰여요. 스콘이나 비스킷을 만들 때 버터 대신 사워크림을 사용하
면 진하고 고소한 맛을 낼 뿐 아니라 촉촉하고 부드러운 식감을 만들어 '매직 크림'이
라고 불린답니다.

재료
생크림 또는 휘핑크림 200g
무가당 플레인 요플레 50g

만드는 법

깨끗이 소독한 밀폐용기나 유리병에 생크림(또는 휘핑크림)과 무가당 플레인 요플레를 넣
고 대충 섞은 다음 살짝 따뜻한 정도의 실온에 하루 정도 두세요. 크림 상태로 응고되면 냉
장고에 넣고 차갑게 식혀 좀 더 단단한 크림으로 만들어 사용합니다. 냉장고 안쪽이나 김
치냉장고에 보관하세요.

- 사워크림은 냉동하면 수분이 맺혀 해동할 때 몽글몽글한 덩어리가 생겨 잘 풀어지지 않
  으니 냉장보관하도록 하세요. 사워크림을 만들 때는 지방 함량이 30% 이상인 동물성 생
  크림(또는 휘핑크림)을 사용해야 농도가 짙고 단단하게 응고되어 크림 상태를 만들기에
  좋아요.

캐러멜시럽

캐러멜시럽은 설탕이나 꿀 같은 감미료로 사용해요. 달큰하고 향긋해 빵이나 케이크
에 좋은 풍미를 더하지요. 캐러멜시럽은 시중에 판매하는 것보다 집에서 만든 것이
훨씬 맛이 좋아요. 백설탕과 생크림만 있으면 간단하게 만들 수 있어요.

재료
백설탕 100g
생크림 100g

만드는 법

냄비에 설탕을 넣고 불에 올려 녹여요. 설탕이 녹으면서 점점 갈색으로 캐러멜화 되면 다
른 냄비에 생크림을 넣고 냄비 가장자리에 기포가 생기기 직전까지 뜨겁게 데우세요. 전체
적으로 바글바글 끓어올라 갈색으로 변한 설탕에 뜨겁게 데운 생크림을 조금씩 부어주면서
골고루 섞은 다음 불에서 내립니다.
생크림과 캐러멜화 된 설탕이 매끈하게 골고루 섞이도록 잠시 더 저은 다음 적당하게 식으
면 깨끗하게 소독한 밀폐용기나 병에 넣어 굳힌 뒤에 사용하세요.

- 설탕을 끓여 녹일 때 도구를 이용해 저어주면 결정이 생기므로 가만히 두고 끓여요.
- 생크림을 부을 때는 조금씩 천천히 부어주세요. 캐러멜화 된 설탕에 뜨겁게 데운 생크림
  이 들어가면 설탕이 심하게 끓어올라 넘칠 수 있고 화상을 입을 수도 있어요.

바닐라엑스트랙

달걀이 주재료인 쿠키나 머핀, 케이크류를 만들 때 사용하는 바닐라엑스트랙은 아주 적은 양이 들어가지만 매우 중요한 재료입니다. 달걀의 비린내를 없애주고 케이크나 머핀, 쿠키 등의 풍미를 높여 고급스럽게 마무리하도록 도와주지요. 시중에 판매하는 것과는 차원이 다른 풍미를 내는 홈메이드 바닐라엑스트랙 레시피를 알아두세요.

재료
바닐라빈 10개 정도
럼 700ml(약 1병)

만드는 법

키친타월이나 마른 면보자기로 바닐라빈의 겉을 닦고, 가위나 칼로 끝을 조금 남긴 채 길게 반으로 갈라요. 럼이 담긴 병에 바닐라빈을 넣고 뚜껑을 닫아 햇빛이 들지 않는 어두운 곳에서 2개월 이상 숙성시켜요. 숙성시키는 중간중간 병을 흔들어 섞어줍니다.

• 만든 시간이 지날수록 풍미와 색이 진해져 6개월 정도 지났을 때가 가장 맛이 좋아요. 빈 병에 담아 만들 때는 병을 뜨거운 물에 삶아 소독해서 사용하고, 바닐라엑스트랙을 따를 때는 병을 살살 흔들어 가라앉은 씨앗도 함께 넣어주세요. 씨앗이 깊은 풍미를 더해줍니다.

Tools of Baking
꼭 필요한 기본 도구

홈베이킹에 필요한 준비물을 살펴볼까요?
베이킹에 기본적인 도구 리스트를 점검해보세요.
용도와 원리, 사용법, 주의사항 등을 알아두고 적절하게 활용하세요.
성공적인 베이킹을 도와줄 무기들이니 잘 사용하고 정성과 사랑으로
보살펴야 합니다.

오븐

베이킹 도구의 결정판을 하나 꼽으라면 오븐이라고 하겠습니다. 좋은 재료를 구입해 시간과 공을 들여 최상의 반죽을 만들었다가도 오븐이 빵을 제대로 구워내지 못하면 소용없으니까요. 오븐은 그 종류가 다양하고 같은 오븐이라도 사용하는 사람이나 환경에 따라 다른 결과물을 만들어내기 때문에 까다로운 도구이기도 해요.

제가 베이킹 수업을 하는 스튜디오에는 가장 큰 사이즈의 가정용 오븐 여섯 대가 있어요. 그런데 빵이나 케이크를 구울 시간이 되면 수강생들 사이에 신경전이 벌어집니다. 어느 한 오븐을 차지하기 위한 쟁탈전이에요. 여섯 대의 오븐 중 유독 사랑을 받는 오븐이 하나 있어요. 빵의 볼륨도 더 안정적으로 나오고 굽는 중간에 빵판을 꺼내 앞뒤로 돌려주지 않아도 색이 고르고 예쁘게 잘 나지요. 다른 오븐에 비해 위아래로 열선이 한 줄씩 더 있고 오븐 문이 이중으로 되어 있어 열손실도 적어요. 그러다 보니 확연히 다른 결과물이 나오더라고요. 오븐을 구입할 때는 여러 가지를 잘 살펴야 합니다. 가격대가 높은 도구인데다 부엌에서 차지하는 공간이 만만치 않으니 더욱 신중해야겠지요. 비싼 오븐이 꼭 좋은 것은 아니지만 기능을 무시해서는 안 됩니다. 처음이니까, 집에서 가끔 사용하니까 저렴하고 간단한 것을 선택했다가 후회하는 경우가 많아요. 베이킹이라는 것이 하면 할수록 도전해보고 싶은 종목이 많아져 나중에 오븐을 다시 구입해야 하는 일이 종종 벌어지지요. 그렇

다고 전문가용의 고급스러운 오븐은 필요 없어요. 가장 중요한 건 온도를 내는 스타일이에요.

베이킹에서 가장 경계해야 할 것 중의 하나가 오븐의 온도인데, 가정용 오븐은 정확한 온도를 내기 쉽지 않기 때문이에요. 예를 들어, 180℃로 예열을 했다고 가정했을 때 오븐에 표시된 온도는 180℃이지만 온도계로 직접 열을 재보면 그보다 높거나 낮은 경우가 대부분이에요. 오븐에 표시된 온도만 보고 판단해서는 절대 안 되는 이유랍니다. 제 스튜디오에 있는 여섯 대의 오븐도 제각각 온도가 달라요. 그래서 저는 열이 센 오븐부터 1~6번까지 순서를 정해 배열해놓고 사용합니다. 여섯 대의 오븐으로 180℃에서 25분 동안 머핀을 구웠을 때 그 결과는 어땠을까요? 온도가 170℃ 미만이었던 오븐에서 나온 머핀은 덜 익어 가운데 부분이 찐득하고, 200℃가 넘는 오븐에서 구운 머핀은 수분이 많이 날아가 부슬거리고 질기며 뻑뻑해졌어요. 그러니 덜 익은 머핀은 5분 이상 더 굽거나 온도를 조금 높여줘야 하고, 너무 오버된 머핀은 5분 이상 일찍 꺼내거나 온도를 낮춰주는 작업이 필요합니다.

본인이 가지고 있는 오븐의 성향을 얼마나 잘 파악하고 있느냐가 베이킹의 성공 여부에 있어 매우 결정적인 요인이라는 것을 꼭 기억하세요. 책에 제시된 온도와 시간으로 예열해 빵을 구울 때도 내가 가지고 있는 오븐의 상태를 고려해서 사용하세요.

제빵기와 믹서

빵을 반죽하거나 달걀을 거품화시킬 때, 버터를 크림화시킬 때 제빵기나 핸드믹서, 스탠드 믹서 등이 필요합니다. 베이킹을 편리하게 해주는 요긴한 도구이지요. 손을 사용하면 힘이 드는 반죽을 손쉽고 안정적으로 만들어주기 때문에 결과적으로 맛있는 빵이나 케이크 등을 만드는 데 큰 역할을 담당하고 있어요.

제빵기는 반죽 코스를 이용해 반죽을 치대는 과정을 해결합니다. 키친에이드와 같은 스탠드 믹서는 빵 반죽뿐 아니라 달걀을 휘핑해 거품화시키고 버터를 크림화시키는 작업까지, 그야말로 멀티 플레이어 역할을 톡톡히 하지요. 그 모양도 수십 가지의 예쁜 컬러를 자랑해 홈베이커의 로망이라 불리는 기계입니다. 핸드믹서는 소형 믹서를 말하는 것으로, 스탠드 믹서와 같이 달걀을 휘핑하거나 버터를 크림화시킬 때 주로 사용합니다. 작고 가벼워 쉽게 사용할 수 있어요.

어떤 도구를 사용하던 가장 중요한 것은 본인에게 잘 맞아야 한다는 거예요. 손에 익숙해져야 좋은 결과물을 낼 수 있어요. 기계가 아무리 좋아도 만드는 사람 손에 맞지 않거나 섬세하게 주의를 기울이지 않는다면 고스란히 결과물에 나타나므로 괜히 도구 탓 말고 연습을 통해 손에 맞는 것을 찾고 익히도록 하세요.

팬

빵이나 케이크, 각종 디저트의 모양을 결정짓는 것은 바로 베이킹용 팬이에요. 식빵은 반드시 적정 용량의 반죽이 들어가는 식빵 전용 팬을 사용해야 하고, 시폰케이크는 가운데에 원기둥이 있는 전용 틀에 구워야 해요. 사용하는 팬의 이름이 곧 메뉴의 이름이 되는 경우가 있을 만큼 종목에 맞게 팬의 모양이나 크기를 선택하는 것이 중요합니다.

그 밖의 다양한 도구들

오븐, 제빵기, 믹서, 팬 외에도 베이킹에 필요한 도구들은 일일이 나열하기 어려울 정도로 많아요. 기본적으로 꼭 필요한 것도 있고 응용하고 꾸미는 데 쓰이는 도구도 있어요.

그 중에서도 묽은 반죽을 섞고 훑어 모으는 스패튤라와 반죽을 자르거나 가루 반죽을 긁어 모으는 스크레이퍼는 베이킹에서 내 손처럼 자유자재로 사용해야 하는 도구이지요. 반죽에 찔러 넣고 온도를 재는 반죽 온도계, 재료 분량을 정확하게 계량하는 저울과 계량컵, 가루를 내리는 체, 재료를 섞는 손거품기 등등 모두 꼭 필요한 도구입니다.

도구를 장만할 때는 모양도 중요하지만 기능적인 면을 반드시 고려해야 합니다. 새로 산 스패튤라의 손잡이가 손에 맞지 않아 믹싱이 엉성해져 반죽을 망치는 일이 실제로 종종 있어요. 베이킹에 투자되는 비용이 결코 적지 않기 때문에 하나를 사더라도 내 손에 익혀 오래 두고 사용할 수 있는 것을 선택하기를 바랍니다.

Daily Bread

반죽을 발효시켜 먹음직스럽게 구워내는 빵은 홈베이킹의 대표적인 종목이에요.
통밀을 사용한 건강빵, 누구나 좋아하는 식빵, 아침에 먹고 싶은 모닝빵, 바게트나 베이글과 같은
심플빵, 쿠헨타이크나 소보로 등의 간식빵까지. 그 종류를 다 셀 수도 없어요.
이탈리아의 슈퍼마켓에서 쉽게 볼 수 있는 국민빵이라 하여 이름 붙인
이탈리안 슈퍼마켓 브레드도 만나보세요.

빵 만들기를 시작해볼까요?

홈베이킹 종목 중에서 빵 만들기가 가장 어려울 거라고 생각하는 경우가 많아요. 반죽하고 발효시키는 과정이 막연히 어렵고 복잡해 보이나 봅니다. 그런데 빵 만들기의 포인트는 생각 외로 참 단순해요. 자신감을 가지고 원리를 한 번 살펴본 다음 실전에 돌입해볼까요? 홈베이킹에 있어, 그것이 어떤 종목이든 가장 확실한 성공 포인트는 경험이에요. 자꾸 만들어 봐야 자신만의 노하우와 감이 생긴답니다. 자, 빵을 만드는 과정이 어떠한지, 무엇을 기억해두어야 하는지 함께 짚어볼게요.

반죽을 성공적으로 잘 마치기 위해 이스트의 역할을 알아두세요. 살아 있는 효모인 이스트가 반죽 속에 함께 들어 있는 당분이라는 먹이를 먹고 활동을 시작해요. 그로 인해 여러 가지 가스가 생겨나는데, 이 과정을 '발효'라고 하지요. 이스트가 숨을 쉬며 내뿜은 이 가스를 얼마나 최대한 손실 없이 반죽 속에 보유시킨 채 굽느냐 하는 것이 빵의 풍미와 맛, 볼륨을 결정짓는 핵심입니다.

딱딱하거나 속이 찐득한 빵이 되는 이유를 대부분 재료에서 찾으려고 하는데, 빵의 실패 원인은 거의 이스트의 활동인 발효에서 오는 문제랍니다. 설탕이 조금 더 들어가서도 아니고, 버터 대신 포도씨오일을 넣어서도 아니에요. 반죽을 몇 번 더 주물렀다고 해서 빵을 망치지는 않아요. 반죽이 이스트가 만들어준 가스를 잘 지키지 못했기 때문이지요.

이렇게 이스트가 부지런히 활동해서 만들어준 좋은 풍미의 여러 가지 가스와 성분을 손실시키지 않으려면 빵 반죽 초기에 되기(질기)를 잘 조절해 글루텐이 잘 형성되도록 하는 것이 중요합니다.

반죽 상태가 부실하면 글루텐 조직이 불안정해지고 결국은 이스트가 만들어준 가스를 반죽이 다 품지 못하게 되지요. 그러니 재료에 물을 넣으며 반죽의 되기를 조절하는 일부터 유지(버터, 오일 등)가 투입되는 시점, 글루텐이 형성되도록 시간을 들여 치대는 과정 등 초기 반죽에 공을 들여야 해요.

기본 빵 반죽

제 수업시간에는 보통 제빵기를 이용해요. 개인적으로 집에서 반죽할 때는 스탠드 믹서를 사용합니다. 어떤 것을 사용하던 방법과 과정은 똑같아요. 처음부터 끝까지 손으로 반죽할 수도 있지만 타이밍을 놓치지 않고 글루텐을 제대로 잡기 위해 기계의 도움을 받는 것이 효율적이에요.

1 되기(질기) 조절하기 레시피에 표기된 재료 중 유지(버터나 오일)와 물(수분)을 제외한 모든 재료를 한꺼번에 계량해서 믹싱볼에 담고 분량의 물을 조금씩 넣어가며 반죽을 돌리기 시작합니다. 제빵기를 사용할 경우에는 반죽 코스를 선택해서 작동시키시고, 스탠드 믹서는 2단 정도의 속도로 작동시키세요. 물을 넣을 때는 한꺼번에 넣지 말고 여러 차례에 나누어 넣어주세요. 레시피에 표기된 물의 양을 기준으로 삼되 괄호 안에 표기된 최소량부터 시작해요. 물이 들어가면서 반죽이 대충 뭉쳐지면 손으로 반죽을 크게 잡아 주무르며 만져보아 반죽의 상태를 체크한 뒤 남은 물을 더 넣을지 말지 결정합니다. 반죽이 너무 되직하면 조금씩 물을 더 넣어가며 표기된 최대량 안에서 작업합니다. 빵 반죽에 사용되는 밀가루가 어떤 종류인지, 어느 브랜드인지, 또 계절이나 장소 등 환경에 따라 필요한 물의 양이 달라져요. 따라서 레시피에 표기된 물의 양이 절대적일 수가 없지요. 반죽할 때 물을 조금 남겨 반죽의 상태에 따라 조절해서 사용해야 하는 것이 이 때문인데, 이렇게 반죽 상태를 조절하는 물을 이론에서는 '조정수'라고 부릅니다.

반죽의 되기 조절은 2~3분 내에 끝내는 것이 좋습니다. 이미 물과 가루가 합쳐져 글루텐이 형성되기 시작했기 때문에 가능한 빠른 시간 내에 적절한 상태로 만들어 글루텐을 잡아주어야 하지요. 반죽의 되기를 가늠하는 방법은 반죽을 엄지와 검지로 집어보는 거예요. 이때 힘들이지 않아도 손가락이 쏙 들어가는 정도의 부드럽고 말랑말랑한 상태가 좋은 반죽입니다. 반죽을 치대는 도중에 되직한 것 같다고 그때서야 물을 더 넣게 되면 그 물은 반죽 속의 글루텐 안에 스며들지 못하고 겉돌다가 반

죽을 퍼지게 만드는 원인이 돼요. 뿐만 아니라 심할 경우에는 빵을 구웠을 때 빵 결(크럼)이 안 익은 듯 찐득해지는 결과를 가져오기도 합니다. 반대로, 반죽이 너무 질다고 해서 도중에 날밀가루를 넣는 것도 안 돼요. 이 또한 뭉쳐서 덩어리지거나 빵을 잘랐을 때 줄무늬처럼 가루가 뭉친 부분이 생기므로 반죽을 시작하면 빠른 시간 내에 되기를 조절하도록 하세요. 만일 중간 단계에서 예기치 못하게 반죽이 너무 되다는 걸 알았다면 물을 직접 넣지 말고 물스프레이를 이용해 반죽에 몇 번 뿌려주는 식으로 완화시켜야 합니다.

2 유지 넣기 물을 넣고 3~5분 정도 내에 되기가 잡히고 가루와 물이 완전히 섞여서 겉도는 물기나 날가루 없이 수화 상태가 되고, 믹싱볼에도 남은 가루나 액체류 없이 클린업clean-up 상태가 되면 버터나 오일류의 유지를 투입하세요.
유지를 처음부터 같이 넣고 반죽을 하면 유지에 닿은 이스트에 기름막이 코팅되어 이스트의 발효력이 떨어집니다. 그러므로 유지는 항상 맨 마지막에 넣어야 한다는 걸 잊지 마세요.

3 반죽하기 반죽에 유지가 투입되면 본격적으로 반죽을 치대주세요. 제빵기 브랜드마다 다르지만 보통 반죽 코스로 20~30분 정도면 반죽이 치대지고, 스탠드 믹서로는 2~3단 정도의 속도로 15~20분 정도 치대면 좋아요. 반죽이 어느 정도 치대져서 겉면이 매끈하게 보이면 반죽을 조금 떼어 얇게 펴 보았을 때 마치 풍선껌을 펴 붙인 것처럼 얇은 비닐막 같은 상태인지 확인합니다. 글루텐이 잘 잡히면 이런 상태가 되는데, 덜 된 것 같다면 좀 더 치대주세요.

· 손반죽하기
제빵기나 스탠드 믹서를 사용하지 않고 손으로 치댈 경우에는 반드시 기억해야 할 것이 있어요. 반죽을 조물조물 만지는 수준이 아니라 빨래판에 빨래를 비비듯 과감하게 반죽을 손바닥으로 밀어가며 반죽해야 글루텐을 잡을 수 있어요. 손빨래 동작처럼 반죽을 쭉쭉 늘려 밀어가며 반죽하는 것을 꼭 기억하세요. 사실 이렇게 손의 힘으로 글루텐을 잡아주기란 여간 어려운 게 아니어서 손반죽을 추천하지는 않는답니다.

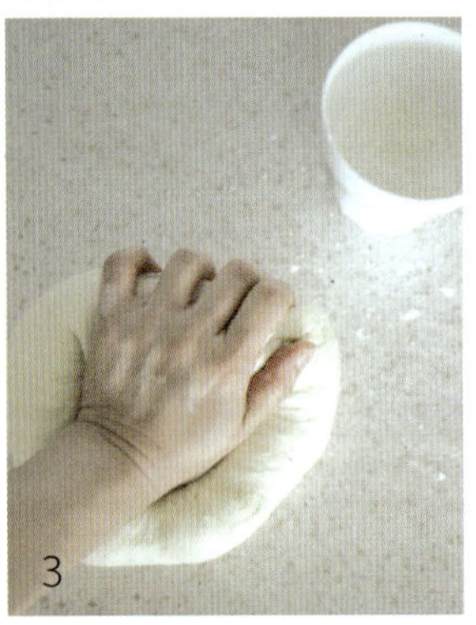

4 반죽 다듬기 반죽이 다 되면 반죽의 윗면이 매끈해지도록 잘 다듬어야 발효 도중 겉면이 찢어져 가스가 새어나가는 것을 방지할 수 있어요. 반죽을 마친 상태 그대로 두면 발효로 인해 점점 볼륨이 커져 찢어지는 일이 종종 생긴답니다. 그러므로 반죽의 윗면을 매끈하고 탄력 있게 조여주며 다듬는 과정이 꼭 필요해요.

5 1차 발효하기 1차 발효는 완성된 빵의 풍미의 80% 정도를 결정하는 매우 중요한 과정이에요. 반죽에 섞여 있는 이스트가 반죽에 함께 첨가된 꿀이나 설탕 같은 당분을 먹이 삼아 분해하면서 알코올을 만드는데, 이때 열이 발생되면서 탄산가스 같은 기체를 만들어냅니다.
이스트 활동에 의해 생성된 탄산 가스가 반죽 속 그물망 모양의 글루텐막에 갇히면서 2.5~3배 정도로 점점 부풀어 올라 볼륨이 커지는 발효 과정

5

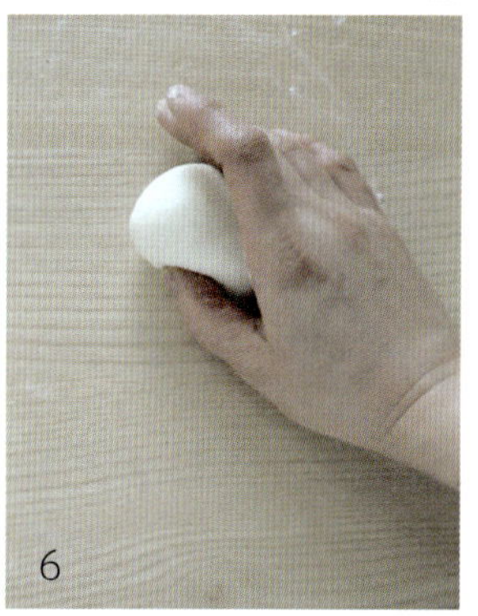

6

7

을 거치게 됩니다. 이렇게 발효되는 동안 방향성 물질이 생겨 빵 특유의 풍미가 생기고, 반죽의 산도를 높여서 글루텐을 강하게 만들어요. 또 신장성 (반죽이 늘어나는 성질)이 좋은 구조를 만들어주고 반죽을 숙성시키지요. 이 1차 발효 때 발효가 덜 이루어지면 계속해서 다음 과정으로 넘어가면서 반죽이 점점 더 불안정해져 가스 보유력이 떨어지고, 발효를 계속 유지시키느라 오버되어 과발효 상태가 되면 이스트가 지쳐서 더 이상 활동하기 어려워져 이 또한 반죽이 불안정해지는 원인이 됩니다. 이렇게 되면 볼륨과 풍미가 살아 있는 좋은 빵이 나올 수 없게 되지요.

적절한 발효 상태는 핑거테스트를 통해 판단하는 것이 좋습니다. 손가락에 밀가루를 살짝 묻힌 뒤 반죽 윗부분의 한가운데를 한 마디 이상 살살 찔렀다 빼요. 그 자리의 반죽이 다시 되돌아오지 않고 그대로 있다면 최적의 발효 상태입니다.

만일 반죽이 다시 되돌아와 구멍이 없어진다면 5분 단위로 확인하면서 완벽한 발효완료점을 찾도록 하세요. 반죽을 찔렀을 때 반죽 전체가 조금이라도 가라앉아 푹 꺼진다면 과발효 된 것으로, 이때는 돌이킬 수 없으므로 1차 발효의 완벽한 상태를 손에 익히는 것이 중요합니다. 제빵이론이라는 과학적으로 증명된 정확한 이론이 있지만, 그 이론은 빵을 만드는 환경이나 사람에 따라 얼마든지 조정될 수 있어요. 빵은 이론이 아니라 많이 만들어보는 것이 성공의 비결이라는 것을 거듭 강조하고 싶어요.

6 반죽 둥글리기 빵의 모양을 성형하기 전에 성형이 잘 되도록 반죽을 분할해서 잠시 쉬게 해요. 분할한 반죽 속에 남아 있는 잔여 가스를 고르게 빼주고 빵결을 정리하기 위해 표면이 매끈해지도록 반죽 아랫부분을 조여가며 둥글리는 과정이 필요합니다.

수업 중에 많은 분들이 가장 어려워하는 부분이 바로 반죽을 둥글리는 과정입니다. 둥글리는 원리는 이해가 되지만 정작 손이 따라주지 않아 애를 태우는 경우가 많아요. 완벽하게 익히기까지 시간이 좀 걸리는 스킬이지요. 반죽을 둥글리기 할 때는 엄지손가락의 힘이 중요합니다. 엄지손가락이 반죽을 아래로 당겨 바닥 부분을 안으로 넣어주는 과정을 반복하는 것으로, 반죽을 바닥에서 굴리면서 바닥에 스치는 마찰력을 이용해 윗면이 팽팽해지도록 반죽을 당긴 다음 반죽 아랫면 안쪽으로 밀어 넣어주는 거예요. 이때 반죽 밑면이 바닥에 고정된 채 당겨야 팽팽해지므로 반죽 전체가 굴러다니지 않도록 하세요.

7 반죽이 마르지 않도록 티타월로 덮기 반죽 표면이 공기에 노출되면 금세 말라 굳기 때문에 반죽을 휴지시키는 동안은 반드시 반죽을 덮어 보호해야 합니다. 랩이나 비닐봉지가 간편하기는 하지만 가장 좋은 것은 물기를 꼭 짠 젖은 티타월이에요. 레시피에는 젖은 면보자기로 적어두었어요. 가지고 있는 것 중에서 적당한 것을 골라 사용하면 됩니다.

빵 만들기에 있어 반죽의 온도와 습도를 맞추는 것은 무척 중요한데, 젖은 티타월은 반죽 자체에 수분을 유지해주면서 겉면이 마르는 것을 방지해주어 반죽을 최상으로 유지시킬 수 있답니다.

Whole Wheat Oatmeal Bun

통밀 오트밀 번

오트밀을 듬뿍 넣어 만든 구름빵이에요.
몽실몽실하고 포근한 식감에 아이들이 '구름빵'이라고 이름 붙였어요.
이 빵으로 수제 햄버거를 만들어도 맛있어요. 맛과 영양 모두 충족시키는 통밀 오트밀 번은
여유분을 만들어 냉동실에 넣어두었다가 비상 간식으로 활용하면 좋아요.

통밀빵

**원형 10개 분량 /
200℃에서 15분 내외**

재료

강력분 250g 통밀가루 80g 오트밀 60g 인스턴트 드라이이스트 6g 소금 5g
무염버터 35g 꿀 38g 분유 25g 물 245g(230~260g)
윗면에 붙일 오트밀 적당량(옵션)

1차 발효시키기 물과 버터를 제외한 모든 재료를 함께 넣고 물을 조금씩 넣어가며 반죽의 되기를 조절한다. 가루와 액체가 완전히 뭉치면 버터를 넣고 반죽 표면이 매끄럽고 탄력이 생길 때까지 15~20분 이상 반죽한다. 반죽이 다 되면 반죽을 볼에 담고 랩을 씌워 이스트가 숨을 쉴 수 있도록 구멍을 뚫은 뒤 반죽 온도 27~30℃ 기준으로 40분~1시간 정도 1차 발효시킨다.

2

3

핑거테스트 하기 1차 발효시간이 끝나면 손가락에 밀가루를 묻혀 반죽 윗면을 한 마디 이상 찔러 넣었다가 뺀다. 반죽이 오그라들지 않고 그대로 모양이 잡혀 있어야 1차 발효가 완성된 것이다. 반죽이 다시 원위치로 올라오면 5분 단위로 테스트해가며 알맞은 타이밍에 멈춘다.

벤치타임 주기 1차 발효를 마친 반죽을 작업대에 올려 꾹꾹 접어서 가스를 뺀 다음 똑같은 무게로 10등분한다. 반죽이 동그랗고 매끈해지도록 가볍게 둥글리기 한 다음 윗면이 마르지 않도록 젖은 면보자기를 덮어 10~15분 정도 벤치타임을 준다.

팬닝 후 2차 발효해 굽기 둥글리기가 끝난 반죽 윗면에 물스프레이를 뿌린 뒤 오트밀을 붙인 다음 스프레이로 다시 물을 뿌려 오트밀이 떨어지지 않도록 잘 붙인다. 팬에 적당한 간격을 두고 팬닝한 뒤 윗면이 마르지 않도록 젖은 면보자기나 랩을 씌워 30~40분 정도 2차 발효시킨다. 2차 발효를 시작할 때의 약 80% 정도 볼륨이 되면 200℃에서 20분 이상 예열한 오븐에서 15분 정도, 진한 황금빛을 띨 때까지 굽는다.

성형하기 벤치타임을 마친 반죽은 다시 윗면이 매끈하고 반죽 속에 남아 있는 가스가 고루 **빠지도록** 단단하게 조이며 둥글리기 한다.

· 10분 정도 지났는데도 빵 윗면의 색이 너무 연하다면 팬을 앞뒤로 돌려 넣고 오븐 윗불로만 2~3분 정도 적당한 색이 날 때까지 굽는다.

4

5

1 반죽이 엉성해지지 않도록 주의하기

통밀가루와 오트밀, 꿀이 듬뿍 들어가는 빵이라 풍미는 좋지만 반죽의 끈기는 부실해서 다룰 때 조심해야 합니다. 손톱으로 겉면에 상처를 내면 발효 도중 반죽이 찢어지기도 해요. 또 너무 퍼지지 않도록 반죽의 되기를 알맞게 조절하고 성형할 때 반죽을 잘 조여주어 발효 도중 반죽이 퍼지지 않도록 하세요.

2 작게 분할한 반죽은 2차 발효를 짧게

반죽을 작은 조각으로 잘라 굽는 빵은 2차 발효 시간을 너무 길지 않게 잡는 것이 좋아요. 살짝 빠르게 끝낸다 싶을 정도로 발효 시간을 줄여야 반죽이 퍼지지 않는 다는 것을 알아두세요.

Whole Wheat Honey Oatmeal Roll

통밀 허니 오트밀 롤

이렇게 부드럽고 촉촉한 빵이 또 있을까 놀라게 되는 빵이에요.
씹을수록 고소한 크럼과 바삭한 오트밀크러스트의 조화가 환상적이지요.
따뜻할 때 메이플시럽을 듬뿍 묻혀 먹으면 홈메이드 빵의 매력을 제대로 느낄 수 있을 거예요.

통밀빵

타원형 10~12개 분량
200℃에서 15분 내외

재료

강력분 200g

중력분 100g

통밀가루 100g

오트밀 100g

플랙시드 5g(옵션)

인스턴트 드라이이스트 8g

소금 6g

무염버터 55g

꿀 50g

분유 38g

물 335g(300~350g)

윗면에 붙일 오트밀 적당량(옵션)

1 반죽하기 물과 버터를 제외한 모든 재료를 한꺼번에 넣고 골고루 뒤적여 섞은 다음 물을 조금씩 넣어가며 반죽의 되기를 조절한다. 물은 오차 범위에 제시된 300~350g 정도에서 조절하되, 물과 가루류가 완전히 뭉쳐서 날가루가 보이지 않는 시점에서 반죽을 엄지와 검지로 집었을 때 손가락이 쑥 들어가는 정도의 부드럽고 말랑말랑한 상태로 반죽한다. 반죽이 잘 뭉쳐지고 나면(바닥에 가루나 액체가 아무것도 남지 않은 클린업clean-up 상태) 실온 상태의 부드러운 버터를 넣고 15~20분 이상 본격적으로 치댄다.

- 반죽을 조금 집어 얇게 펴보았을 때 얇은 비닐막 같은 글루텐이 잡히면 완성된 것. 툭 끊어지듯 거칠게 찢어지면 글루텐이 덜 잡힌 것이므로 반죽을 더 치대야 한다.

2 1차 발효시키기 반죽이 다 되면 반죽 표면이 매끈해지도록 다듬은 뒤 볼에 담고 반죽에 온도계를 꽂아 반죽 온도를 확인한다. 겉면이 마르지 않도록 랩을 씌우고 이스트가 숨을 쉴 수 있도록 구멍을 뚫어 반죽 온도 27~30℃ 기준에서 40분~1시간 정도 1차 발효시킨다.

- 반죽 온도가 높을수록 발효시간이 짧아지고, 온도가 낮을수록 발효시간이 길어진다.

3 핑거테스트 하기 1차 발효시간이 끝나 반죽이 처음의 2.5~3배 정도 볼륨이 되면 손가락에 밀가루를 묻혀 반죽 윗면을 한 마디 이상 찔러 넣었다가 뺀다. 반죽이 오그라들지 않고 그대로 모양이 잡혀 있는 정도가 적당하다. 손가락을 뺐을 때 반죽이 다시 원위치로 올라오면 5분 단위로 발효를 더 진행해가며 알맞은 타이밍에 멈춘다. 손가락으로 찔렀을 때 가스가 빠지며 반죽이 주저앉으면 과발효된 것이다.

4 분할하기 1차 발효가 끝나면 작업대 전체에 덧밀가루를 고루 뿌린 뒤 반죽을 올리고 손바닥으로 반죽 전체를 고루 눌러 가스를 뺀 다음 같은 무게로 10~12등분한다.

5 둥글리고 벤치타임 주기 분할한 반죽에 남아있는 잔여 가스를 손으로 눌러 빼주고 빵의 결을 고르게 정리하기 위해 반죽 표면이 매끈해지도록 반죽 아랫부분을 조이며 둥글리기 한다. 반죽 겉면이 마르지 않도록 젖은 면보자기나 랩을 씌운 다음 10~15분 정도 벤치타임을 준다.

6 반죽 펴기 벤치타임이 끝나 살짝 볼륨이 커지고 부드러워진 반죽을 원 루프 성형한다. 작업대에 반죽 바닥면이 위로 올라오도록 놓고 손바닥으로 살짝 눌러 가스를 빼면서 균일한 두께의 타원형으로 밀어 펴면 된다.

7 반죽 접기 타원형으로 편 반죽의 한가운데를 중심으로 반죽 윗면의 양쪽 모서리 부분을 안쪽으로 접어 눌러 잘 붙여서 삼각뿔 모양으로 접는다.

8 반죽 말기 삼각뿔 모양의 반죽을 안쪽으로 말아준다. 균일한 두께로 반죽이 말리도록 꼼꼼하게 반죽을 눌러 붙여가며 말아준다. 이때 손가락으로 과하게 누르거나 들러붙어 반죽이 찢어지지 않도록 손에 밀가루를 묻혀 반죽 겉면을 보송보송한 상태로 유지하면서 조심해서 다룬다.

9 반죽 조이기 반죽 가운데 부분은 통통하고 양끝부분은 얇아지는 럭비공 모양이 되도록 끝까지 힘조절을 잘해 반죽한다. 반죽이 헐렁하지 않고 탱탱하게 조여지도록 하는 것이 중요하다.

10 반죽 꼬집어 붙이기 럭비공 모양의 반죽이 되면 끝부분이 풀어지지 않도록 엄지와 검지로 꼬집듯이 꼼꼼하게 붙인다.

11 오트밀 붙이기 반죽 윗면에 스프레이로 물을 뿌리고 작업대에 오트밀을 뿌려 펼친 다음 반죽 윗면을 굴려 오트밀이 적당히 붙도록 한다. 오트밀이 반죽 윗면에 골고루 붙으면 스프레이로 다시 한 번 물을 뿌려 오트밀이 떨어지지 않도록 손으로 감싸며 다듬는다.

12 팬닝 후 2차 발효하기 반죽 성형이 끝나면 오븐 팬에 적당한 간격으로 반죽을 얹고 젖은 면보자기를 덮어 약 70~80% 정도로 반죽이 부풀 때까지 실온에서 30~40분 정도 발효시킨다. 2차 발효가 끝나면 200℃로 20분 이상 예열해둔 오븐에서 빵 겉면이 황금빛을 띨 때까지 15분 정도 굽는다.

• 2차 발효 타이밍은 시간을 기준으로 하되 최종 판단은 반드시 반죽의 볼륨으로 결정한다.

9

10

11

12

1 홈메이드 빵의 단골 재료, 오트밀

오트밀은 매우 건조한 곡물이라 빵 속에 넣으면 식감이 거칠어질 것 같지만, 실제로는 반죽을 치댈 때 수분에 의해 녹아 빵이 완성된 후 먹어보면 전혀 그렇지 않아요. 씹는 맛과 고소함을 더해주는 오트밀은 홈메이드 빵에서 빠질 수 없는 건강 재료이지요.

2 오트밀을 넣을 때는 물의 양을 늘리기

오트밀을 넣을 때는 반죽의 되기를 잘 잡아주도록 하세요. 오트밀이 반죽 속의 수분을 흡수하기 때문에 평소 반죽보다 물의 양을 조금 늘려야 합니다. 제빵 이론에 '조정수'라는 말이 있는데, 반죽의 되기를 조절하는 물로 약 30g 정도의 오차 범위를 가져요. 이처럼 만들려는 빵이나 밀가루의 종류와 계절, 환경 등에 따라 물의 양을 적당하게 조절해야 맛있는 빵이 완성된다는 것을 잊지 마세요.

3 오트밀은 물스프레이 후 붙이기

빵 반죽 위에 오트밀을 붙일 때는 반드시 스프레이로 물을 뿌린 다음 반죽을 오트밀에 굴려 붙여요. 그리고 나서 한 번 더 물을 뿌리고 손바닥으로 살살 눌러 다듬어줍니다. 그냥 반죽에 붙이고 나면 구울 때 오트밀이 전부 부스러지며 떨어질 수 있어요.

4 촉촉하게 풍미를 더하는 꿀 사용법

주성분이 과당과 포도당인 꿀은 주성분이 단순당인 설탕과는 차원이 다른 천연감미료예요. 과립인 설탕 대신 액체인 꿀을 넣으면 촉촉하고 풍미가 깊은 빵이 완성되지요. 특히 통밀이나 오트밀처럼 건조한 재료를 사용할 때는 꿀을 사용하는 것이 좋아요. 이때 특별한 맛이 나는 꿀이나 너무 진한 풍미의 꿀이 아닌, 아카시아꿀이나 잡꿀과 같이 일반적인 것이 좋아요.

단, 너무 많은 양의 꿀을 사용하면 반죽의 글루텐 조직을 연화시켜 힘 없고 볼륨이 살지 않으니 주의해야 합니다. 이런 반죽으로 빵을 만들면 반죽이 주저앉아 반죽 속의 기공이 열리지 못해 수분이 완전히 빠져나가지 못하니 축축하고 안 익은 듯 점성이 남아 있는 빵이 됩니다. 반죽의 되기를 조절하면서 탄성을 잘 유지할 수 있도록 반죽 성형 단계에서 단단하게 조이도록 하세요. 또, 꿀을 빵 반죽 재료로 사용하게 되면 빵 껍질인 크러스트의 색이 진하게 나기 때문에 때에 따라 굽는 도중 오븐의 윗불을 차단하거나 쿠킹포일을 덧대주어야 하는 경우도 있어요. 색만 보고 너무 일찍 꺼냈다가는 속이 익지 않을 수 있으니 반드시 적정 시간을 채워 구워주도록 합니다.

5 잘게 잘라 굽는 빵은 벤치타임·2차 발효를 짧게

반죽 한 개당 무게가 100g 미만으로 작게 분할해서 굽는 빵은 벤치타임이나 2차 발효시간을 조금 짧게 잡는 것이 좋아요. 반죽에 탄력이 남아 있을 때 높은 온도에서 짧은 시간 동안 구워야 수분 손실이 적고 볼륨 있는 빵을 만들 수 있어요. 오븐에 너무 오래 구우면 수분이 많이 증발되어 빵의 결인 크럼이 건조해지고 빵 껍질인 크러스트가 질겨질 수 있으니 높은 온도에서 짧게 굽는 것이 좋습니다. 반대로 식빵처럼 부피가 크고 한 덩어리의 반죽인 빵들은 낮은 온도에서 오래 구워야 가운데 속까지 충분히 열이 전달되어 골고루 익고 수분이 적절하게 날아가 보송보송한 크럼이 된다는 것을 기억하세요.

Buttermilk Oatmeal Zopf

버터밀크 오트밀 좁프

통밀과 오트밀이 듬뿍 들어있어 감칠맛 나는 빵이에요.
통곡물이 가득 들어갔는데도 흰 빵보다 더 부드럽고 폭신해 만들어본 사람들이 모두 놀란답니다.
이스트가 활발하게 발효 활동을 할 수 있도록 돕는 버터밀크가 들어가 빵 맛을 어떻게 변화시켰는지 느껴보세요.

통밀빵

좁프 형식 1개 분량 /
180℃에서 25~30분 내외

재료

강력분 200g 통밀가루 100g 오트밀 50g 인스턴트 드라이이스트 6g 소금 5g
포도씨오일 30g 꿀 35g 버터밀크 100g 물 135g(110~150g) 겉면에 바를 우유 적당량

버터밀크 만드는 법

실온의 우유 95g에 레몬즙 5g을 넣고 상온에 잠시 두어 몽글몽글하게 응고되면 사용한다.

1 1차 발효시키기 물과 오일을 제외한 모든 재료를 한꺼번에 넣고 물을 조금씩 넣어가며 반죽의 되기를 조절한다. 오일을 넣고 반죽 표면이 매끈하고 탄력이 생길 때까지 15~20분 이상 반죽한다. 반죽이 다 되면 반죽을 볼에 담고 랩을 씌워 이스트가 숨을 쉴 수 있도록 구멍을 뚫고 반죽 온도 27~30℃에서 40분~1시간 정도 1차 발효시킨다.

2 핑거테스트 하기 1차 발효시간이 끝나면 손가락에 밀가루를 묻혀 반죽 윗면을 한 마디 이상 찔러 넣었다가 뺀다. 반죽이 오그라들지 않고 그대로 모양이 잡혀 있는 정도가 적당하다. 반죽을 찔러보았을 때 그 부분의 반죽이 손가락을 따라 올라오면 5분 단위로 발효를 더 진행해가며 알맞은 타이밍에 멈춘다.

3 분할해서 벤치타임 주기 1차 발효를 마친 반죽은 손바닥으로 눌러 가스를 뺀 다음 똑같은 무게로 5등분 한 뒤 반죽을 다듬어주면서 가볍게 둥글린 뒤 윗면이 마르지 않도록 젖은 면보자기를 덮어 15~20분 정도 벤치타임을 준다.

1

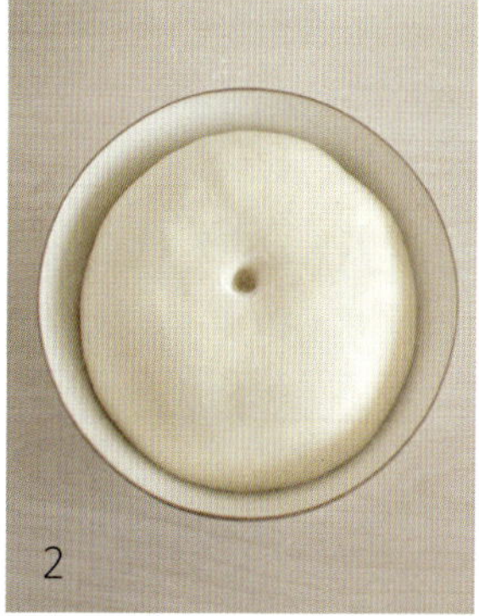

2

3

4 반죽 넙적하게 펴기 벤치타임을 마친 반죽은 손바닥으로 눌러 가스를 빼면서 타원형으로 넓게 밀어 펴준다.

5 반죽 말아 꼬집어 붙이기 넓게 편 반죽을 김밥 말듯 균일한 두께로 돌돌 말아서 길쭉한 원통형으로 성형한다. 반죽 끝부분을 꼬집듯 잘 붙인 다음 살살 굴려 30㎝ 정도 길이로 늘린다. 5개의 반죽 모두 같은 모양으로 빠른 시간 내에 만든다.

6 다섯 가닥 자리 잡아 펼치기 원통형으로 성형한 반죽 5개를 가지런히 놓고 반죽들이 만나는 위쪽 끝부분을 꼬집듯 잘 붙인다.

7 1번에 있던 반죽이 3번 자리로 번호는 반죽을 가리키는 것이 아니라 반죽이 있는 자리를 말한다(1~5번까지 고정). 먼저, 1번 자리에 있던 반죽을 3번 자리로 이동시킨다.

8 2번에 있던 반죽이 3번 자리로 2번 자리에 있던 반죽을 3번 자리로 이동시킨다.

9 5번에 있던 반죽이 2번 자리로 5번 자리에 있던 반죽을 2번 자리로 이동시킨다.

10 반죽 성형 완성하기 다시 처음의 순서로 돌아가서 같은 순서로 반복하며 반죽을 땋아준다.
1→3, 2→3, 5→2의 순서를 계속 반복하면 된다. 마지막 부분은 모아서 반죽 뒤쪽으로 살짝 당겨 꼬집듯 붙인 다음 모양을 잘 다듬어 팬닝한다. 젖은 면보자기를 덮어서 40분~1시간 정도 2차 발효시킨다.

11 2차 발효 후 달걀물 발라 굽기
적당한 볼륨이 되어 2차 발효가 끝나면 미리 준비해둔 달걀물을 윗면에 골고루 바른 다음 180℃에서 20분 이상 예열한 오븐에서 25~30분 정도, 진한 황금빛을 띨 때까지 충분히 굽는다.

1 좁프를 만들 때는 반죽의 질기가 매우 중요

반죽을 여러 가닥으로 나누어 머리를 땋듯이 성형하는 빵을
'좁프'라고 해요. 반죽을 좁프 형식으로 성형할 때는 반죽의
되기 조절이 매우 중요합니다. 반죽이 너무 질면 옆으로 푹
퍼지고, 너무 되직하면 반죽 가닥들이 발효 중에 끊어질 수
있어요.
또 성형할 때 반죽을 너무 잡아당겨 조이면서 땋으면 2차 발
효가 진행되는 동안 반죽의 볼륨이 커지면서 견디지 못하고
끊어지거나 풀어질 수 있으니 반죽 사이사이에 적당한 여유
를 두고 살짝 느슨한 듯 땋는 것이 좋아요.

2 풍미와 볼륨이 풍성한 빵을 위해 버터밀크를

버터밀크는 우유를 레몬즙으로 발효시킨 '산성 우유'를 말하
는데, 빵을 만들 때 버터밀크를 사용하면 산성 환경을 좋아
하는 이스트가 활발하게 움직여 발효가 잘 되기 때문에 빵의
풍미와 볼륨이 좋아지지요. 통밀이나 오트밀이 듬뿍 들어가
반죽이 무겁고 발효가 까다로울 수 있는 빵을 만들 때 액체
류를 버터밀크로 대체하면 좋아요.

Whole Wheat Flaxseed Oatmeal Bread

통밀 플랙시드 오트밀 브레드

곡물 중에서 식이섬유를 가장 많이 함유하고 있는 오트밀과 밀 껍질인 밀기울, 밀 씨눈인 밀배아를 함께 제분한 통밀가루를 넣어 만든 빵이에요. 거칠고 뻣뻣할 줄 알았던 오트밀이 반죽에 녹아들어 고소하고 진한 감칠맛을 내지요. 온 가족 건강도 챙기고 홈메이드 빵만의 신선함도 꼭 맛보도록 하세요.

통밀빵

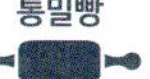

**원 루프 1개 /
180℃에서 25분 이상**

재료

강력분 150g

통밀가루 150g

오트밀 60g

인스턴트 드라이이스트 6g

소금 4g

포도씨오일 20g

꿀 36g

분유 30g

오렌지주스 27g

플랙시드 15~20g

물 220g(200~250g)

윗면에 묻힐 오트밀 적당량

1차 발효시키기 물과 포도씨오일을 제외한 모든 재료를 한꺼번에 넣고 물을 넣어가며 되기를 조절한 뒤 포도씨오일을 넣고 탄력이 생길 때까지 15~20분 이상 반죽한다. 반죽이 다 되면 반죽을 다듬어서 넉넉한 크기의 볼에 담아 랩을 씌우고 이스트가 숨을 쉴 수 있도록 작은 구멍을 여러 개 뚫어 실온에서 반죽 온도 27~30℃ 기준으로 30분 정도 발효시킨다.

70% 볼륨 상태 체크하기

반죽이 약 70~80% 정도 발효된 상태를 체크하려면 손가락으로 반죽을 살짝 찔러보았을 때 구멍이 다시 메워지는 지를 보면 된다. 반죽이 다시 원상태로 올라오면 70% 정도 볼륨의 반죽이 된 것이다.

가스 빼고 다시 발효시키기

70~80% 정도 발효가 진행되었을 때 반죽을 주먹으로 살짝 눌러 가스를 빼고 다시 다듬어서 반죽이 매끈해지도록 만진 다음 볼에 넣고 랩을 씌워 다시 발효시킨다.

1차 발효 완료 약 40~60분 정도 지나 반죽의 볼륨이 처음의 2.5~3배 정도가 되었을 때 반죽 가운데를 손가락으로 한 마디 이상 깊숙이 찔러보아 반죽이 다시 딸려 올라오지 않고 그대로 모양 잡혀 있으면 1차 발효를 마친다. 만일 반죽이 다시 따라 올라오며 찔러본 구멍이 메워지면 5분 단위로 시간을 늘려가며 적절한 발효 완료 타이밍을 찾는다.

벤치타임 주기 발효를 마친 반죽을 손바닥으로 살짝 눌러 반죽 속 가스를 고르게 뺀 다음 겉면이 매끈해지도록 가볍게 둥글려서 젖은 면보자기로 덮어 15~20분 정도 벤치타임을 준다.

반죽 펴서 접기 반죽을 손바닥으로 눌러 가스를 **빼**면서 반죽 모양과 두께가 균일해지도록 반죽을 타원형으로 편다. 반죽 윗면의 양쪽 모서리 부분을 안쪽으로 접어 삼각뿔 모양으로 만든다.

반죽 말기 삼각뿔 모양의 반죽을 안쪽으로 조금씩 눌러가면서 김밥 말듯 말아주며 타원형으로 성형한다. 반죽이 다 말리면 맨 마지막 부분을 손가락으로 꼬집듯 잡아 붙인 다음 반죽을 다듬어 성형을 마무리한다.

오트밀 붙이기 반죽 윗면에 스프레이로 물을 듬뿍 뿌린 뒤 오트밀 위에 굴려 오트밀을 묻히고 손으로 다듬어 잘 붙인다. 다시 스프레이로 물을 뿌려 오트밀이 떨어지지 않도록 손으로 살살 눌러가며 다듬는다.

팬닝 후 2차 발효해서 굽기 반죽을 팬에 얹어 모양을 다듬어주고 젖은 면보자기로 반죽을 덮는다. 발효를 시작할 때의 볼륨의 약 80~90%가 될 때까지 실온에서 40분~1시간 정도 2차 발효시킨다. 2차 발효가 끝나기 15~20분 정도 전에 오븐을 켜서 180℃로 충분히 예열한 다음 반죽을 넣고 25분 이상 진한 황금색이 날 때까지 굽는다. 오븐에 넣고 15분 정도 지났을 때 빵 팬을 꺼내 앞뒤로 돌려 다시 넣고 나머지 시간 동안 더 굽는다. 이렇게 하면 빵의 색이 골고루 돌며 먹음직스러워진다.

1 통밀빵을 만들 때는 물 조절이 관건

통밀이 많이(밀가루 대비 30% 이상) 들어가기 때문에 반죽이 무겁고 발효가 까다로울 수 있어요. 통밀가루 외에도 많은 양의 오트밀이 추가되고 설탕과 버터 대신 액체 상태의 꿀과 식물성오일이 들어가기 때문에 반죽이 퍼질 수 있는 위험요소를 많이 가지고 있어요. 반죽이 퍼지면 단순히 볼륨이 납작한 빵이 되는 것만이 아니라, 오븐에서 구워질 때 기공이 제대로 열리지 못하고 주저앉아 눌리기 때문에 수분 증발이 제대로 되지 않아 덜 익은 듯 축축한 빵이 돼요. 또, 휘발되지 못한 여러 가지 향 때문에 통밀에 들어 있는 탄닌 성분의 쌉싸래한 맛과 풋내가 많이 남게 되지요. 때문에 물 조절이 그만큼 중요한 거예요.

빵 만드는 사람이 사용하는 통밀가루 브랜드나 제분 형태에 따라 필요로 하는 물의 양이 크게 차이가 날 수 있다는 것을 염두에 두고, 반죽 초기(물과 밀가루가 섞일 때)에 손으로 반죽을 주무르는 동안 여분의 물을 추가해가며 신중하게 되기를 잡아주어야 합니다. 무엇보다 오트밀이 많이 들어갔기 때문에 처음에는 약간 진 듯해도 오트밀이 반죽에 치대지면서 수분을 잡아먹어 점점 되직해지는 경향이 있답니다.

레시피에 제시된 오차 범위 내의 물을 한꺼번에 넣지 말고 최소량(200g)부터 넣어가며 조절하되, 제시된 양보다 간혹 물이 덜, 또는 더 들어갈 수도 있다는 것을 감안하세요. 적당한 반죽의 상태는 엄지와 검지로 꼬집듯 집어보았을 때 마시멜로처럼 말랑말랑한 상태로, 수제비 반죽보다는 훨씬 더 부드러워야 한다는 것도 잊지 마세요. 매우 까다로워 보이지만 여러 번 만들면서 점점 능숙해질 거예요.

2 고농축 영양소를 지닌 플랙시드(Flaxseeds)

플랙시드는 캐나다의 추운 지방에서만 식용으로 재배되는 식물의 씨앗으로, '아마씨'라고도 불려요. 오메가3 지방산 덩어리라고 불리며 심장병 개선과 항암작용이 뛰어난 것으로 알려진 플랙시드는 적은 양으로도 우리 몸에 미치는 효능이 뛰어나 완전식품이라고 불린답니다. 자체에 독성이 있어 생으로는 먹을 수 없기 때문에 반드시 볶은 것을 사용해야 하며, 가루로 만들거나 기름으로 짜서 오일 상태로 섭취하는 것이 가장 좋다고 해요. 베이킹에 사용할 때도 볶아서 씨앗 형태로 되어 있는 것을 구입해 사용할 때마다 믹서에 곱게 갈아 쓰는 것이 좋은데, 갈아놓은 상태에서는 반드시 밀봉하여 냉장 또는 냉동보관하도록 하세요.

3 1차 발효 중간에 펀칭하기

통밀 함량이 많은(총 사용 밀가루의 30% 이상) 빵을 만들 때는 1차 발효 중간에 반죽을 펀칭하여 가스를 뺀 후 다시 발효시키도록 하세요. 이렇게 하면 자극을 받은 이스트들의 활동이 더 활발해져 글루텐 조직이 더욱 조밀하게 강화되는데, 이때 이스트가 뿜어낸 가스를 반죽 속에 가득 보유할 수 있어 빵의 풍미와 볼륨이 한층 업그레이드되는 결과를 가져오게 됩니다. 통밀가루는 반죽의 골격 역할을 하는 밀단백질이 강력분에 비해 부족하기 때문에 밀단백질과 물이 결합해서 만들어지는 글루텐이 부족할 뿐 아니라 조직도 매우 엉성하고 약하기 때문에 통밀가루의 함량이 많아질수록 결과적으로

볼륨이 부족하고 단단한 식감의 빵이 되는 거예요. 반죽이 너무 퍼질 경우에는 무겁고 축축해지게 되고요. 평소 빵을 만들 때 발효가 잘 되지 않는다면 발효 중간에 반죽 속의 가스를 빼주고 다시 발효시켜보세요. 확연한 차이가 있을 거예요. 단, 1차 발효가 완전히 끝났거나 오버된 상태에서 하는 것은 바람직하지 않아요. 이스트들이 이미 지쳐 소용이 없기 때문이에요.

4 통밀 배합양이 많은 빵에 오렌지주스 넣기

통밀의 배합양이 많은 빵을 만들 때는 물이나 우유의 일부를 오렌지주스로 대체해서 넣어보세요. 오렌지주스가 쌉싸래하고 떫은맛을 내는 탄닌 성분을 부드럽게 중화시켜 빵의 풍미를 개선시켜줍니다. 또 이스트는 산성인 환경을 좋아해서 오렌지주스를 넣으면 매우 활발하게 발효가 이루어지기 때문에 볼륨감 있는 빵이 완성되지요. 100% 신선한 오렌지주스를 사용하도록 하세요.

Whole Wheat Challah Bread

통밀 할라 브레드

'할라 브레드'는 땋는 가닥의 수나 모양에 따라, 또 기념하는 날에 따라 다양한 이름과 모양으로 만들어
먹는 유대인들의 전통빵이에요. 빵 중에 가장 맛있는 빵으로 손꼽힐 만큼 맛과 풍미가 좋은데, 꿀과 식물성오일,
달걀노른자가 함께 들어가기 때문이에요. 프렌치토스트로 만들어 먹기에 최고의 궁합을 자랑하는 빵이기도 해요.
무조건 맛보라고 권하고 싶은, 정말 사랑하는 빵이랍니다.

통밀빵

**좁프 형태(땋은 모양)의 한 덩이 분량 /
180℃에서 25~30분 이상**

재료

강력분 250g

통밀 100g

인스턴트 드라이이스트 6g

소금 5g

꿀 45g

포도씨오일 38g

달걀노른자 30g(약 1개 반)

물 190g(170~210g)

겉에 바를 달걀 물(달걀노른자
1/2개와 동량의 우유)

1 1차 발효시키기 물과 오일을 제외한 모든 재료를 한꺼번에 넣고 물을 넣어가며 반죽의 되기를 조절한다. 포도씨오일을 넣고 반죽 표면이 매끈하고 탄력이 생길 때까지 15~20분 이상 반죽한다. 반죽이 다 되면 볼에 담고 랩을 씌워 이스트가 숨을 쉴 수 있도록 구멍을 몇 개 뚫은 다음 27~30℃에서 40분~1시간 정도 1차 발효시킨다.

4

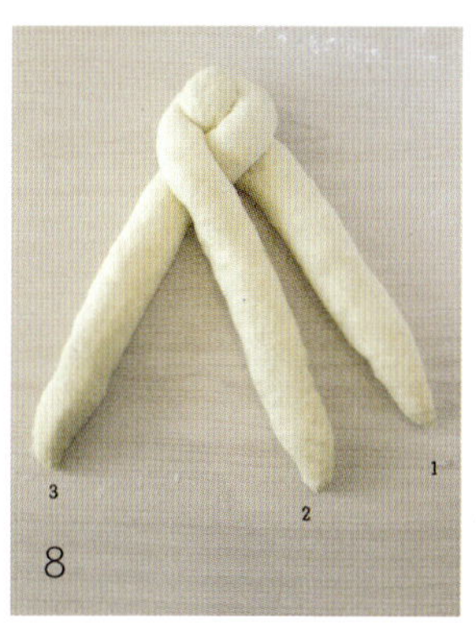

3

2

1

8

12

2 핑거테스트 하기 1차 발효시간이 다 되면 손가락에 밀가루를 살짝 묻혀 반죽 윗면을 한 마디 이상 찔러 넣었다가 뺀다. 이때 반죽이 오그라들지 않고 그대로 모양이 잡혀 있으면 1차 발효를 마무리한다.

3 분할해서 벤치타임 주기 1차 발효를 마친 반죽을 손바닥으로 눌러 가스를 뺀 다음 똑같은 무게로 3등분한 뒤 반죽을 다듬어주면서 가볍게 둥글린다. 윗면이 마르지 않도록 젖은 면보자기를 덮고 15~20분 정도 벤치타임을 준다.

4 반죽 넙적하게 펴기 벤치타임을 마친 반죽을 밀대나 손바닥으로 눌러 가스를 고르게 빼면서 반죽을 타원형으로 넓게 밀어 편다.

5 반죽 말아서 꼬집어 붙이기 넓게 편 반죽을 균일한 두께로 돌돌 말아 기다란 원통형으로 성형한 다음 마지막 부분을 꼬집듯 잘 붙여서 반죽을 마무리한다. 3개로 나눈 반죽 모두 같은 방법으로 길쭉하게 만든다.

6 세 줄로 자리 잡아 펼치기 원통형으로 성형한 반죽 3개를 가지런히 놓고 서로 만나는 윗부분을 모아 살짝 붙인 다음 머리 땋듯이 세 가닥 땋기를 한다.

7 1번에 있던 반죽이 3번 자리로 번호는 반죽을 가리키는 것이 아니라 반죽이 있는 자리를 말한다(1~3번까지 고정). 먼저 1번 자리의 반죽을 2번 자리로 보낸다.

8 3번에 있던 반죽이 2번 자리로 번 자리의 반죽을 2번 자리로 보낸다.

9 다시 1번에 있던 반죽이 2번 자리로 다시 1번 자리의 반죽을 2번 자리로 보낸다.

10 순서대로 반복해서 땋기 다시 3번 자리의 반죽을 2번 자리로 보내며 같은 순서대로 반복해서 땋는다.
1→2, 3→2의 순서를 계속 반복하면 된다.

11 팬닝해서 2차 발효시키기 성형이 끝나면 맨 끝부분이 풀리지 않도록 반죽 가닥을 꼬집듯이 서로 잘 모아 뒤로 넘겨 붙여준 뒤 모양을 잘 다듬어 팬닝한다. 젖은 면보자기를 덮어 40분~50분 정도 2차 발효시킨다.

12 2차 발효 후 달걀물 발라 굽기 약 80% 정도의 볼륨이 되어 2차 발효가 끝나면 미리 준비해둔 달걀물을 반죽 윗면에 골고루 발라 180℃에서 20분 이상 예열한 오븐에서 25~30분 이상, 진한 황금빛을 띨 때까지 굽는다. 오븐에 넣고 20분 정도 지난 뒤 팬을 꺼내 앞뒤를 바꿔 다시 넣어주면 빵의 색이 골고루 돌며 먹음직스러워진다.

1 반죽을 땋을 때 너무 조이지 않기

반죽을 땋을 때 반죽을 너무 조이면서 잡아당기며 땋게 되면 2차 발효가 진행되는 동안 반죽이 부풀어 오르기 때문에 두께가 균일하지 못한 부분은 반죽이 끊어지거나 풀어지는 경우가 종종 생겨요. 땋은 모양을 예쁘게 살려 굽기 위해서는 무엇보다 반죽을 적당히 느슨하게 조이면서 땋아주는 것이 중요하답니다.
또 반죽이 너무 되직하면 신장성이 부족해 발효나 굽는 도중에 반죽이 끊어질 수 있으니 유연한 힘을 가질 수 있도록 반죽의 되기를 잘 조절해주세요.

2 꿀, 오일을 사용할 때는 물의 양 조절

꿀이나 오일은 반죽의 수분함량에 직접 영향을 주지는 않지만 반죽의 되기에 영향을 줘요. 이런 재료를 사용할 때는 반죽에 들어가는 수분의 사용량을 조절해야 합니다. 자칫 반죽이 너무 질면 꿀이 밀가루의 글루텐을 연화시켜 늘어지는 반죽을 더욱 퍼지게 만들어 볼륨감 없이 납작한 빵이 돼요.

3 환상적인 빵 색깔의 비결은 달걀물

오븐에 굽기 전 반죽 표면에 달걀노른자와 우유를 섞은 달걀물을 골고루 발라주면 빵 껍질에 윤기가 흐르고 색이 깊어져 한층 먹음직스러워져요. 배합은 달걀노른자와 우유를 동량으로 섞어 사용하면 좋아요.
단, 달걀물을 너무 많이 발라 가닥가닥 땋은 반죽 사이에 달걀물이 고이거나 아래로 줄줄 흘러내리게 하면 안돼요. 이렇게 되면 구운 다음에도 반죽이 질척한 상태로 남아 있거나 흘러내린 부분이 심하게 타버리니까요. 부드러운 붓을 이용해 최소한만 적셔 여러 겹 발라주는 게 훨씬 좋아요.

Fresh Cream pan Bread

생크림 식빵

고소하고 진한 풍미가 근사한 생크림 식빵은
유제품이 3가지나 들어가는 특별한 빵이에요.
버터는 들어가지 않고 기타 유제품만을 사용하여 맛과 식감 모두 깔끔하지요.
소보로빵, 단팥빵, 모카빵 등의 기본 반죽으로 활용해도 좋은, 멀티 도우랍니다.

우유식빵 틀(국내 제품)
31 × 10 × 9.5cm 1개 분량 /
180℃에서 30~35분

재료

강력분 430g
인스턴트 드라이이스트 8g
소금 7g
설탕 55g
분유 22g
달걀노른자 43g(약 2개)
생크림 100g
우유 210g(190~230g)

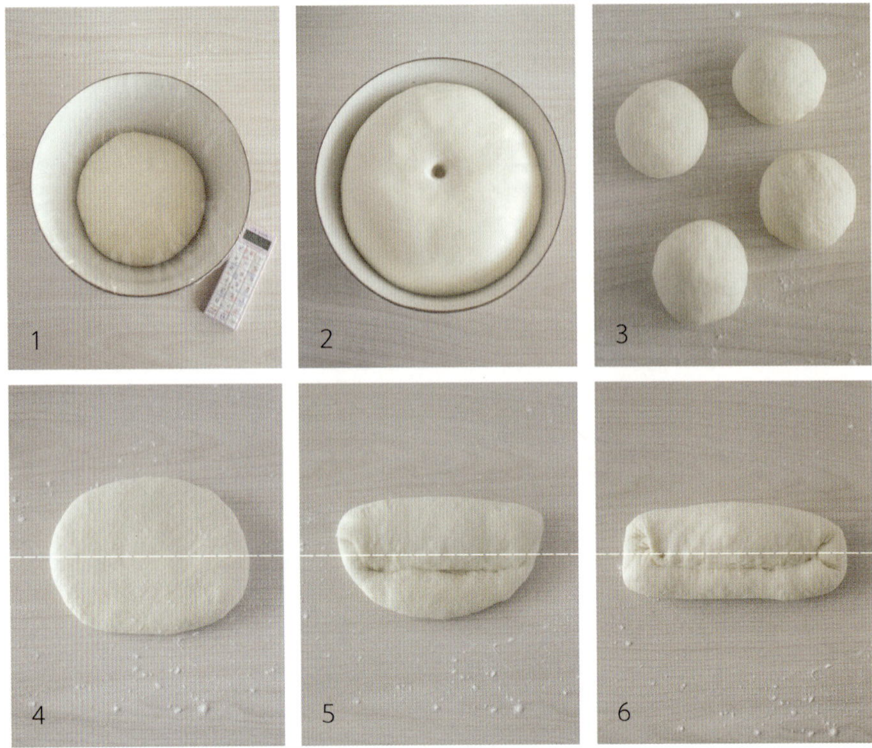

1 반죽 후 1차 발효시키기 우유를 제외한 재료를 한꺼번에 넣고 골고루 섞은 다음 우유를 넣어가며 반죽의 되기를 조절한다. 제빵기의 반죽 코스를 이용해서 반죽 표면이 매끄럽고 탄력이 생길 때까지 15~20분 이상 반죽한다. 반죽이 다 되면 믹싱볼에 담고 표면이 마르지 않도록 랩을 씌운 다음 이스트가 숨을 쉴 수 있도록 구멍을 몇 개 뚫는다. 반죽 온도 27~30℃ 기준으로 실온에서 40분~1시간 정도, 처음 반죽의 2.5~3배 정도 크기가 될 때까지 1차 발효시킨다.

2 핑거테스트 하기 1차 발효시간이 다 되면 손가락에 밀가루를 살짝 묻혀 반죽 윗면을 한 마디 이상 찔러 넣었다가 뺀다. 이때 반죽이 오그라들지 않고 그대로 모양이 잡혀 있으면 1차 발효를 마무리한다. 손가락을 뺐을 때 반죽이 다시 따라 올라오며 구멍이 오그라들면 5분 단위로 다시 확인하면서 적당한 타이밍에 완료한다.

3 분할해서 벤치타임 주기 1차 발효를 마친 반죽을 손바닥으로 눌러 가스를 뺀 다음 똑같은 무게로 4등분해 둥글린다. 반죽이 마르지 않도록 젖은 면보자기를 덮고 15~20분 정도 벤치타임을 준다. 벤치타임을 너무 짧게 잡으면 식빵을 성형할 때 반죽의 탄력이 강해서 반죽에 상처가 생길 수 있으니 조금 여유 있게 시간을 계산하도록 한다.

4 반죽 펴기 벤치타임을 마친 반죽에 남아 있는 가스를 눌러 빼면서 균일한 두께가 되도록 손바닥으로 두들겨 타원형으로 밀어 편다.
- 밀대를 사용하지 말고 손바닥의 균일한 압력으로 반죽을 두들기듯 늘려주는 것이 좋다. 펴놓은 반죽이 균일한 면적과 두께를 갖도록 해야 구웠을 때 고르게 부풀어 예쁜 모양이 완성된다.

5 반죽 윗면 접기 타원형으로 밀어놓은 반죽의 정 가운데 부분을 기준으로, 반죽 윗면을 아래쪽으로 접어 내려 기준점을 조금 지나친 부분에 손가락으로 꾹꾹 눌러 붙인다.

6 반죽 아랫면 접기 반죽을 180° 돌려 접은 부분이 아래로 가도록 한 다음, 윗면이 된 반죽을 접어 내려 먼저 접혀 있는 반죽 위로 올라가도록 한 뒤 꾹꾹 눌러 붙인다. 두께가 고르도록 만져가며 직사각형이 되도록 모양 잡는다.

7 반죽 늘리기 접어놓은 반죽이 길게 늘어나도록 다시 손바닥으로 두들기며 늘려준다.
- 이 과정에서 반죽의 두께를 최대한 고르게 유지하면서 늘려야 완성된 빵 모양이 비틀어지지 않는다.

8 반죽 말아서 꼬집어 붙이기 길게 늘인 반죽의 접힌 부분이 안쪽으로 들어가도록 한 채로, 끝에서부터 돌돌 말아준다. 돌돌말린 반죽의 마지막 부분이 풀어지지 않도록 반죽끼리 겹쳐 꼬집듯 꼼꼼하게 붙인다.

9 반죽 다듬기 4개로 분할한 반죽을 최대한 빠른 시간 내에 모두 동일한 방법으로 성형한다. 돌돌말린 반죽이 고른 두께와 모양이 되도록 4개의 반죽을 잘 다듬어준다.

10 2차 발효 후 굽기 성형을 끝낸 반죽을 식빵 틀에 넣는다. 이때 반죽이 말린 방향이 모두 동일하도록 배열하고, 식빵 틀에 넣은 뒤 반죽 윗면을 꾹꾹 눌러 틀 모서리 부분까지 반죽이 꽉 차도록 만든다. 4개의 반죽 윗면이 모두 같은 높이가 되도록 다듬는다. 반죽이 마르지 않도록 젖은 면보자기를 덮고 실온에서 40분~1시간 정도, 반죽이 틀 위로 봉긋하게 올라올 때까지 2차 발효시킨다.
2차 발효가 끝나면 180℃로 20분 이상 예열한 오븐에서 30~35분 내외로 충분히 굽는다. 20분 정도 굽다가 팬을 앞뒤로 바꾼 다음 다시 구워야 식빵 겉면의 색이 고르게 난다. 30분 정도가 되면 오븐의 온도를 170~165℃ 정도로 조금 내린 뒤 오븐의 윗불을 끄고 밑불로만 굽도록 한다.
- 윗불과 밑불 온도가 따로 조절되지 않는 오븐이라면, 윗면이 진한 황금빛을 띠기 시작했을 때 쿠킹포일로 윗면을 덮어주면 색이 과하게 진해지거나 타는 것을 막을 수 있다.

7

8

9

10

1 우유는 물보다 조금 많은 양을 준비하기

반죽에 사용되는 액상 재료를 물 대신 우유로 선택할 경우에는 기존 물의 양보다 조금 더 많은 양의 우유를 준비하세요. 우유는 물처럼 100% 수분으로 구성된 것이 아니라 약 10% 정도의 고형분이 들어 있기 때문에 물 100%와 우유 110%가 같은 수분 양을 지녔다고 보는 것이 맞아요. 우유의 종류나 브랜드에 따라 고형분의 함량이 조금씩 다르기 때문에 반죽을 하면서 되기를 조절하도록 합니다.

2 우유 반죽에서 주의할 점

우유로 반죽할 때는 처음에는 굉장히 질다고 느껴지지만 우유에 들어 있는 고형분 때문에 반죽을 할수록 금세 되직해져요. 반죽이 질다고 밀가루를 더 투입해서는 안 되겠지요? 질다 싶더라도 잠깐 참기! 글루텐이 생기기 시작하면서 곧 반죽이 되직해지고 단단한 구조로 탄력이 생기니까요.

3 노른자만 사용하면 빵이 부드러워요

달걀 흰자와 노른자를 모두 넣는 것보다 노른자만 사용하는 것이 훨씬 더 부드러운 빵 결을 만드는 비결입니다. 노른자에는 레시틴이라고 하는 지방 성분이 들어 있어 조직을 부드럽게 만드는 천연유화제 역할을 해요. 물론 흰자를 함께 넣어도 무방하지만 부드럽게 만들기 위해서, 또는 흰자 특유의 비린내가 나지 않도록 하기 위해서 노른자만 사용하는 것도 방법이라는 점을 알려드려요.

두유 식빵

A variety of

pan Bread

식빵

옥수수식빵 틀(국내 제품) 1개 분량 /
180℃에서 25~30분

재료

강력분 300g 인스턴트 드라이이스트 6g 소금 4g 설탕 18g
버터 21g 두유 210g(190~230g)

• 만드는 방법은 '생크림 식빵'과 동일합니다.

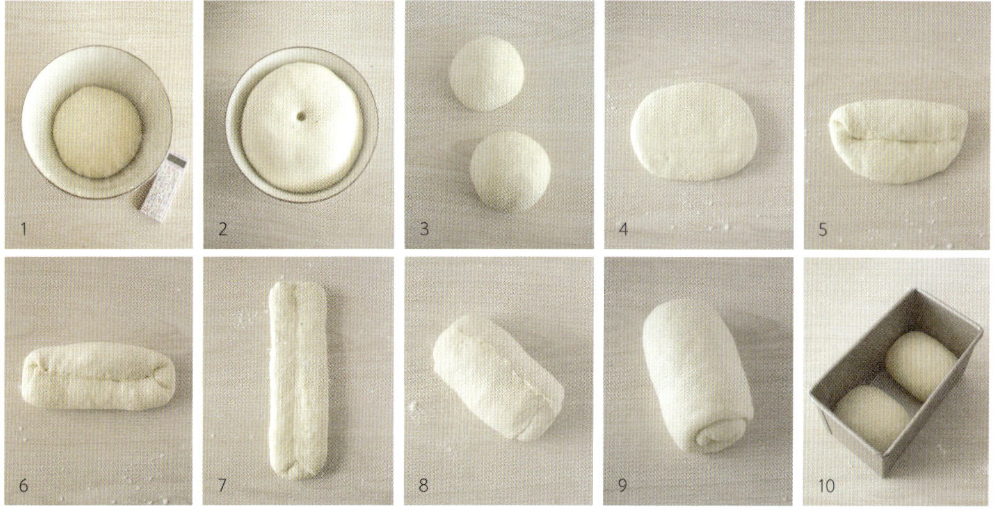

Honey Pan Bread

꿀은 진한 풍미를 내는 천연감미료예요.
설탕 대신 꿀을 사용해 건강한 빵을 만들 수 있지요.
허니 식빵은 꿀이 들어가 촉촉하면서도 쫄깃해요. 꿀은 반죽의 글루텐 조직을 부드럽게
만들어주기 때문에 꿀이 듬뿍 들어간 빵은 부드러운 것이 특징입니다.
반죽을 다룰 때도 살살 아껴주어야 해요.

식빵

우유식빵 틀(국내 제품)
31 × 10 × 9.5㎝ 1개 분량 /
180℃에서 30~35분 내외

재료
강력분 450g 인스턴트 드라이이스트 9g 소금 7g
꿀 67g 버터 36g 분유 27g 물 275g(250~290g)

1 반죽하기 물과 버터를 제외한 모든 재료를 한꺼번에 넣고 골고루 섞은 다음 물을 넣어가며 반죽의 되기를 조절한다. 되기가 조절되면 버터를 넣고 제빵기의 반죽 코스에서 반죽 표면이 매끈하고 탄력이 생길 때까지 15~20분 이상 반죽한다.

2 1차 발효시키기 반죽이 다 되면 믹싱 볼에 담고 표면이 마르지 않도록 랩을 씌워 이스트가 숨을 쉴 수 있도록 구멍을 몇 개 뚫는다. 반죽 온도 27~30℃ 기준으로 실온에서 50분~80분 정도, 처음 반죽의 2.5~3배 정도로 커질 때까지 1차 발효시킨다.

3 핑거테스트 하기 1차 발효시간이 다 되면 손가락에 밀가루를 살짝 묻혀 반죽 윗면을 한 마디 이상 찔러 넣었다가 뺀다. 이때 반죽이 오그라들지 않고 그대로 모양이 잡혀 있으면 1차 발효를 마무리한다. 손가락을 뺐을 때 반죽이 다시 따라 올라오며 구멍이 오그라들면 5분 단위로 다시 확인하면서 적당한 타이밍에 완료한다.

1

2

3

4 분할해서 벤치타임 주기 1차 발효를 마친 반죽을 손바닥으로 눌러 가스를 뺀 다음 똑같은 무게로 2등분해 둥글린다. 반죽이 마르지 않도록 젖은 면보자기를 덮고 15~20분 정도 벤치타임을 준다.

5 반죽 펴기 벤치타임을 마친 반죽에 남아 있는 가스를 눌러 빼면서 균일한 두께가 되도록 손바닥으로 두들겨 타원형으로 밀어 편다.

• 손바닥의 균일한 압력으로 반죽을 두들기듯 늘려주는 것이 좋다. 펴놓은 반죽이 균일한 면적과 두께를 갖도록 해야 구웠을 때 고르게 부풀어 예쁜 모양이 완성된다.

6 반죽 말기 타원형으로 밀어놓은 반죽은 두께를 고르게 유지하면서 김밥 말듯이 길게 돌돌 말아준다.

7 반죽 꼬집어 붙이기 돌돌 만 반죽의 마지막 부분은 꼬집듯 눌러가며 잘 붙인다.

8 반죽 교차시키기 같은 방법으로 돌돌 말아놓은 2개의 반죽을 서로 교차시켜 자리 잡는다.

9 반죽 꼬기 반죽을 꽈배기 모양으로 서로 꼬아주고, 끝부분이 서로 떨어지지 않도록 뒤로 돌려 잘 눌러 붙인다.

10 팬닝 후 2차 발효시키기 꼬아놓은 반죽을 식빵 틀에 넣고 반죽 윗면을 꾹꾹 눌러 틀 모서리 부분까지 반죽이 꽉 차도록 다듬는다. 젖은 면보자기를 덮고 실온에서 40분~1시간 정도, 반죽이 틀 위로 3㎝ 이상 올라올 때까지 2차 발효시킨다.

11 굽기 2차 발효가 끝나면 180℃로 20분 이상 예열한 오븐에서 30~35분 내외로 충분히 굽는다.

1 꿀이 많이 들어가는 식빵 반죽은 트위스트기법으로

식빵을 만들 때 설탕 대신 많은 양(밀가루 대비 10% 이상)의 꿀을 사용할 경우, 꿀이 반죽의 뼈대 역할을 하는 글루텐을 연화시켜 반죽이 퍼지는 경우가 생길 수 있어요. 이렇게 되면 식빵의 볼륨이 사라지고 2차 발효 도중 내려앉기도 하지요. 이럴 때는 반죽을 성형할 때 한 덩어리로 말아주는 원 루프나 2절 접기법 보다는 반죽을 2개로 나누어 서로 꼬아주는 트위스트기법을 이용하세요. 반죽끼리 서로 지지하게 해주어 볼륨이 잘 잡혀요.

2 꿀을 사용할 때는 크러스트 색에 주의

꿀을 넣어 식빵을 만들 때는 설탕을 사용할 때보다 빵 껍질(크러스트)의 색이 진하게 나와요. 오븐에서 굽는 동안 색깔을 세심하게 살피도록 합니다. 오븐의 높이가 낮아서 윗쪽 열선이 빵 윗면에 가까이 닿게 되면 크러스트가 과하게 그을리거나 탈 수 있으니 상황에 따라 굽는 도중 윗불을 차단해야 하는 경우도 있어요. 쿠킹포일로 덮어주는 것도 방법이고요. 또, 색깔만 보고 일찍 오븐을 껐다가 속이 안 익은 경우도 있고요. 빵 만드는 것이 참 쉽지 않지요? 그렇지만 자꾸 하다보면 감이 생겨 즐겨 먹는 빵 정도는 척척 만들 수 있어요.

3 큼직한 한 덩어리 빵은 오븐 온도를 세심하게 살피기

식빵처럼 많은 양의 반죽을 한 틀에 넣어 한 덩어리로 굽는 빵은 굽는 과정에 세심한 주의가 필요합니다. 일반적인 우유 식빵 틀을 사용할 경우, 180℃의 오븐에서 25분 정도 굽다가 온도를 170~160℃로 떨어뜨리고 오븐의 아랫불만 켜서 5~10분 정도 더 굽는 것이 가장 적당해요. 또, 보통 오븐은 오븐 안쪽의 온도가 높고 문 쪽(바깥쪽)의 온도가 낮기 때문에 굽는 도중 틀을 꺼내 앞뒤로 돌려 넣는 것이 균일한 색깔의 식빵을 만드는 방법이에요.
본인이 사용하는 오븐의 특성과 온도를 정확하게 알고 때에 따라 적절하게 응용할 수 있는 것이야 말로 맛있는 빵을 만드는 비결임을 잊지 마세요.

Sandwich Bread

Bread 샌드위치 식빵

네모난 틀에 구워 '풀먼 브레드'라고 불리기도 하는 샌드위치 식빵은 식사 대용 빵이에요.
일반 식빵과 달리 반죽이 담긴 빵 틀의 뚜껑을 완전히 닫고 굽기 때문에 만들기가 조금은 까다로워요.
식탁에 올려두고 먹는 만만한 빵이지만 만드는 법은 그리 쉽지 않으니 차근차근 따라하며 익혀보세요.

**식빵 틀(풀먼 형 1/2 식빵 틀,
국내 제품) 1개 분량 /
180℃에서 30~35분**

재료
강력분 360g
인스턴트 드라이이스트 6g
소금 6g
설탕 22g
버터 15g
분유 11g
달걀노른자 18g(약 1개)
물 215g(200~230g)

1 반죽하기 물과 버터를 제외한 모든 재료를 한꺼번에 넣고 골고루 섞은 다음 물을 넣어가며 반죽의 되기를 조절한다. 버터를 넣고 제빵기의 반죽 코스에서 반죽 표면이 매끈하고 탄력이 생길 때까지 15~20분 이상 반죽한다.

2 1차 발효시키기 반죽이 다 되면 믹싱 볼에 담고 표면이 마르지 않도록 랩을 씌우고 이스트가 숨을 쉴 수 있도록 구멍을 몇 개 뚫는다. 반죽 온도 27~30℃ 기준으로 실온에서 40분~1시간 정도, 처음 반죽 크기의 2.5~3배 정도로 커질 때까지 1차 발효시킨다.

3 핑거테스트 하기 1차 발효가 끝나면 손가락에 밀가루를 살짝 묻혀 반죽 윗면을 한 마디 이상 찔러 넣었다가 뺀다. 이때 반죽이 오그라들지 않고 그대로 모양이 잡혀 있으면 1차 발효를 마무리한다. 손가락을 뺐을 때 반죽이 다시 따라 올라오며 구멍이 오그라들면 5분 단위로 다시 확인하면서 적당한 타이밍에 완료한다.

4 분할해서 벤치타임 주기 1차 발효를 마친 반죽을 손바닥으로 눌러 가스를 뺀 다음 똑같은 무게로 2등분해 둥글린다. 반죽이 마르지 않도록 젖은 면보자기를 덮고 15~20분 정도 벤치타임을 준다.

5 반죽 2절 접기 벤치타임을 마친 반죽은 손바닥으로 눌러 가스를 빼면서 두께가 균일한 타원형이 되도록 손바닥으로 만져가며 누른다. 반죽 윗면을 안쪽으로 접어 다시 고른 두께가 되도록 누른다. 반죽을 180° 돌려 접은 부분이 아래로 가도록 한 다음, 윗면이 된 반죽을 접어 내려 먼저 접혀 있는 반죽 위로 올라가도록 한 뒤 꾹꾹 눌러 붙인다. 두께가 고르도록 만져가며 직사각형이 되도록 모양 잡는다.

6 반죽 늘리기 접어놓은 반죽이 길게 늘어나도록 다시 손바닥으로 두들기며 늘려준다.
  • 이 과정에서 반죽의 두께를 최대한 고르게 유지하면서 늘려야 완성된 빵 모양이 비틀어지지 않는다.

7 반죽 다듬기 일정한 두께로 길게 늘려놓은 반죽은 김밥 말듯이 돌돌 말아준 뒤 끝부분을 겹쳐 꼬집듯 잘 붙인다. 성형이 끝난 반죽이 매끈하고 고른 모양이 되도록 손으로 잘 다듬는다.

8 팬닝하기 돌돌 말린 방향이 같은 쪽을 향하도록 틀에 넣고 윗면을 꾹꾹 눌러 틀 모서리까지 반죽이 꽉 차도록 한다. 윗면이 고르게 되도록 다시 한 번 잘 다듬는다.

9 2차 발효시키기 풀먼 틀의 위 뚜껑을 덮어 2차 발효시킨다. 실온에서 40분~1시간 정도, 반죽의 봉긋한 꼭대기 부분이 틀 끝에서 아래로 1~1.5㎝ 되는 곳까지 올라오면 2차 발효가 끝난 것이다.

10 굽기 2차 발효가 끝나면 180℃로 20분 이상 예열한 오븐에서 30분 정도 굽고 팬을 앞뒤로 돌려 다시 오븐에 넣고 5분 정도 더 굽는다. 다 구워지면 오븐에서 꺼낸 틀을 바로 바닥에 떨어뜨려 충격을 준 뒤 식힘망에 옆으로 뉘어 올려 식힌다.

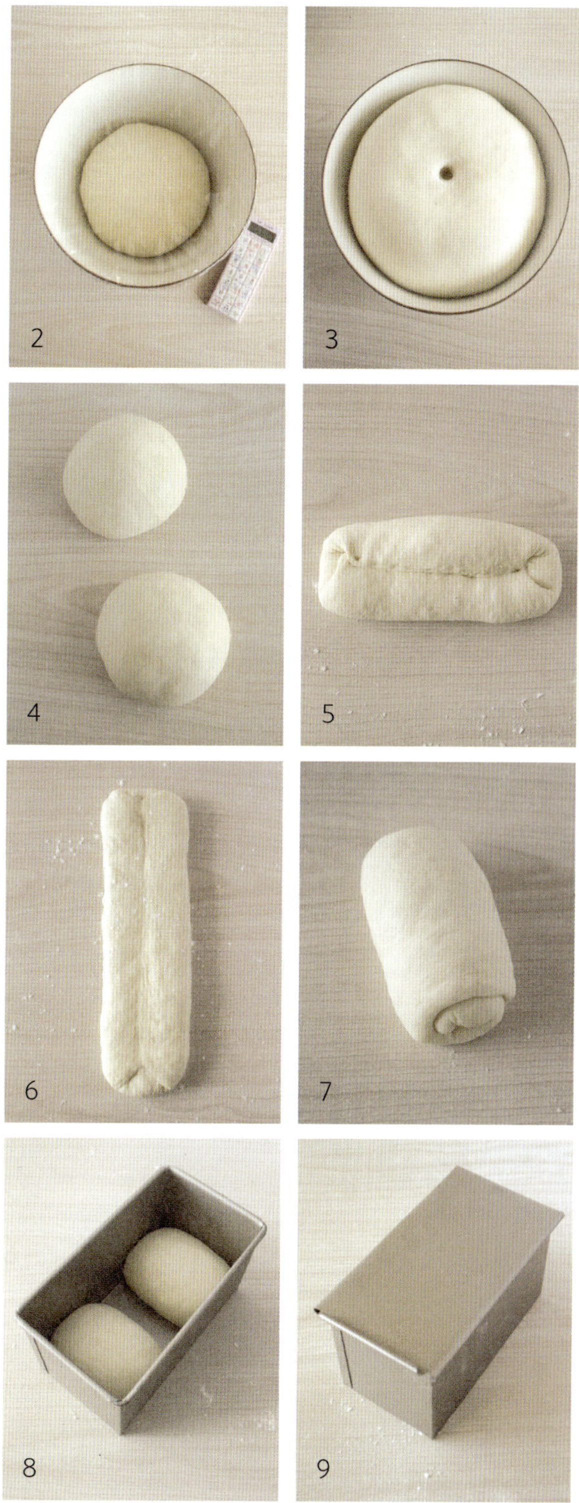

2
3
4
5
6
7
8
9

1 영국식 식빵과 미국식 식빵

식빵은 크게 2가지 모양으로 나뉘어요. 하나는 산봉우리처럼 봉긋하게 올라온 영국식 식빵이에요. 식빵 윗면이 아기궁둥이 같이 봉긋하면서 보들보들 감촉이 좋은 식빵으로, 반죽 윗면을 오븐에 노출해서 굽기 때문에 볼륨이 좋고 부드럽지요.

다른 하나는 '풀먼 브레드'라는 이름의 미국식 식빵이에요. 오븐에 넣기 전 식빵 틀에 뚜껑을 덮기 때문에 반죽이 틀 위로 올라오지 않아 각이 지고 네모난 모양의 샌드위치용 식빵입니다. 이처럼 뚜껑을 덮어 굽는 식빵은 증기에 찌듯이 구워지기 때문에 압력이 가해져 영국식 식빵보다 조직이 좀 더 조밀하고 쫀쫀해서 탄력이 좋은 식감을 자랑해요. 무슨 반죽이던 풀먼 틀에 구울 수 있지요. 미국식 식빵을 만들 때는 영국식 식빵 보다는 유지나 당분의 배합을 조금 더 늘려 부드러워지도록 하는 게 좋아요.

2 반듯한 사각형 식빵 만들기

샌드위치 식빵이라 불리는 풀먼 브레드의 가장 중
요한 점은 바로 네모난 틀 모양대로 잘 구워졌는가
하는 것이지요. 사방 모서리의 각이 제대로 잡힌
빵을 굽기 위해서는 무엇보다 반죽의 양을 사용하
는 틀에 맞게 계산하고 꼭 맞게 팬닝한 뒤 발효를
제대로 시켜 적당한 볼륨에 도달해야 하지요. 보기
에는 간단하고 쉬워 보여도 여러 번 해보지 않으면
그리 쉽지 않아요. 사용하는 틀에 비해 반죽 양이
많이 부족하면 사각형 틀의 모서리까지 반죽의 볼
륨이 차오르지 못해 각이 잡히지 않고, 반대로 반
죽 양이 너무 많으면 빵의 모서리가 칼같이 너무
날카로워질 뿐 아니라 틀 안에 갇힌 빵의 결이 눌
려 식감에 나쁜 영향을 준답니다. 잘 된 풀먼 빵의
모서리는 서로 만나는 끝부분이 너무 날카롭지 않
고 살짝 둥글게 돌아가는 모양이에요. 또, 돌돌 말
아서 팬닝한 2개의 반죽이 발효되면서 점점 맞닿
아 연결되는 곳의 선이 일직선으로 깔끔해야 하고,
돌돌 말아준 옆면의 모양이 한쪽 방향을 향해 동일
한 높이와 동일한 굵기로 돌아간 모양이어야 해요.
까다롭지요? 여러 차례 구우며 쌓인 노하우만이
샌드위치 식빵의 성공 비결이에요.

3 영국식 식빵보다 굽는 시간을 조금 길게

샌드위치 식빵인 풀먼 브레드는 봉긋한 산 모양의
영국식 식빵에 비해 굽는 시간을 조금 더 길게 잡
아주세요. 뚜껑을 덮어 찌듯이 굽기 때문에 시간이
충분해야 하거든요.

4 오븐에서 꺼내자마자 바닥에 살짝 내리치기

빵이 다 구워지면 오븐에서 꺼내자마자 틀 째 바닥
에 살짝 내리쳐 바로 틀에서 분리해야 해요. 오븐
안에 있던 빵 반죽 내부의 높은 온도와 오븐 밖 실
온이 급격하게 차이 나기 때문에 그대로 두었다가
는 식빵의 옆면이 안쪽으로 쏙 들어가 버리는 '케
이프 인 현상'이 생기 때문에요. 바닥에 쳐서 열 분
자 고리를 깨주는 원리라니 정말 과학적이지요?
이 원리는 덩어리 빵뿐 아니라 케이크류에도 모두
해당된답니다.

5 식빵 틀은 밑부분에 구멍이 있는 것으로

식빵은 반드시 빵 틀 밑부분에 구멍이 있는 것을
사용하세요. 반죽이 두꺼워 오븐에서 반죽 속까지
열이 전달되려면 오래 걸리기 때문에 구멍을 통해
열이 쉽게 전달되는 틀을 사용해야 합니다. 밑불이
차단되지 않도록 오븐 팬을 겹치지 말고 오븐 망
위에 바로 올려 굽도록 하세요.

Buttermilk Whole Wheat Pan Bread

버터밀크 통밀 식빵

버터밀크는 통밀빵이 가지고 있는 핸디캡을 단숨에 극복하게 해주는 재료예요.
이스트가 활발하게 활동할 수 있는 환경을 제공해 부드러운 식감의 빵을 만드니 통밀의 거친 느낌을 덮어주지요.
홈베이킹에서는 이 버터밀크와 통밀을 찰떡궁합이라 부른답니다.

식빵

**옥수수 식빵 틀(국내 제품) 1개 /
180℃에서 25~30분 내외**

재료

강력분 220g
통밀가루 80g
인스턴트 드라이이스트 5g
소금 4g
설탕 21g
버터 24g
버터밀크 100g
물 100g(90~120g)
플랙시드 5~10g(옵션)

버터밀크 만드는 법

우유 95g에 레몬즙 5g을 넣고 상온
에 잠시 두어 우유가 부분 부분 덩어
리로 응고되면 사용한다

1 반죽하기 버터와 물을 제외한 모든 재료를 한꺼번에 넣고 골고루 섞
은 다음 물을 넣어가며 반죽의 되기를 조절한다. 마지막에 버터를 넣고
15~20분 정도 반죽한다.

2 1차 발효시키기 반죽이 다 되면 잘 다듬어서 믹싱볼에 담고 표면이 마
르지 않도록 랩을 씌운 다음 이스트가 숨을 쉴 수 있도록 구멍을 몇 개 뚫는
다. 반죽 온도 27~30℃에서 40분~1시간 정도 1차 발효시킨다.

3 핑거테스트 하기 1차 발효시간이 다 되면 손가락에 밀가루를 살짝 묻혀
반죽 윗면을 한 마디 이상 찔러 넣었다가 뺀다. 이때 반죽이 오그라들지
않고 그대로 모양이 잡혀 있으면 1차 발효를 마무리한다. 손가락을 뺐을
때 반죽이 다시 따라 올라오며 구멍이 오그라들면 5분 단위로 다시 확인하
면서 적당한 타이밍에 완료한다.

2

3

4 벤치타임 주기 발효를 마친 반죽은 손바닥으로 눌러 가스를 뺀 뒤 반죽을 한 덩어리로 뭉쳐 윗면이 매끈하게 조여지도록 둥글리기 한다. 윗면이 마르지 않도록 젖은 면보자기를 덮어 15~20분 정도 벤치타임을 준다.

5 반죽 펴기 벤치타임을 마친 반죽을 손바닥으로 눌러가며 균일한 두께의 타원형이 되도록 편다.
• 밀대를 사용하지 말고 손바닥의 균일한 압력으로 반죽을 두들기듯 늘려주는 것이 좋다. 펴놓은 반죽이 균일한 면적과 두께를 갖도록 해야 구웠을 때 고르게 부풀어 예쁜 모양이 완성된다.

6 반죽 접기 반죽의 윗면 양쪽을 가운데 부분으로 모아 삼각뿔 모양으로 접는다.

7 반죽 말기 삼각뿔 모양으로 접은 반죽을 안쪽으로 단단하게 조이면서 말아 원 루프 성형한다. 균일한 두께가 되도록 반죽 전체를 조금씩 다듬어 가면서 안쪽으로 말아주어야 균일한 모양의 식빵이 된다. 뒷면을 꼬집듯 잘 붙인 다음 균형 있는 타원형이 되도록 반죽을 안쪽으로 모으며 다듬는다.

8 팬닝 후 2차 발효시키기 성형이 끝난 반죽은 팬닝 한 뒤 윗면에 젖은 면보자기를 덮고 실온에서 40~50분 정도, 처음 반죽의 80% 정도(식빵 틀 높이)까지 부풀도록 2차 발효시킨다.

9 굽기 180℃로 20분 이상 예열한 오븐에서 25~30분 정도 굽는다. 25분 정도 구운 다음 오븐 팬을 꺼내 앞뒤로 돌려 다시 넣고 5분 정도 더 굽는다. 사용하는 오븐에 따라 시간이 조금씩 달라질 수 있으니 본인이 사용하는 오븐의 특성을 잘 알아두고 응용한다.

1 빵의 볼륨을 업 시키는 버터밀크

버터밀크는 우유를 레몬즙 등으로 발효시킨 산성 우유를 말해요. 빵을 만드는 데 들어가는 이스트는 산성 환경을 좋아해서 버터밀크를 넣으면 이스트의 활동이 활발해지고, 따라서 빵의 볼륨도 좋아지지요. 식감까지 보들보들 맛있어진답니다.

2 산성 재료가 들어가면 가스를 더 잘 빼주기

산이 들어가면 이스트의 활동력이 좋아져서 발효가 잘되는 만큼 반죽 속에 잔기포가 많이 생겨요. 반죽을 성형할 때 이 가스를 빼주어야 반죽이 뒤틀리거나 한쪽으로 몰리지 않고 균일하게 봉긋한 모양이 잡혀요. 예쁜 빵을 만들려면 가스 빼기가 매우 중요하다는 것을 잊지 마세요.

3 버터밀크를 만드는 우유는 반드시 실온으로

버터밀크를 만들 때는 미리 냉장고에서 우유를 꺼내 실온에 두세요. 자칫 냉장고에 보관했던 온도 그대로의 우유를 넣게 되면 반죽의 온도가 떨어져 빵이 발효되는 시간에 영향을 줄 수 있어요. 반죽 온도가 낮을수록 발효가 늦어지고 온도가 높을수록 발효가 빨라지는데, 이 때문에 발효 완료 시간은 절대적인 것이 아니라 온도에 따라 변할 수 있다는 것을 알아두고 반죽의 볼륨의 잘 관찰하며 만들어야 합니다.

Maple Whole Wheat Pan Bread 메이플 통밀 식빵

먹는 내내 달콤한 향이 입안에 감돌아요. 통밀가루처럼 무겁고 건조한 밀가루를 사용할 때 설탕 대신 메이플시럽을 사용하면 빵의 풍미가 좋아지지요.
아무것도 바르지 않고 그냥 토스트로만 먹어도 유난히 가볍고 보송보송한 식감과 향 때문에 정말 맛있답니다.

식빵

옥수수 식빵 틀(21×10×9㎝, 국내 제품) / 180℃에서 25~30분 내외

재료

강력분 260g
통밀가루 60g
인스턴트 드라이이스트 6g
소금 5g
메이플시럽 32g
포도씨오일 13g
분유 20g
물 195g
플랙시드 15g(옵션)

1 반죽하기 오일과 물을 제외한 모든 재료를 한꺼번에 넣고 골고루 섞은 다음 물을 넣어가며 반죽이 되기를 조절한다. 오일을 넣고 15~20분 정도 반죽한다.

2 1차 발효시키기 반죽이 다 되면 잘 다듬어서 믹싱볼에 담고 표면이 마르지 않도록 랩을 씌운 다음 이스트가 숨을 쉴 수 있도록 구멍을 몇 개 뚫는다. 반죽 온도 27~30℃에서 40분~1시간 정도 1차 발효시킨다.

3 핑거테스트 하기 1차 발효시간이 다 되면 손가락에 밀가루를 살짝 묻혀 반죽 윗면을 한 마디 이상 찔러 넣었다가 뺀다. 이때 반죽이 오그라들지 않고 그대로 모양이 잡혀 있으면 1차 발효를 마무리한다. 손가락을 뺐을 때 반죽이 다시 따라 올라오며 구멍이 오그라들면 5분 단위로 다시 확인하면서 적당한 타이밍에 완료한다.

2

3

4 벤치타임 주기 발효를 마친 반죽은 손바닥으로 눌러 가스를 뺀 뒤 반죽을 한 덩어리로 뭉쳐 윗면이 매끈하게 조여지도록 둥글리기 한다. 윗면이 마르지 않도록 젖은 면보자기를 덮어 15~20분 정도 벤치타임을 준다.

5 반죽 펴기 벤치타임을 마친 반죽을 손바닥으로 눌러가며 균일한 두께의 타원형이 되도록 편다.
• 손바닥의 균일한 압력으로 반죽을 두들기듯 늘려주는 것이 좋다. 펴놓은 반죽이 균일한 면적과 두께를 갖도록 해야 구웠을 때 고르게 부풀어 예쁜 모양이 완성된다.

6 반죽 접기 반죽의 윗면 양쪽을 가운데 부분으로 모아 삼각뿔 모양이 되도록 접는다. 가운데 삼각뿔 모양으로 접어준 반죽을 안쪽으로 조이면서 원루프 성형으로 반죽을 단단히 조여주면서 말아준다.

7 반죽 말기 균일한 두께가 되도록 반죽 전체를 조금씩 다듬어 안쪽으로 말아주어야 균일한 모양의 식빵이 된다. 뒷면을 꼬집듯 잘 붙인 다음 균형 있는 타원형이 되도록 반죽을 안쪽으로 모으며 다듬는다.

8 팬닝 후 2차 발효시키기 팬닝 한 뒤 윗면에 젖은 면보자기를 덮고 실온에서 40~50분 정도, 처음 반죽의 80% 정도(식빵 틀 높이)까지 부풀도록 2차 발효시킨다.

9 굽기 180℃로 20분 이상 예열한 오븐에서 25~30분 정도 굽는다. 20분 정도 구운 다음 오븐 팬을 꺼내 앞뒤로 돌려 다시 넣고 5~10분 정도 더 굽는다. 사용하는 오븐에 따라 시간이 조금씩 달라질 수 있으니 본인이 사용하는 오븐의 특성을 잘 알아두고 응용한다.

1 통밀의 건조함을 보완하는 메이플시럽

과립형인 설탕 대신 메이플시럽을 당분으로 쓰게 되면 통밀의 건조함을 보완할 수 있어요. 촉촉함을 더하는 것뿐 아니라 달큰하게 은은한 감칠맛이 크럼(빵 결)에도 남아 있어 풍미 깊은 빵을 만들어주지요. 메이플시럽의 가격 때문에 빵 재료로 아낌없이 쓰기에 부담스러울 수 있지만 시럽을 넣었을 때 맛볼 수 있는 식감 때문에 자꾸 만들어 먹게 된답니다.

2 반죽이 질어지지 않게 주의하기

메이플시럽은 반죽에 수분을 더하지는 않지만 액상이라 반죽이 자칫 질어질 수 있어요. 물을 넣을 때 반죽 상태를 보면서 잘 조절해야 합니다.
꿀과 마찬가지로 글루텐 연화 작용을 일으키기 때문에 반죽이 볼륨 없이 주저앉아버릴 수도 있으니 잘 다독여가며 단단하고 탄력 있는 반죽을 만들도록 하세요.

3 윗면이 너무 진해지거나 타지 않도록 주의하기

메이플시럽이 많이 들어가면 캐러멜화가 심해져 빵 색이 진해지며, 또 색도 빨리 돌게 되지요. 오븐 윗불과 반죽의 거리가 가까우면 타버릴 수 있으니 빵 윗면에 진한 색이 돌기 시작하면 쿠킹포일을 덮고 굽도록 하세요. 식빵처럼 한 덩어리의 반죽이 틀 안에 갇혀 구워지는 빵은 마지막 5분 정도를 오븐의 불을 줄여 아랫불로만 뜸들이듯이 굽는 것이 좋아요. 이렇게 해야 속까지 골고루 익은 빵이 완성됩니다. 빵이 오븐에서 나오는 순간까지 중간 중간 과정을 잘 지켜봐야 한다는 것을 기억하세요.

Whole Wheat Flaxseed Sandwich Bread

통밀 플랙시드 샌드위치 식빵

식물성 유지와 당분으로 만든 건강빵이에요. 통밀빵은 발효만 충분히, 신중하게 해주면 깊고 그윽한 풍미를 제대로 느낄 수 있어요. 부드럽고 말랑말랑한 빵만 좋아했다면 이번에는 빵 자체에서 풍기는 향과 건강빵의 투박하지만 신선한 맛을 경험해보세요.

풀먼 1/2 식빵 틀(국내 제품) 1개 분량 / 180℃에서 30~35분

재료

강력분 260g 통밀가루 100g 인스턴트 드라이이스트 6g 소금 5g
포도씨오일 32g 꿀 35g 물 220g(200~240g) 플랙시드 10g

1

2

3

1차 발효시키기 물과 포도씨오일을 제외한 모든 재료를 한꺼번에 넣고 골고루 섞은 다음 물을 넣어가며 반죽의 되기를 조절한다. 포도씨오일을 넣고 반죽 표면이 매끈하고 탄력이 생길 때까지 15~20분 이상 반죽한다. 반죽이 다 되면 표면이 마르지 않도록 랩을 씌워 이스트가 숨을 쉴 수 있도록 구멍을 몇 개 뚫는다. 반죽 온도 27~30℃ 기준으로 실온에서 40분~1시간 정도, 처음 반죽의 2.5~3배 정도로 커질 때까지 1차 발효시킨다.

핑거테스트 하기 1차 발효시간이 다 되면 손가락에 밀가루를 살짝 묻혀 반죽 윗면을 한 마디 이상 찔러 넣었다가 뺀다. 이때 반죽이 오그라들지 않고 그대로 모양이 잡혀 있으면 1차 발효를 마무리한다. 손가락을 뺐을 때 반죽이 다시 따라 올라오며 구멍이 오그라들면 5분 단위로 다시 확인하면서 적당한 타이밍에 완료한다.

분할해서 벤치타임 주기 1차 발효를 마친 반죽은 손바닥으로 눌러 가스를 뺀 다음 똑같은 무게로 2등분해 둥글린다. 젖은 면보자기를 덮어 15~20분 정도 벤치타임을 준다.

반죽 2절 접기 벤치타임을 마친 반죽의 가스를 빼면서 균일한 두께의 타원형이 되도록 손바닥으로 밀어준다. 반죽 윗면을 아래로 접어 내려 고른 두께로 누른다. 접은 쪽이 아래로 가도록 반죽을 돌려 다시 위에서 아래로 반죽을 접어 내린다. 먼저 접어놓은 반죽 위로 살짝 겹쳐지도록 한다. 위아래 두께가 고르고 면적이 같도록 모양 잡아 눌러 붙인다.

반죽 늘리기 손바닥으로 반죽 윗면을 눌러가며 길쭉하게 늘린다.

반죽 다듬기 고른 두께로 길게 늘린 반죽을 김밥 말이 돌돌 말아준 뒤 끝부분을 꼬집듯 잘 붙인다. 2절 접기 성형이 끝난 반죽이 매끈하고 고른 모양이 되도록 잘 다듬는다.

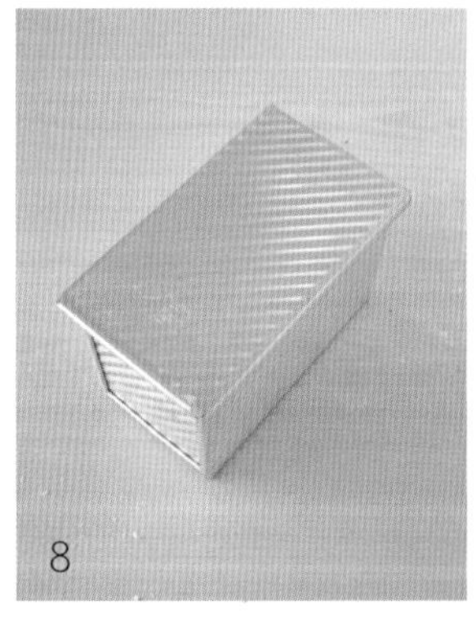

9
굽기 2차 발효가 끝나면 180℃로 20분 이상 예열한 오븐에서 30분 정도 굽고 팬을 꺼내 앞뒤로 돌려 5분 정도 더 굽는다. 다 구워지면 오븐에서 꺼내자마자 틀을 바닥에 떨어뜨려 충격을 준 뒤 식힘망에 옆으로 뉘어 올려 식힌다.

팬닝하기 반죽이 돌돌 말린 방향이 같은 쪽을 향하게 하여 풀먼 틀에 넣고 윗면을 꾹꾹 눌러 틀 모서리까지 반죽이 꽉 차도록 만진 다음 다시 윗면을 고르게 다듬는다.

2차 발효시키기 틀의 뚜껑을 덮고 실온에서 40분~1시간 정도, 반죽의 봉긋한 꼭대기가 틀 끝에서 아래로 1~1.5㎝ 내려온 곳까지 부풀어 오르도록 2차 발효시킨다.

1 건조함과 풋내가 있는 통밀가루 다루기

통밀가루로 빵을 만들 때는 우선 실패를 두려워하지 말기로 해요. 밀의 가운데 부분에 있는 탄수화물인 내배유만 갈아서 제분한 일반 백밀가루와 달리 통밀가루는 밀의 껍데기까지 함께 갈아 만든 것이기 때문에 다소 거칠고 건조하답니다. 통밀 특유의 풋내와 탄닌의 떫은 맛도 있고요. 하지만 영양소만큼은 비교할 수 없이 훌륭하지요. 건강을 위해 촉촉하고 보드라운 식감은 잠깐 포기해도 좋아요.

통밀가루로 빵을 만들 때 실패하기 쉬운 이유도 바로 이런 성분 때문이에요. 이스트는 무겁고 거칠며 칙칙한 통밀가루를 그리 좋아하지 않아서 발효에 어려움이 조금 있어요. 하지만 여러 번 강조했듯이 제빵에는 반복해서 만들어본 경험치가 최고인 법! 자꾸 만들어보며 재료와 도구, 환경에 최적화된 감을 익혀보세요. 오직 나만이 만들 수 있는 홈메이드 빵의 묘미이기도 하지요.

2 플랙시드는 반드시 냉장고에 보관하기

플랙시드는 반드시 볶은 것을 갈아서 먹어야 몸에 흡수돼요. 볶지 않은 것은 먹을 수 없으며 갈지 않고 통째로 먹으면 고스란히 몸 밖으로 배출된다는 것을 잊지 마세요. 분쇄된 상태에서 공기와 접촉을 하게 되면 금세 산패되고, 햇빛에 장시간 노출되면 플랙시드의 풍부한 영양소가 파괴되기 때문에 반드시 어둡고 냉한 장소인 냉장고에 보관해야 한다는 것도 꼭 기억하세요.

3 통밀가루와 궁합이 맞는 꿀, 포도씨오일 사용법

시럽 형태인 꿀과 액상 유지인 포도씨오일은 통밀의 건조함을 보완하기에 적합한 재료예요. 두 가지 모두 액상 재료이기 때문에 한 가지 주의할 점이 있어요. 액체라고 해서 반죽에 수분을 더하지는 않지만 반죽의 되기에는 영향을 미쳐 자칫 반죽이 질어지기 쉽지요. 그래서 이런 재료를 넣어 빵을 만들 때는 반죽 상태를 봐가며 물의 양을 잘 조절해야 합니다. 반죽 초기에 되기를 결정하는 과정에서 잘 살피도록 하세요.

Mocha Marble Pan Bread

모카 마블 식빵

한 번에 두 가지 맛을 즐길 수 있는 빵이에요.
일반적인 식빵 맛과, 한쪽에선 은은한 커피 향. 수다 떨며
조금씩 뜯어 먹다 보면 어느 새 한 덩어리가 감쪽같이 사라지지요.
우유로 반죽한 진한 크림에서 풍기는 커피 향이 있어
잼이나 버터 없이도 맛있게 즐길 수 있어요.

3

식빵

옥수수 식빵 틀
(21×10×9㎝, 국내 제품) /
180℃에서 25~30분 내외

재료
강력분 300g
인스턴트 드라이이스트 6g
소금 4g
설탕 24g
버터 30g
우유 220g(200~240g)

마블
인스턴트커피 파우더 10~20g

1 반죽하기 버터를 제외한 모든 재료를 한꺼번에 넣고 골고루 섞은 다음 물을 넣어가며 반죽의 되기를 조절한다. 되기가 조절되면 버터를 넣고 매끈한 반죽이 되도록 15~20분 이상 반죽한다. 반죽이 다 되면 2개로 나누고, 반죽 하나에만 커피 액(약간의 우유나 물에 녹인 것)을 넣어 반죽 전체에 고르게 색이 나도록 잠시 치댄다.

• 우유로 반죽할 때 주의할 점은 p.50 '생크림 식빵' 참고

2 1차 발효시키기 반죽이 다 되면 반죽을 각각 따로 볼에 담고 랩을 씌운 다음 이스트가 숨을 쉴 수 있도록 구멍을 뚫는다. 반죽 온도 27~30℃를 기준으로 실온에서 40분~1시간 정도, 처음 반죽의 크기보다 2.5~3배 정도 커질 때까지 1차 발효시킨다.

3 핑거테스트 하기 1차 발효시간이 다 되면 손가락에 밀가루를 살짝 묻혀 반죽 윗면을 한 마디 이상 찔러 넣었다가 뺀다. 이때 반죽이 오그라들지 않고 그대로 모양이 잡혀 있으면 1차 발효를 마무리한다. 손가락을 뺐을 때 반죽이 다시 따라 올라오며 구멍이 오그라들면 5분 단위로 다시 확인하면서 적당한 타이밍에 완료한다.

4 벤치타임 주기 발효를 마친 반죽은 손바닥으로 눌러 가스를 뺀 뒤 윗면이 매끈하게 조여지도록 각각 둥글리기 한다. 윗면이 마르지 않도록 젖은 면보자기를 덮어 15~20분 정도 벤치타임을 준다.

5 반죽 펴기 벤치타임을 마친 반죽은 손바닥으로 눌러 남아 있는 가스를 빼주면서 균일한 두께가 되도록 타원형으로 밀어 편다.
• 손바닥의 균일한 압력으로 반죽을 두들기듯 늘려주는 것이 좋다. 펴놓은 반죽이 균일한 면적과 두께를 갖도록 해야 구웠을 때 고르게 부풀어 예쁜 모양이 완성된다.

6 반죽 말기 타원형으로 밀어놓은 반죽을 균일한 두께를 유지하면서 김밥 말듯 돌돌 말아준다.

7 끝부분 붙이기 반죽 맨 끝부분을 겹쳐 꼬집듯 잘 눌러 붙인다. 반죽 2개를 같은 모양으로 만든다

8 반죽 꼬아주기 돌돌 말아놓은 반죽을 서로 교차시켜 자리 잡는다. 꽈배기 모양으로 꼰 끝부분은 서로 잘 이어 붙인다.

9 팬닝 후 2차 발효시키기 반죽을 식빵 틀에 넣고 윗면을 꾹꾹 눌러 틀 모서리까지 반죽이 꽉 차도록 손으로 잘 다듬는다. 젖은 면보자기를 덮고 실온에서 40분~1시간 정도 2차 발효시킨다.

10 굽기 2차 발효가 다 되면 180℃로 20분 이상 예열한 오븐에서 25~30분 내외로 충분히 굽는다.

마블 컬러를 내는 인스턴트 커피파우더 섞기

모카 마블 식빵에 컬러와 향을 더하는 인스턴트 커피파우더는 약간의 물 또는 우유에 녹인, 아주 찐득한 상태로 반죽에 섞어야 해요. 많은 양의 물 이나 우유에 커피 파우더를 녹여 넣으면 반죽의 되기에 문제가 생긴답니 다. 반죽 초기에 액체와 가루가 섞여 완전히 수화되고 글루텐도 다 형성된 상태에서 커피 파우더 녹인 물이 들어가게 되면, 물이 흡수되지 못하고 반 죽의 글루텐이 겉돌아 빵을 퍼지게 하는 원인이 돼요.

Chocolate Swirl Pan Bread

코코아 스월 식빵

하얀 크림(빵 결)과 코코아 크림이 돌돌 말려 있어
모양만으로도 아이들이 정말 좋아해요.
코코아파우더가 들어가 달콤한 맛과 향에 아이들은 또 한 번 반하지요.
담백한 하얀 식빵과 달달한 코코아 식빵의 조화가
적절해 온 가족 간식으로 좋아요.

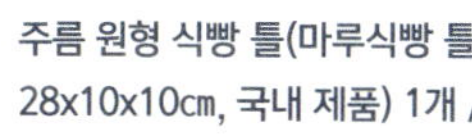

주름 원형 식빵 틀(마루식빵 틀, 28x10x10㎝, 국내 제품) 1개 / 180℃에서 30~35분 내외

재료

강력분 340g

인스턴트 드라이이스트 6g

소금 5g

설탕 27g

버터 30g

분유 18g

물 195g

마블

코코아 파우더 10~15g

물 10~15g

1 반죽하기 믹싱볼에 버터를 제외한 모든 재료를 한꺼번에 넣고 골고루 섞은 다음 물을 넣어가며 반죽의 되기를 조절한다. 되기가 조절되면 버터를 넣고 매끈한 반죽이 되도록 15~20분 이상 반죽한다.

2 1차 발효시키기 반죽이 다 되면 총 반죽 양에서 약 250~300g의 반죽을 떼어 낸다. 둘로 나눈 반죽 중에서 양이 조금 더 많은 반죽은 젖은 면보자기로 덮어 잠시 두고, 양이 적은 반죽에 녹인 코코아 파우더(약간의 물에 진하게 녹여둔 것)를 넣어 반죽에 골고루 색이 나도록 잠시 치댄다. 코코아 반죽이 다 되면 각각의 반죽을 윗면이 매끈해지도록 다듬어 볼에 담고 랩을 씌워 이스트가 숨을 쉴 수 있도록 구멍을 뚫는다. 반죽 온도 27~30℃ 기준으로 실온에서 40분~1시간 정도, 처음 반죽의 2.5~3배 정도로 커질 때까지 1차 발효시킨다.

3 핑거테스트 하기 1차 발효시간이 다 되면 손가락에 밀가루를 살짝 묻혀 반죽 윗면을 한 마디 이상 찔러 넣었다가 뺀다. 이때 반죽이 오그라들지 않고 그대로 모양이 잡혀 있으면 1차 발효를 마무리한다. 손가락을 뺐을 때 반죽이 다시 따라 올라오며 구멍이 오그라들면 5분 단위로 다시 확인하면서 적당한 타이밍에 완료한다.

4 벤치타임 주기 1차 발효를 마친 두 가지 반죽을 각각 작업대에 올려놓고 손바닥으로 눌러 가스를 뺀 다음 둥글린다. 젖은 면보자기를 덮어 15~20분 정도 벤치타임을 준다.

5 반죽 넓게 펴서 겹치기 벤치타임을 마친 각각의 반죽을 균일한 두께의 직사각형이 되도록 밀어서 편다. 사용할 식빵 틀의 너비보다 조금 작게 만든다. 양이 조금 더 많은 흰 반죽 위에 코코아 반죽을 겹쳐서 올린다.

6 반죽 말기 겹쳐놓은 두 가지 반죽을 김밥 말듯 돌돌 말아준 뒤 끝부분을 꼬집듯 잘 붙인다. 전체적으로 반죽이 고른 두께가 되도록 손으로 다듬는다.

7 팬닝하기 마루식빵 틀의 밑면이 되는 쪽에 반죽을 넣고 반죽 윗면을 꾹꾹 눌러 틀 모서리까지 반죽이 꽉 차도록 다듬는다.

8 2차 발효시키기 반죽이 고루 팬닝되면 식빵 틀의 뚜껑을 덮은 다음 실온에서 40~50분 정도, 처음 크기의 약 70% 정도 더 부풀어 오르면 2차 발효를 끝낸다.

9 굽기 2차 발효가 다 되면 180℃로 20분 이상 예열한 오븐에서 30~35분 내외로 충분히 굽는다. 중간에 틀을 한 번 꺼내 위아래를 뒤집어 바꾼 다음 다시 넣고 굽는다.

1 예쁜 스월을 위해 타이트하게 말아주기

두 가지 반죽을 겹쳐서 말아줄 때에는 간격을 타이트하게 잡아 말아야 스월 모양이 예쁘게 나옵니다. 너무 헐렁하게 말아 가면 빙글빙글 돌아가는 횟수가 적어져 스월이 어설프게 나와요.

2 녹차나 커피 파우더로 다양하게

스월 모양을 내고 향을 더하는 재료는 여러 가지를 사용할 수 있어요. 코코아 파우더 대신 녹차나 커피 파우더도 색과 풍미가 좋아 자주 이용되는 재료입니다.

3 동그란 식빵 틀은 위아래를 바꿔 굽기

동그란 마루식빵 틀에 빵을 구울 때는 굽는 도중 틀 자체의 위아래를 뒤집어 구워 색이 골고루 나도록 하세요. 오븐 안쪽과 아랫불이 세기 때문에 중간에 빵 틀을 뒤집어 구워야 열 전달이 고르답니다.

Fresh Cream

제 베이킹 수업에서 가장 인기 있는 레시피 중 하나예요.
이 모닝빵은 빵에 부드러움을 더하는 재료인 버터를 넣지 않고 재료 중
유제품에 함유된 소량의 유지만으로 부드러운 식감을 만들어주는 착한 레시피랍니다.
갓 구운 빵의 냄새를 맡는 순간 정말 행복해지는, 저에겐 완전 소중한 레시피예요.

Morning Bun

20×20㎝ 정사각형 틀 1개 분량 /
210℃에서 15~20분 내외

재료

강력분 250g 중력분 100g
인스턴트 드라이이스트 6g
소금 5g 설탕 33g
분유 19g 생크림 90g
우유 200g(180~220g)
겉에 바를 우유 적당량

1 **1차 발효시키기** 믹싱볼에 우유를 제외한 모든 재료를 한꺼번에 넣고 골고루 섞은 다음 우유를 넣어가며 반죽의 되기를 조절한다. 반죽 표면이 매끈하고 탄력이 생길 때까지 15~20분 이상 반죽한다. 반죽을 볼에 담고 표면이 마르지 않도록 랩을 씌워 이스트가 숨을 쉴 수 있도록 구멍을 몇 개 뚫고 반죽 온도 27~30℃를 기준으로 실온에서 40분~1시간 정도, 처음 반죽의 2.5~3배 정도로 커질 때까지 1차 발효시킨다.

2 **핑거테스트 하기** 1차 발효시간이 다 되면 손가락에 밀가루를 살짝 묻혀 반죽 윗면을 한 마디 이상 찔러 넣었다가 뺀다. 이때 반죽이 오그라들지 않고 그대로 모양이 잡혀 있으면 1차 발효를 마무리한다.

3 **분할해서 벤치타임 주기** 1차 발효를 마친 반죽을 똑같은 무게로 9등분 한 뒤 반죽을 다듬 어주면서 가볍게 둥글린다. 윗면이 마르지 않도록 젖은 면보자기를 덮고 10~15분 정도 벤치 타임을 준다.

4 **2차 발효시키기** 벤치타임을 마친 반죽을 윗면이 매끈해지도록 다시 둥글리기 한 다음 적 당한 간격으로 팬닝하고 젖은 면보자기를 덮어 35~40분 정도 2차 발효시킨다.

5 **우유 발라 굽기** 2차 발효를 마친 반죽 윗면에 우유를 골고루 얇게 2~3번 덧바른다. 210℃ 에서 20분 이상 예열한 오븐에서 15~20분, 진한 황금빛을 띨 때까지 굽는다.

1 우유 양 조절이 중요한 빵

반죽에 버터가 별도로 추가되지 않고 생크림과 우유 등의 유분으로 유지를 잡아주기 때문에 반죽의 신장성이 부족해 다소 뻑뻑하고 되직해질 수 있어요. 우유로 반죽의 되기를 조절할 때 이점을 감안해서 우유 양을 조금 늘려주어야 합니다.

또 물이 아닌 우유만으로 반죽의 수분을 잡아주는 경우, 우유는 물처럼 100% 수분이 아니라 대략 10%의 고형분이 함유되어있기 때문에 그 고형분 함량만큼 우유를 더 넣어주어야 물을 사용할 때와 같이 반죽의 수분 밸런스를 맞출 수 있어요. 꼭 기억하세요.

반죽 초기에는 반죽이 굉장히 질고 쳐지는 느낌이 들지만, 글루텐이 생기기 시작하면 반죽이 점점 되직해지면서 반죽에 탄력이 생겨 구조가 단단해진다는 것도 알아두세요.

빵은 만들 때마다, 계절에 따라, 사용하는 밀가루 브랜드에 따라 제분 상태가 다르기 때문에 사용되는 수분의 양을 항상 똑같이 적용할 수는 없어요. 그때그때 반죽의 상태를 보면서 조절해야 합니다.

2 우유를 발라 구우면 윤기 나고 진한 크러스트 완성

2차 발효가 끝난 반죽 표면에 우유를 발라주면 빵 표면의 색이 예쁘고 윤기가 흘러요. 우유가 줄줄 흘러내릴 정도로 너무 질척하게 바르면 반죽이 축축해지거나 흘러내린 밑 부분이 새까맣게 탈 수 있으니 붓으로 최대한 얇게 2~3번 덧발라주세요.

원래 우유와 달걀노른자를 동량으로 섞어서 발라주는 것이 더 정확한 방법이지만, 달걀 비린내가 자칫 빵의 풍미를 해칠 수 있으니 기호에 맞게 선택하면 됩니다.

Buttermilk Morning Bun

버터밀크 모닝 번

동글동글 볼륨감 있게 예쁘고 풍미 좋은 모닝 번이에요. 버터밀크를 만들 때 레몬이 들어가는데,
이 레몬이 산성 환경을 만들어 반죽 속에서 이스트가 활발하게 활동할 수 있는 환경을 만들어줘요.
그래서 이런 모양의 모닝 번이 만들어졌지요.
반죽을 하는 동안 탄력 있고 통통 튈만큼 가벼운 질감을 경험할 수 있어요.

모닝빵

**원형 롤 5~6개 분량 /
210℃에서 15~20분**

재료

강력분 200g

중력분 100g

인스턴트 드라이이스트 5g

소금 4g

무염버터 30g

꿀 27g

버터밀크 215g(190~230g)

버터밀크 만드는 법

우유 240g에 레몬즙 15g을 넣고 상온에 잠시 두어 우유가 몽글몽글 덩어리로 응고되면 사용한다.

1 **1차 발효시키기** 버터밀크와 버터를 제외한 모든 재료를 한꺼번에 넣고 골고루 섞은 다음 준비한 버터밀크를 조금씩 부어 가며 반죽의 되기를 조절한다. 버터를 넣고 반죽 표면이 매끄럽고 탄력이 생길 때까지 15~20분 이상 반죽한다. 반죽이 다 되면 볼에 담고 랩을 씌워 이스트가 숨을 쉴 수 있도록 구멍을 몇 개 뚫고 반죽 온도 27~30℃ 기준에서 40분~1시간 정도 1차 발효시킨다.

2 **핑거테스트 하기** 1차 발효시간이 다 되면 손가락에 밀가루를 살짝 묻혀 반죽 윗면을 한 마디 이상 찔러 넣었다가 뺀다. 이때 반죽이 오그라들지 않고 그대로 모양이 잡혀 있으면 1차 발효를 마무리한다.

3 **분할해서 벤치타임 주기** 1차 발효를 마친 반죽을 똑같은 무게로 5~6등분 한 뒤 반죽을 다듬어주면서 가볍게 둥글린다. 윗면이 마르지 않도록 젖은 면보자기를 덮고 10~15분 정도 벤치타임을 준다.

4 **2차 발효시키기** 벤치타임을 마친 반죽을 윗면이 매끈해지도록 다시 둥글리기 해 팬닝한 다음 젖은 면보자기를 덮어 30~40분 정도 2차 발효시킨다.

5 **통깨 붙여 굽기** 기호에 따라 통깨를 더해도 좋다. 반죽 윗면에 우유를 살짝 바르고 통깨를 조금씩 뿌려 붙인다. 반죽이 대략 80% 정도 부풀어 2차 발효가 끝나면 210℃에서 20분 이상 예열한 오븐에서 15~20분 정도, 황금빛을 띨 때까지 굽는다.

1 발효가 잘 되지 않을 때는 버터밀크가 정답

발효가 더뎌 돌처럼 딱딱한 빵이 되거나 집 안이 추워 빵 만드는 실내 온도가 내려갔다면 반죽에 사용하는 액상 재료를 '버터밀크'로 바꿔보세요. 이스트는 산성 환경을 좋아해요. 그러니 산성을 띤 버터밀크는 이스트의 활동을 활발하게 만들고 이로 인해 발효가 잘 일어나 볼륨 있고 폭신하면서 가벼운 빵을 만들 수 있어요. 이스트가 뿜어내는 가스가 빵에 볼륨과 풍미를 더해주지요. 이스트의 활발한 활동! 이거야 말로 맛있는 빵을 만드는 제빵 이론의 핵심 포인트라는 것을 잊지 마세요.

2 버터밀크에는 반드시 일반 우유를

버터밀크를 만들 때 저지방 또는 저온살균 우유를 사용하면 응고되는 것이 더뎌 잘 만들 수가 없답니다. 사용하는 우유는 반드시 일반 우유로, 그리고 실온의 것을 사용하세요. 차가운 우유는 빵 반죽 온도에 영향을 주니 주의해야 합니다.

Condensed milk Morning Bun

연유 모닝 번

설탕을 사용하지 않고 연유의 당분으로만 맛을 낸 담백하고 부드러운 모닝빵이에요.
말랑말랑 보들보들한 식감이 남다르지요.
모닝빵을 구울 때 반죽끼리 나란히 붙여서 굽는 '베치번즈' 형식으로 만들어보세요.
빵 반죽이 오븐 열에 노출되는 부분을 최소화하여 수분 손실이 적기 때문에
따로따로 떼어서 굽는 빵 보다 훨씬 촉촉함이 살아 있어요.

모닝빵

20×20㎝ 정사각형 틀 1개 분량 /
200℃에서 15~20분 내외

재료
강력분 220g
중력분 110g
인스턴트 드라이이스트 6g
소금 4g
버터 33g
연유 66g
분유 17g
물 200g(오차범위 180~220g)

1 1차 발효시키기 물과 버터를 제외한 모든 재료를 한꺼번에 넣고 골고루 섞은 다음 물을 조금씩 넣어가며 반죽의 되기를 조절한다. 가루와 물이 완전히 섞여서 뭉쳐진 수화 상태가 되고 바닥에 가루나 액체가 아무것도 묻어있지 않은 클린 업 단계가 되면 실온 상태의 부드러운 버터를 넣고 본격적으로 반죽해 15~20분 이상 치대준다. 겉면이 마르지 않도록 랩을 씌운 뒤 이스트가 숨쉴 수 있도록 구멍을 몇 개 뚫는다. 반죽 온도 27~30℃ 기준으로 40분~1시간 정도 1차 발효시킨다.

2 핑거테스트 하기 1차 발효시간이 다 되면 손가락에 밀가루를 살짝 묻혀 반죽 윗면을 한 마디 이상 찔러 넣었다가 뺀다. 이때 반죽이 오그라들지 않고 그대로 모양이 잡혀 있으면 1차 발효를 마무리한다. 손가락을 뺐을 때 반죽이 다시 따라 올라오며 구멍이 오그라들면 5분 단위로 다시 확인하면서 적당한 타이밍에 완료한다.

3 분할해서 벤치타임 주기 1차 발효가 끝나면 반죽 전체를 손바닥으로 눌러가며 가스를 뺀 뒤 똑같은 무게로 9등분한다. 분할한 반죽에 남아있는 가스를 빼주고 빵 결을 고르게 정리하기 위해 표면이 매끈해지도록 반죽 아랫부분을 조여주면서 둥글리기 한다. 반죽끼리 적당한 간격을 유지하도록 한 뒤 젖은 면보자기나 랩을 덮고 10~15분 정도 가만히 두는 벤치타임을 준다.

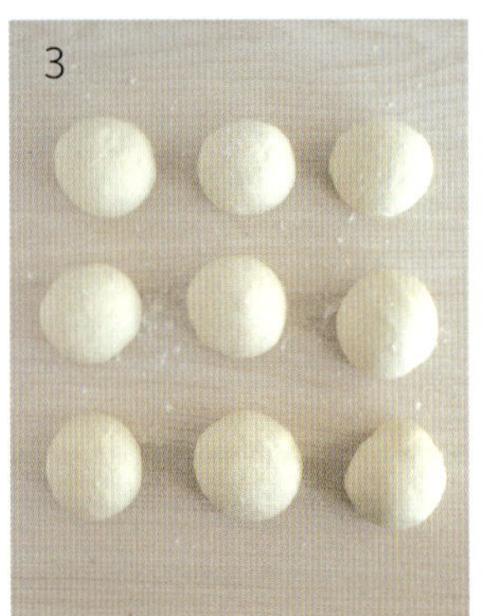

4 2차 발효하기 벤치타임이 끝나면 반죽을 다시 매끈하게 조이며 둥글리기 한 뒤 오븐 팬에 일정한 간격으로 팬닝한다. 반죽위에 젖은 면보자기를 덮고, 대략 70~80% 정도로 부풀어 간격이 벌어져있던 반죽끼리 서로 연결되어 붙으면(가운데 부분이 조금 빈 정도가 적당) 팬 위로 반죽이 살짝 올라온 정도가 될 때까지 실온에서 40분~1시간 정도 발효시킨다.

5 굽기 적당한 볼륨으로 2차 발효가 끝나면 200℃로 20분 이상 예열해둔 오븐에서 빵 겉면이 황금빛을 띨 때까지 15~20분 정도 굽는다.

1 연유를 넣을 때는 소금 양을 줄이기

과립형인 설탕 대신 액체 상태의 연유를 사용해서 만든
빵은 촉촉한 수분감이 살아 있어 좋아요. 단, 연유를 넣
을 때 주의할 점이 한 가지 있으니 기억해두세요. 연유
자체가 가미된 식품이기 때문에 염도가 있어서 반죽에
들어가는 소금의 양을 보통 때보다 조금 줄여야 한다는
거예요. 자칫하면 빵에 짠맛이 강하게 남을 수 있으니 신
경써서 맛의 밸런스를 맞추도록 하세요.

2 반죽이 가벼운 소형 빵은 높은 온도에서 짧게 굽기

반죽 무게가 가벼운 소형 빵들은 오븐에서 너무 오래 구
우면 수분이 많이 증발되어 빵 결인 크럼이 건조해지고
빵 껍질인 크러스트가 질겨질 수 있어요. 높은 온도에서
짧게 굽는 것이 정답이지요.

3 '베치번즈' 형식으로 수분 손실 최소화하기

하나하나 따로 떼어 굽는 것보다 서로 붙여 굽는 베치번
즈 형식으로 구우면 열에 직접 닿는 반죽의 면적이 최소
화되어 그만큼 수분 손실이 적으니 한결 촉촉한 크럼이
완성되지요.

Milk
Morning Bun

우유 모닝 번

모닝빵

20×20㎝ 정사각형 틀 1개 분량 /
210℃에서 15~20분 내외

재료

강력분 250g 중력분 100g 인스턴트 드라이이스트 6g 소금 4g
버터 42g 설탕 32g 분유 17g 우유 90g 물 150g(130~170g)
반죽 윗면에 바를 우유 적당량

1 **1차 발효시키기** 물과 버터를 제외한 모든 재료를 한꺼번에 넣
고 골고루 섞은 다음 물을 넣어가며 반죽의 되기를 조절한다. 마
른 가루와 액체가 모두 섞여서 겉도는 재료 없이 깨끗하게 반죽
이 뭉쳐지면 버터를 넣고 반죽 표면이 매끈하고 탄력이 생길 때까
지 15~20분 이상 반죽한다. 반죽이 다 되면 반죽을 넉넉한 크기의
볼에 담고 랩을 씌워 이스트가 숨을 쉴 수 있도록 구멍을 몇 개 뚫
는다. 반죽 온도 27~30℃ 기준으로 40분~1시간 정도 1차 발효시
킨다.

우유의 부드럽고 고소한 풍미가 그대로 살아 있어요. 우유 모닝 번 역시 하얗고 폭신한 구름빵이에요.
이렇게 사랑스러운 빵 결(크럼)이 도대체 어떻게 가능한지 만들 때마다 신기하답니다. 여러 분도 얼마든지
만들 수 있어요. 직접 만든 빵으로 식탁을 더 행복하게 만들어보세요.

2 핑거테스트 하기 1차 발효시간이 다 되면 손가락에 밀가루를 살짝 묻혀 반죽 윗면을 한 마디 이상 찔러 넣었다가 뺀다. 이때 반죽이 오그라들지 않고 그대로 모양이 잡혀 있으면 1차 발효를 마무리한다. 보통 1차 발효가 완료되면 처음 반죽의 2.5~3배 크기가 된다. 손가락을 뺐을 때 반죽이 다시 따라 올라와 구멍이 오그라들면 5분 단위로 확인하면서 적당한 타이밍에 완료한다.

3 분할해서 벤치타임 주기 1차 발효를 마친 반죽을 작업대에 얹고 이불을 개듯이 반죽을 접어가며 꾹꾹 눌러 가스를 뺀 다음 똑같은 무게로 반죽을 9등분한다. 반죽을 하나하나 둥글리기 한 뒤 윗면이 마르지 않도록 젖은 면보자기를 덮고 10~15분 정도 벤치타임을 준다.

4 팬닝해서 굽기 벤치 타임을 마친 반죽을 다시 매끈하게 둥글리기 한 뒤 균일한 간격으로 팬닝한다. 반죽의 윗면이 마르지 않도록 젖은 면보자기를 덮어 40~50분 정도 2차 발효시킨다. 210℃에서 20분 이상 예열한 오븐에서 15분 정도, 진한 황금빛을 띨 때까지 충분히 굽는다.

1 소형 빵은 2차 발효시간을 짧게

모닝빵처럼 작은 반죽으로 굽는 빵들은 2차 발효를 조금 빨리 끝내는 것이 좋습니다. 반죽의 면적이 작기 때문에 그만큼 발효도 빨리 진행되어 반죽이 큰 빵과 같은 시간을 발효시키면 과발효가 될수 있기 때문이에요. 반죽에 탄력이 충분히 남아 있을 때 구워야 볼륨감이 살지요. 일반적인 2차 발효시간에서 보통 5~10분 정도 짧게 하되, 반죽의 볼륨을 봐가며 적당한 시간에 발효를 완료시켜요. 발효 시간은 반죽 온도와 밀접한 관계가 있기 때문에 모든 빵에 발효시간이 일괄적으로 적용될 수 없어요. 반죽 온도가 높으면 발효가 빨라지고 온도가 낮으면 발효가 길어지기 때문에 만드는 곳의 환경이 큰 변수랍니다.

2 촉촉한 빵의 비결, '베치번즈'

작은 빵을 구울 때는 반죽을 하나하나 따로 떼어놓고 굽는 것보다는 팬닝한 반죽의 간격을 좁혀 발효가 되면서 반죽끼리 붙도록 해서 굽는 것이 좋아요. '베치번즈'라고 부르는 방법인데, 이렇게 하면 오븐 열에 노출되는 반죽의 면적이 줄기 때문에 그만큼 수분 손실도 적어 한결 촉촉하고 부드러운 빵이 완성됩니다.
만일, 베치번즈 형식이 아니라 반죽 하나하나를 따로 떼어 굽는 경우에는 굽는 시간을 10~12분 정도로 줄이도록 하세요. 반죽 표면 전체가 오븐의 열에 노출되기 때문에 조금만 오래 구워도 껍질이 단단하고 질겨집니다.

3 오버 베이크 되지 않게 주의하기

빵을 구울 때 윗면의 색이 덜 나서 너무 연하게 보이더라도 빵 바닥이 진한 황금빛을 띤다면 빵이 다 익은 거예요. 윗면의 색만 보고 색이 진해질 때까지 오래 구우면 자칫 오버 베이크될 수 있으니 주의하세요. 윗면에 색이 너무 나지 않을 경우에는, 10분 정도 굽다가 오븐의 아랫불을 끄고 윗불만으로 1~2분 정도 더 구워 약간 진한 색이 나는 정도에서 멈추도록 하세요.

Whole Wheat Soymilk Morning Bun

통밀 두유 모닝 번

고소하고 진한 두유로 모닝빵을 만들어보세요.

통밀과 두유가 만들어내는 진하고 깊은 빵의 풍미는 직접 만든 빵에서만 맛볼 수 있는 특별함이랍니다.

이 빵으로 엄마표 햄버거를 만들어주면 아이들이 잘 먹을 거예요.

모닝빵

**원형 롤 10개 분량 /
210℃에서 10~15분 내외**

재료

강력분 250g

통밀가루 100g

인스턴트 드라이이스트 6g

소금 4g

설탕 28g

버터 37g

생크림 50g

두유 180g

물 35g(20~50g)

플랙시드 5g(옵션)

1차 발효시키기 물과 버터를 제외한 모든 재료를 한꺼번에 넣고 섞은 다음 물을 조금씩 넣어가며 반죽의 되기를 조절한다. 버터를 넣고 반죽 표면이 매끈해지고 탄력이 생길 때까지 15~20분 이상 반죽한다. 반죽이 다 되면 볼에 담고 랩을 씌워 이스트가 숨을 쉴 수 있도록 구멍을 몇 개 뚫는다. 반죽 온도 27~30℃ 기준으로 40분~1시간 정도 1차 발효시킨다.

핑거테스트 하기 1차 발효시간이 다 되면 손가락에 밀가루를 살짝 묻혀 반죽 윗면을 한 마디 이상 찔러 넣었다가 뺀다. 이때 반죽이 오그라들지 않고 그대로 모양이 잡혀 있으면 1차 발효를 마무리한다. 보통 1차 발효가 완료되면 처음 반죽의 2.5~3배 크기가 된다.

분할해서 벤치타임 주기 1차 발효를 마친 반죽을 작업대에 올려 이불을 개듯이 반죽을 접어가며 꾹꾹 눌러 가스를 뺀 뒤 반죽을 똑같은 무게로 10등분한다. 나눠놓은 반죽이 동그랗게 모아지도록 가볍게 둥글린 다음 윗면이 마르지 않도록 젖은 면보자기를 덮어 10~15분 정도 벤치타임을 준다.

팬닝 후 굽기 벤치 타임을 마친 반죽은 다시 윗면이 매끈해지도록 단단하게 둥글리기 한 뒤 적당한 간격으로 팬닝한다. 윗면이 마르지 않도록 젖은 면보자기나 랩을 덮어 30~40분 정도 2차 발효시킨다. 약 80% 정도의 볼륨이 나면 2차 발효를 마치고 210℃에서 20분 이상 예열한 오븐에서 10~15분 정도, 진한 황금빛을 띨 때까지 충분히 굽는다.

1 두유를 넣을 때는 물의 양 조절에 주의하기

두유는 입맛에 맞게 선택하면 됩니다. 주의할 점은, 두유는 물처럼 전량 수분으로 이루어진 것이 아니고 일정한 양의 고형분이 섞여 있기 때문에 알맞은 반죽을 위해서는 물의 양을 세심하게 조절해야 해요. 어떤 브랜드의 두유를 사용하느냐에 따라 물의 양 또한 달라지니 만들 때마다 반죽의 되기를 봐가며 조절하는 수밖에 없어요. 참고로 제가 사용한 두유는 설탕이 들어 있지 않은 가장 일반적인 베지밀 A예요.

2 통밀가루를 사용할 때는 반죽을 잘 조여주기

통밀가루에는 글루텐 함량이 적어 일반 밀가루를 사용할 때보다 반죽에 힘이 부족해요. 통밀에 함유된 밀기울이나 밀겨 같은 부산물로 인해 반죽이 무거워져 글루텐 조직이 엉성해지기도 하고요. 그러면 반죽이 연해져 처지거나 퍼지는 일이 생긴답니다. 통밀가루가 들어간 반죽을 성형할 때에는 반죽을 잘 조여주어 발효 도중 반죽이 퍼지지 않게 하는 것을 잊지 마세요.

Honey Yogurt Morning Bun

허니 요거트 모닝 번

모닝빵

20×20cm 정사각형 틀 1개 분량 /
200℃에서 15~20분 내외

재료

강력분 250g
중력분 100g
인스턴트 드라이이스트 6g
소금 4g
버터 33g
꿀 35g
플레인 요플레 65g
물 170g(150~190g)

1 1차 발효시키기 물과 버터를 제외한 모든 재료를 한꺼번에 넣고 골고루 섞은 다음 물을 넣어가며 반죽의 되기를 조절한다. 버터를 넣고 반죽 표면이 매끈하고 탄력이 생길 때까지 15~20분 이상 반죽한 뒤 볼에 담고 랩을 씌워 이스트가 숨을 쉴 수 있도록 구멍을 몇 개 뚫는다. 반죽 온도 27~30℃ 기준에서 40분~1시간 정도 지나 처음 반죽의 2.5~3배 정도로 부풀 때까지 1차 발효시킨다.

2 핑거테스트 하기 1차 발효시간이 다 되면 손가락에 밀가루를 살짝 묻혀 반죽 윗면을 한 마디 이상 찔러 넣었다가 뺀다. 이때 반죽이 오그라들지 않고 그대로 모양이 잡혀 있으면 1차 발효를 마무리한다. 손가락을 뺐을 때 반죽이 따라 올라오거나 구멍이 다시 오그라들면 5분 단위로 체크하면서 적당한 타이밍에 1차 발효를 완료한다.

3 분할해서 벤치타임 주기 1차 발효를 마친 반죽을 똑같은 무게로 9등분한 뒤 겉면이 매끄럽고 빵 결이 정리되도록 둥글리기 해서 적당한 간격으로 놓는다. 반죽 표면이 마르지 않도록 젖은 면보자기를 덮어 10~15분 정도 벤치타임을 준다.

4 팬닝 후 굽기 벤치타임이 끝난 반죽은 다시 한 번 매끈하고 빵 결이 고르게 정리되도록 둥글리기 한 다음 적당한 간격으로 팬닝한다. 반죽 표면이 마르지 않도록 젖은 면보자기를 덮어 30~40분 정도 2차 발효시킨다. 200℃에서 20분 이상 예열한 오븐에서 15분 정도, 진한 황금빛을 띨 때까지 충분히 굽는다.

이 모닝빵은 요플레를 사온 날 꼭 굽게 되는 빵이에요.
요플레처럼 산성 재료를 넣어주면 이스트가 좋아하는 환경이 되어 발효가 활발하게 일어나
유독 반죽이 탱탱하고 보들보들해지지요. 시럽 타입의 진한 꿀을 당분으로 사용하기 때문에
촉촉한 식감까지 덤으로 맛볼 수 있어요.

1

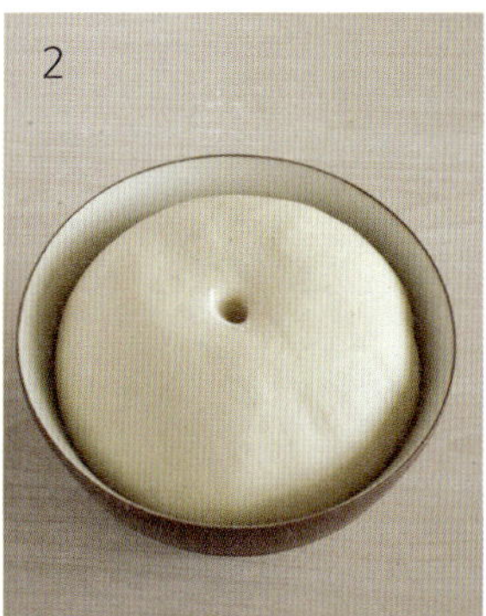

2

3

4

1 요플레는 플레인을 사용할 것

요플레를 넣으면 산성을 좋아하는 이스트가 활발하게 발효 작용을 일으켜 풍미와 볼륨이 좋은 빵이 만들어져요. 이때 요플레는 플레인으로 고르세요. 딸기 맛이나 포도 맛 등 다른 맛이 가미된 것은 사용하지 않도록 합니다. 플레인 요플레에 당분이 함유되어있는 것은 크게 문제되지 않아요.

2 꿀을 넣을 때는 반죽이 질어지지 않도록

꿀이 글루텐 조직을 연화시켜서 반죽이 퍼지는 경우가 많아요. 반죽이 퍼지면 이스트가 뿜어낸 가스가 반죽 속에 머물지 못하고 밖으로 새어나가 구웠을 때 볼륨 없이 납작한 빵이 됩니다. 또 기공이 열리지 못해 수분이 채 증발되지 못해서 안 익은 듯 찐득해지지요. 꿀을 넣을 때는 반죽이 평소보다 살짝 되직하도록 해주세요.

3 좋아하는 식감에 맞춰 밀가루 고르기

사용하는 밀가루는 본인이 좋아하는 식감에 맞게 고를 수 있어요. 탄력과 볼륨을 살리고 싶다면 강력분만으로 만들고, 볼륨은 조금 작아도 폭신하고 부드러운 식감을 원할 때는 강력분과 중력분을 반씩 넣으면 돼요.
단, 중력분은 강력분에 비해 글루텐이 적어 반죽에 탄력과 힘이 부족해지기 때문에 꿀이 많이 들어간 빵에는 많은 양을 사용하지 않도록 하세요.

Overnight Sponge Dough Baguette

오버나이트 스펀지 도우 바게트

밀가루, 물, 이스트, 소금. 이 4가지는 빵을 만드는 데 가장 기본이 되는 재료예요. 이것 없이는 빵이 만들어지지 않지요. 바게트는 이 4가지 재료만을 사용한, 그래서 음식으로 치자면 양념이 하나도 들어가지 않은 순수 자연의 맛을 지닌 빵이에요. 이스트의 발효 활동에 의해 밀가루 본연의 맛에 깊은 풍미가 더해진, '아티잔 브레드'를 대표하는 빵이라고 할 수 있어요. 여기에서는 사용하는 재료의 일부를 전날 미리 떼어 먼저 섞어 발효시킨 뒤 그 다음날 나머지 재료와 섞어 만드는 '오버나이트 스펀지 도우법'으로 만든 바게트를 소개할게요.

심플빵

1~2개 분량 /
220℃에서 25~30분

스펀지
중력분 80g
물 65g
인스턴트 드라이이스트 조금(한 꼬집 정도)

도우
만들어놓은 스펀지 전부
강력분 110g
중력분 140g
인스턴트 드라이이스트 3g
소금 5g
물 170g(150~190g)

1 스펀지 발효시키기 깨끗한 볼에 스펀지 재료를 고루 섞어 넣고 실온에서 4~16시간 정도 발효시킨다. 보통 하룻밤 정도 숙성시키는 것이 좋다.

2 반죽하기 물을 제외한 모든 재료(스펀지 포함)를 한 번에 넣어 섞은 다음 물을 넣어가며 반죽의 되기를 조절하면서 반죽한다. 제빵기로 반죽할 경우 약 15분 정도로, 일반 빵에 비해서 오래 치대지 않는다.

3 1차 발효시키기 반죽이 다 되면 반죽을 매끄럽게 둥글려서 볼에 담고 랩을 씌워 이스트가 숨을 쉴 수 있도록 구멍을 뚫는다. 실온에서 반죽 온도 27℃ 정도를 기준으로 30~40분 정도 1차 발효시킨다.

4 가스 빼기 반죽이 처음 크기보다 약 70~80% 정도 더 부풀면 반죽을 주물러서 가스를 빼주고 다시 윗면을 매끈하게 다듬어 계속 발효시킨다. 이 과정을 '중간 펀칭'이라고 한다.

5 핑거테스트 하기 반죽이 2.5~3배 정도로 부풀 때까지 약 50~80분 정도 발효시킨 다음 시간이 다 되면 손가락에 밀가루를 살짝 묻혀 반죽 윗면을 한 마디 이상 찔러 넣었다가 뺀다. 이때 반죽이 따라 올라오지 않고 그대로 모양이 잡혀 있

으면 1차 발효를 마무리한다. 손가락을 뺐을 때 반죽이 묻어 나오면 5분 단위로 시간을 늘려가며 테스트하고 적당한 시간에 마무리한다.

6 분할해서 벤치타임 주기 1차 발효를 마친 반죽을 가볍게 둥글려 똑같은 무게로 2등분한다. 각각의 반죽을 다시 둥글린 다음 겉면이 마르지 않도록 젖은 면보자기로 덮어 20분 정도 벤치타임을 준다.
• 이때부터는 반죽을 치대거나 눌러서 가스가 빠지는 일이 없도록 세심하게 다루도록 한다.

7 반죽 펴기 벤치타임이 끝나면 반죽의 가스가 너무 많이 빠지지 않도록 주의하면서 윗면을 살짝 눌러 직사각형에 가깝게 편다.

8 반죽 접기 반죽 윗면을 아래로 접어 내려 살짝 눌러 붙인다.

9 반대로 접기 반죽의 위아래를 바꿔 접어놓은 쪽이 아래로 가도록 한 다음 다시 윗면을 아래로 접어 내려 살짝 눌러 붙인다.

10 반죽 길쭉하게 말기 반죽을 다시 원위치로 돌려 방금 접은 면이 위로 가도록 한다. 반죽을 안쪽으로 조금씩 접어 넣어가며 끝까지 균일한 두께의 원통형이 되도록 잘 말아준다.

11 반죽 꼬집어 붙이기 반죽 끝 부분은 당겨서 꼬집듯 잘 붙인다. 붙인 부분이 바닥으로 가도록 반죽을 굴린 다음 손바닥으로 반죽 전체를 굴리며 균일한 두께와 모양이 되도록 다듬는다. 양쪽 끝부분이 살짝 뾰족하게 되도록 문질러 성형을 마무리한다.

12 2차 발효시키기 성형한 반죽을 바게트 틀이나 팬 위에 팬닝한 후 반죽이 퍼지지 않도록 모양을 잡은 다음 겉이 마르지 않도록 젖은 면보자기로 덮는다. 실온에서 40분~1시간 정도 2차 발효시킨다.

13 2차 발효 후 쿠프(칼집) 넣기 발효가 끝나면 반죽에 3줄이나 1줄, 원하는 모양으로 쿠프를 넣어주고 스프레이로 물을 듬뿍 뿌린다. 220℃로 20분 이상 예열한 오븐에서 25~30분 동안, 진한 황금빛을 띨 때까지 이 충분히 굽는다.

11

12

13

1 오버나이트 스펀지 도우

바게트 같은 러스틱 계열의 빵을 만드는 방법으로 크게 '오버나이트 스펀지도우'와 '스트레이트도우' 2가지 방법이 있습니다. 이 두 가지 방법 모두 바게트를 위한 최선의 방법을 제시하고 있어 둘 중 어느 방법을 택하던 관계없어요. 중요한 건 충분한 시간을 가지고 천천히 발효시켜야 한다는 거예요.

여기서는 오버나이트 스펀지 도우법에 대해 자세히 알아볼게요. 사용할 재료 중 밀가루와 물의 약 10~30% 정도를 따로 덜어 먼저 섞은 다음 4~16시간(보통 하룻밤) 정도 실온에서 천천히 발효시켜요. 발효가 끝나면 남아 있는 재료에 섞어준 뒤 본격적으로 반죽을 시작합니다. 재료의 일부를 미리 발효시켜 부스터 역할로 사용하는 것이지요. 또 다른 명칭으로 '중종 반죽법'이라고도 불러요. 이런 방법은 재료가 단순한 심플 브레드류를 만들 때 주로 사용합니다.

실온에서 하룻밤 숙성시키는 동안 이스트가 천천히 활동하면서 깊은 풍미를 이끌어내고 발효 향을 강하게 하여 독특한 식감과 맛, 향을 만들어내요. 스트레이트법에 비해 마르는 시간이 더디기 때문에 빵의 노화가 느려서 좀 더 오래 보관할 수 있고, 소화도 잘되는 빵이 됩니다. 바로 만드는 스트레이트 도우법에 비해 볼륨에서도 상당히 차이가 나요. 무엇보다 오븐에서 구워지는 동안 기공이 많이 열려 수분을 완벽하게 날리게 되어 무게가 느껴지지 않을 만큼 가벼운 바게트가 완성되지요.

2 발효 도중 가스를 빼주는 중간 펀칭

발효가 70~80% 정도 진행 되었을 때 반죽의 가스를 빼주고 다시 다듬어서 발효를 계속 진행하게 되면 이스트들이 자극을 받아 처음보다 활발하게 활동해요. 이렇게 되면 더욱 속도감 있게 발효가 진행되어 맛이나 식감이 한층 좋아집니다. 1차 발효가 진행되는 도중 가스를 한 번 빼주는 이 과정을 '중간 펀칭'이라고 불러요. 바게트는 급한 마음으로 만들어서는 안 돼요. 이렇게 한 단계 한 단계 세심하게 만져주어야 완벽한 바게트에 가까워집니다.

3 1차 발효 후에는 반죽을 세심하게 다루기

1차 발효가 끝난 후 반죽을 분할해서 벤치타임을 줄 때부터 세심하게 반죽을 다루도록 해야 해요. 반죽 속에 남아 있는 이스트가 뿜어낸 가스가 빠지지 않도록 반죽을 치대거나 누르지 않도록 합니다. 바게트를 잘라보면 크럼에 큼직한 구멍 여러 개가 보일 거예요. 이런 정도가 되어야 기공이 잘 열렸다고 할 수 있어요. 크럼이 너무 조밀하고 빡빡해지지 않도록 반죽의 가스를 잘 유지하는 것이 중요합니다.

4 수분을 완전히 날려 가볍게 만들기

바게트와 같이 재료가 단순한 빵들은 높은 온도에서 수분을 완전히 날리면서 굽는 것이 중요합니다. 예를 들어 300g 정도의 반죽을 구우면 오븐에서 꺼낸 바게트의 무게는 약 240g. 즉, 20% 정도의 무게가 줄어들면 잘 구워졌다고 할 수 있어요. 단, 가정용 오븐으로는 수분을 완벽하게 날리는 데 한계가 있기 때문에 최대한 세심하게 만들어 가벼운 바게트에 도전해보세요.

5 오븐에 스프레이를 뿌릴 때는 재빨리

오븐에 스팀 효과를 주기 위해서는 오븐 안쪽에 스프레이를 듬뿍 뿌리고 15분 정도 지났을 때 다시 오븐 문을 재빨리 열어 스프레이를 듬뿍 뿌린 뒤 바로 문을 닫도록 하세요. 스프레이를 하는 동안 오븐 온도가 떨어지게 해서는 안 돼요. 보통 바게트를 굽는 도중 두 번 정도 스프레이해주면 좋아요.

6 구운 후 4시간 이내가 골든타임

오랜 시간과 정성을 들여서 만든 바게트를 최상의 맛과 풍미로 즐길 수 있는 시간은 고작 4시간이랍니다. 갓 구워낸 빵을 4시간 안에 먹어야 가장 맛있다는 것이지요. 4시간이 지난 후부터는 급격히 풍미가 떨어지고 크럼이 말라버려 딱딱해져요. 보관해야 한다면 굽자마자 식힌 뒤 밀봉하여 냉동실에 보관하세요. 먹을 때는 강제로 해동시키지 말고 상온에 두고 서서히 해동시켜야 빵의 풍미가 살아납니다. 오븐에 다시 한 번 구워도 좋아요.

7 정확한 스펙을 가진 빵

엄밀하게 따지면 350g 정도의 반죽으로 67~68㎝ 길이가 되도록 성형해야 하며, 쿠프(칼집) 수는 7개가 들어가야 바게트라고 부를 수 있어요. 이 스펙대로라면 가정용 오븐에서는 바게트를 구울 수 없지요. 집에서는 같은 양의 반죽으로 40~41㎝ 길이의, 바게트보다는 조금 짧고 통통하게 만들 수 있어요. 이 빵의 명칭은 '바타르'랍니다.

A variety of Baguette

오렌지주스로 발효 돕기

물 대신 오렌지주스를 넣으면 통밀로 인해 무겁고 더디던 이스트의 발효활동이 활성화됩니다. 이스트는 산성 환경을 좋아하기 때문이지요. 통밀처럼 무겁고 입자가 크며 거친 밀가루를 사용할 때는 오렌지주스를 사용해보세요. 발효도 잘되고 통밀 특유의 쌉싸래한 맛을 중화시켜 풍미 깊고 향긋한 빵을 만들 수 있어요. 사용하는 오렌지주스는 반드시 100% 과즙에 설탕이 가미되지 않은 것이어야 합니다.

심플빵

통밀 바게트

1~2개 분량 /
220℃에서 25~30분

<u>스펀지</u>
중력분 80g 물 65g 인스턴트 드라이이스트 조금(한 꼬집 정도)

<u>도우</u>
만들어 놓은 스펀지 전부
강력분 150g 통밀 100g 인스턴트 드라이이스트 3g
소금 5g 물 155g(140~170g) 오렌지주스 15g

• 만드는 방법은 '오버나이트 스펀지 도우 바게트'와 같습니다.

1 동그란 모양을 잘 살리려면 강력분으로

하드 롤을 상징하는 동그란 모양을 잘 살려 만들려면 강력분을 사용하는 것이 좋아요. 밀가루에 힘이 있어야 반죽 모양이 그대로 유지되거든요. 중력분을 사용해도 만들 수는 있지만 스펀지를 제외한 본반죽에서는 강력분을 사용하는 것이 좀 더 동그란 모양으로 만드는 데 유리합니다. 만일 중력분을 사용할 경우에는 강력분 250g 중에서 100g 정도만 중력분으로 대체하는 것이 좋아요. 중력분을 사용했다면 반죽을 둥글리기 할 때 아래로 당겨가며 단단하게 조이는 것도 잊지 마세요.

2 일반 바게트보다 살짝 되직하게

물의 양을 조금 줄여 일반 바게트보다 되직하게 반죽하세요. 반죽이 질면 동그란 하드 로 모양이 유지되지 않고 옆으로 퍼져요. 반죽이 살짝 되직한 정도로 물의 양을 조금만 줄이면 됩니다.

3 브레드 바스켓용 하드 롤은 큼직하게

반죽을 분할할 때 개수를 4~5개 정도로 줄이면 1개당 무게가 늘어나 큼직한 하드 롤이 됩니다. 크림수프나 파스타 등을 담아 먹는 '브레드 바스켓'용 하드 롤은 크기를 늘려 만들어보세요. 반죽 무게가 늘어났으니 굽는 시간도 길어져야 한다는 것을 기억하세요. 20~25분 이상 구워야 속까지 잘 익어요.

심플빵

하드 롤

**10개 분량 /
220℃에서 20~25분**

<u>스펀지</u>

중력분 80g 물 65g 인스턴트 드라이이스트 조금(한 꼬집 정도)

<u>도우</u>

만들어놓은 스펀지 강력분 250g 인스턴트 드라이이스트 3g
소금 5g 설탕 6g 물 160g(140~180g)

- 만드는 방법은 '오버나이트 스펀지 도우 바게트'와 동일하며, 성형할 때 반죽을 똑같은 무게로 10등분해서 둥글리기 한 뒤 팬닝하세요. 반죽 위면에 십자 모양 쿠프를 넣어줍니다.

Straight Doug Soymilk Baguette

고소하고 진한 두유로 만든 바게트는 일반 바게트에 비해 식감이 좀 더 가볍고 크러스트도 더 부드러워요. 바로 앞에서 설명한 오버나이트 스펀지 도우 바게트와 함께 바게트를 만드는 대표적인 방법인 '스트레이트 도우법'을 알려드릴게요. 반죽을 미리 발효시키지 않고 바로 만들기 때문에 발효를 얼마나 충분히 시켰느냐에 따라 볼륨과 풍미가 달라집니다. 반죽 온도가 너무 높아지지 않도록 시간과 공을 들여야 돌 빵이 되지 않아요.

심플빵

**1~2개 분량 /
220℃에서 25~30분 내외**

재료

강력분 300g
이스턴트 드라이이스트 4g
소금 5g
두유 180g
물 55g(30~70g)

1 반죽하기 믹싱볼에 물을 제외한 모든 재료를 한꺼번에 넣고 골고루 섞어 뭉쳐주고 물을 조금씩 넣어가며 반죽의 되기를 조절한다. 번에 계량해서 반죽을 뭉쳐주면서 남아있는 물을 조금씩 넣으면서 반죽의 질기를 잡아준다. 반죽은 15분 정로도, 일반 빵의 80%선에서 마무리하는 것이 좋다.

2 1차 발효시키기 반죽이 다 되면 매끄럽게 둥글려서 볼에 담고 랩을 씌운 다음 이스트가 숨을 쉴 수 있도록 구멍을 뚫는다. 실온에서 반죽 온도 27~28℃를 기준으로 30~40분 정도 1차 발효시킨다.

3 가스 빼기 반죽이 처음 크기보다 약 70~80% 정도 더 부풀면 반죽을 주물러서 가스를 빼주고 다시 윗면을 매끈하게 다듬어 계속 발효시킨다. 이 과정을 '중간 펀칭'이라고 한다.

5 **분할해서 벤치타임 주기** 1차 발효를 마친 반죽을 가볍게 둥글려 똑같은 무게로 2등분한다. 각각의 반죽을 둥글린 다음 겉면이 마르지 않도록 젖은 면보자기로 덮어 15~30분 정도 벤치타임을 준다.

• 이때부터는 반죽을 치대거나 눌러서 가스가 빠지는 일이 없도록 세심하게 다루도록 한다.

6 **반죽 펴서 접기** 벤치타임이 끝나면 반죽의 가스가 너무 많이 빠지지 않도록 주의하면서 윗면을 살짝 눌러 직사각형에 가깝게 편다. 반죽 윗면을 아래로 접어 내려 살짝 눌러 붙인다.

7 **반대로 접기** 반죽의 위아래를 바꿔 접어놓은 쪽이 아래로 가도록 한 다음 다시 윗면을 아래로 접어 내려 살짝 눌러 붙인다. 반죽을 다시 원위치로 돌려 방금 접은 면이 위로 가도록 한다. 반죽을 안쪽으로 조금씩 접어 넣어가며 끝까지 균일한 두께의 원통형이 되도록 잘 말아준다.

8 **반죽 꼬집어 붙이기** 반죽의 끝부분을 당겨 꼬집듯 잘 붙인다. 붙인 부분이 바닥으로 가도록 반죽을 굴린 다음 손바닥으로 반죽 전체를 굴리며 균일한 두께와 모양이 되도록 다듬는다. 양쪽 끝부분이 살짝 뾰족하게 되도록 문질러 성형을 마무리한다.

9 **2차 발효시키기** 성형한 반죽을 바게트 틀이나 팬 위에 팬닝한 후 반죽이 퍼지지 않도록 모양을 잡은 다음 겉이 마르지 않도록 젖은 면보자기로 덮는다. 실온에서 40분~1시간 정도 2차 발효시킨다.

10 **2차 발효 후 쿠프 넣기** 발효가 끝나면 반죽에 3줄이나 1줄, 원하는 모양으로 쿠프를 넣어주고 스프레이로 물을 듬뿍 뿌린다. 220℃로 20분 이상 예열한 오븐에서 25~30분 동안, 진한 황금빛을 띨 때까지 충분히 굽는다.

4 **핑거테스트 하기** 반죽이 2.5~3배 정도로 부풀 때까지 약 50~80분 정도 발효시킨 다음 시간이 다 되면 손가락에 밀가루를 살짝 묻혀 반죽 윗면을 한 마디 이상 찔러 넣었다가 뺀다. 이때 반죽이 따라 올라오지 않고 그대로 모양이 잡혀 있으면 1차 발효를 마무리한다. 손가락을 뺐을 때 반죽이 묻어 따라 올라오면 5분 단위로 시간을 늘려가며 테스트하고 적당한 시간에 마무리한다.

1 스트레이트 도우

스트레이트 도우는 오버나이트 스펀지 도우(p.110)에 비해 만드는 법은 간단해도 시간과 정성을 더 들여야 해요. 재료의 일부를 미리 발효한 부스터 없이 자연 발효되도록 천천히 기다리며 만드는 빵이지요. 반죽을 충분히 발효시켜야 볼륨과 풍미가 좋아져요.

무엇보다 중요한 것은 반죽 안의 이스트가 뿜어낸 가스가 밖으로 새어나가지 않도록 반죽을 최대한 꼼꼼하게 만져주는 거예요. 반죽이 담긴 믹싱볼을 이리 저리 옮겨다니면 중간에 가스가 빠질 수 있으니 주의하세요. 글루텐으로 가스를 감싸 최대한 반죽 안에 묶어두고 최종적으로 오븐에 넣은 뒤 볼륨을 더 키워 기공을 열어 수분을 날리면서 크럼을 형성하도록 합니다. 가스가 다 빠져나가버리면 결국 돌처럼 딱딱한 돌 빵이 되고 말아요.

또, 천천히 발효되도록 반죽의 온도를 잘 유지하고 중간에 펀칭하는 것을 잊지 말아야 합니다. 반죽 온도가 높을수록 발효시간이 짧아지고, 반죽 온도가 낮을수록 발효시간은 점점 길어진다는 것을 기억하고 적절한 발효타이밍을 잡는 것이 스트레이트 도우법의 성공 비결이에요.

2 두유의 종류에 따라 물의 양을 적절히

두유는 입맛에 맞게 사용하세요. 제조 회사에 따라 고형분의 함량이 다를 수 있기 때문에 반죽의 되기를 조절하기 위해 사용되는 물의 양에도 차이가 생긴답니다. 이 바게트를 만들 때 제가 사용한 두유는 달지 않은 베지밀 A예요. 만일 당분이 가미된 것을 사용할 때는 발효시간에도 변화가 생길 수 있으니 반죽을 관찰하면서 잘 다듬어주도록 하세요. 검정깨나 검정콩두유도 사용할 수 있는데, 물의 양에 차이가 많이 날 수 있으니 직접 눈으로 반죽의 변화를 봐가면서 조절하도록 합니다.

3 굽는 도중 스프레이 하기

빵을 굽는 도중 오븐 문을 잠깐 열고 스프레이로 오븐 안쪽과 반죽에 물을 듬뿍 뿌려주세요. 이렇게 하면 크러스트(껍질)가 한결 얇고 바삭해져요. 단, 오븐 문을 열면 급격하게 온도가 떨어지므로 최대한 재빠르게 스프레이 하고 얼른 문을 닫아주세요.

A variety of Baquette

스트레이트 도우 바게트
응용하기

호두 통밀 바게트

1~2개 분량 /
220℃에서 25~30분

재료

강력분 250g
통밀가루 50g
인스턴트 드라이이스트 3g
소금 5g
물 200g(190~230g)
오렌지주스 10g
호두 60g

• 만드는 방법은 '스트레이트 도우'
　바게트와 같습니다.

1 호두는 반죽이 다 된 후에 넣기

호두를 넣을 때는 반드시 180℃의 오븐에서 15~20분 정도 구워서 사용해야 빵에 고소한 풍미를 더할 수 있어요. 반죽할 때 처음부터 넣지 말고 반죽이 다 되면 넣어주세요. 호두를 넣고 손으로 골고루 섞일 정도로 살짝만 치대주면 충분합니다. 반죽을 시작할 때부터 호두를 넣으면 단단한 호두가 반죽을 끊어 글루텐이 상하게 되니 주의하세요.

2 무거운 반죽은 천천히

통밀가루와 호두가 들어가 반죽이 무거워요. 무거운 반죽은 충분한 시간을 들여 천천히 발효시켜야 합니다. 맛있는 바게트를 완성하기 위해 더욱 세심한 주의가 필요해요.

3 오렌지주스로 발효 돕기

물 대신 오렌지주스를 넣으면 통밀로 인해 무겁고 더디던 이스트의 발효활동이 활성화됩니다. 이스트는 산성 환경을 좋아하기 때문이지요. 통밀처럼 무겁고 입자가 크며 거친 밀가루를 사용할 때는 오렌지주스를 사용해보세요. 발효도 잘되고 통밀 특유의 쌉싸래한 맛을 중화시켜 풍미 깊고 향긋한 빵을 만들 수 있어요. 사용하는 오렌지주스는 반드시 100% 과즙에 설탕이 가미되지 않은 것이어야 합니다.

Weizenbrot

독일 빵의 기본이 되는 바이첸 브로트는 '흰밀빵'이라는 의미로, 호밀을 10%로 아주 조금 섞거나 전혀
섞지 않고 100% 백밀가루만 사용해서 만들어요. 백밀가루만 사용하기 때문에 맛이 순하고 평범한데,
그만큼 대중적이며 심플 브레드의 정석이라 할 수 있지요.

심플빵

타원형 1개 분량 /
210℃에서 25~30분 내외

재료

강력분 100g

중력분 200g

인스턴트 드라이이스트 5g

소금 5g

설탕 2g

버터 3g

물 190g(170~210g)

1

반죽하기 볼에 물과 버터를 제외
한 모든 재료를 한꺼번에 넣고 골
고루 섞은 다음 물을 넣어가며 반
죽의 되기를 조절한다. 버터를 넣
고 반죽 표면이 매끈하고 탄력이
생길 때까지 15~20분 정도 반죽
한다.

1차 발효시키기 반죽을 볼에 담고
랩을 씌워 이스트가 숨을 쉴 수 있
도록 구멍을 몇 개 뚫는다. 반죽
온도 27~30℃를 기준으로 40분
~1시간 정도 1차 발효시킨다.

3

핑거테스트 하기 1차 발효시간이 다 되면 손가락에 밀가루를 살짝 묻혀 반죽 윗면을 한 마디 이상 찔러 넣었다가 **뺀다**. 이때 반죽이 따라 올라오지 않고 그대로 모양이 잡혀 있으면 1차 발효를 마무리한다. 손가락을 **뺐을** 때 반죽이 묻어 따라 올라오면 5분 단위로 시간을 늘려가며 테스트하고 적당한 시간에 마무리한다.

4

벤치타임 주기 1차 발효를 마친 반죽을 가볍게 둥글린 뒤 겉면이 마르지 않도록 젖은 면보자기로 덮어 20분 정도 벤치타임을 준다.

5

반죽 말기 벤치 타임이 끝나면 반죽을 타원형으로 펴준 뒤 원 루프법으로 성형해 균일한 두께가 되도록 잘 말아준 다음 끝부분을 꼬집듯 잘 붙인다.

6

2차 발효시키기 원 루프 성형이 끝나면 손바닥으로 반죽을 굴리면서 럭비공 모양의 타원형이 되도록 다듬는다. 양쪽 끝부분이 너무 뾰족해지지 않도록 다듬어주면서 성형을 마무리한다. 반죽 겉면이 마르지 않도록 젖은 면보자기를 덮고 실온에서 40분~1시간 정도 2차 발효시킨다.

7

쿠프(칼집) 넣어 굽기 2차 발효가 끝나 반죽의 볼륨이 80% 정도 더 부풀면 반죽에 가로로 길게 쿠프(칼집)를 넣고 스프레이로 물을 듬뿍 뿌린다. 210℃로 20분 이상 예열한 오븐에서 25~30분 정도, 진한 황금빛을 띨 때까지 충분히 굽는다.

1 기본 중의 기본 빵

바이첸 브로트는 독일 빵의 모체가 된다해도 과언이 아닌, 기본 중의 기본 빵이에요. 작게 분할해서 만드는 소형 빵을 '브뢰첸Brötchen'이라 하고, 크게 한 덩어리로 굽는 대형 빵을 '브로트(Brot)'라고 하는데, 현재 브뢰첸에서 파생된 빵만 대략 1200가지가 넘고, 브로트도 300가지가 넘는다고 해요. 각각 사용하는 유지와 당분의 함량에 따라, 또 모양에 따라 여러 가지 다양한 종류로 변화되고 있어요.

2 이스트 발효 과정이 중요한 빵

바이첸 브로트의 기본 레시피를 살펴보면 아주 적은 양의 유지와 당분만이 가미된, 가장 단순한 배합률로 만들어지는 심플 브레드예요. 밀가루, 이스트, 소금, 물로만 만드는 프랑스의 바게트와 반죽이 거의 흡사하지요. 이런 심플 브레드는 유지와 당분이 만들어주는 부드럽고 진한 맛 대신 이스트의 발효에 의한 밀가루 본연의 풍미와 맛을 즐기는 빵이랍니다. 적절한 믹싱과 충분한 1차 발효 등 과정 하나하나가 이스트의 발효에 영향을 주므로 단순한 빵이지만 충분한 시간과 남다른 정성을 아낌없이 쏟아 부어야 한다는 것을 잊지 마세요.

3 높은 온도에서 수분을 완전히 날리며 굽기

심플 브레드 계열은 높은 온도에서 수분을 완전히 날리면서 겉은 바삭하고 속은 보송보송하게 굽는 것이 중요합니다. 그래서 일반 빵보다 높은 온도에서 충분하게 구워야 하지요. 빵을 굽는 도중 오븐 문을 잠깐 열고 스프레이로 오븐 안쪽과 반죽에 물을 듬뿍 뿌려주세요. 이렇게 하면 크러스트(껍질)가 한결 얇고 바삭해져요. 단, 오븐 문을 열면 급격하게 온도가 떨어지므로 최대한 재빠르게 스프레이 해야 해요.

4 모양은 마음대로

바이첸 브로트는 기호에 따라 바게트 모양으로 길게 성형하거나 럭비공처럼 통통하게 타원형으로 성형하기도 합니다. 반죽을 나누어 두 덩어리로 구워도 좋고, 하드 롤처럼 아주 작고 동그랗게 만들어도 좋아요.

Pain Brie 팽 브리

참외 모양을 닮아 프랑스 어로 'pain(빵) brie(참외)'라는 이름이 붙었어요. 프랑스 노르망디 지역에서 만들어진 역사 깊은 전통 빵이에요. 교통이 발달하지 못해 배를 타고 이동하던 시절에 오랜 시간 동안 두고 먹어야 해서 일부러 짧게 발효시켰지요. 그래서 크러스트(빵 껍질)는 두껍고 딱딱하며 크럼(빵 결)은 조밀해요. 수분이 빠져나가기 힘들게 만들어 오래 두고 먹기 위해서요. 먹어도, 먹어도 질리지 않는 맛이라 수업시간에도 참 인기 있는 빵이랍니다. 저의 두 아이도 따뜻한 크림수프에 팽 브리 한 조각을 곁들여 먹는 걸 정말 좋아해요.

심플빵

타원형 3개 분량 /
210℃에서 15~20분 내외

재료

중력분 300g

인스턴트 드라이이스트 5g

소금 4g

무염버터 8g

설탕 8g

분유 8g

물 195g(180~210g)

반죽 위에 뿌릴 밀가루 적당량

1 반죽해서 1차 발효시키기 믹싱볼에 물과 버터를 제외한 모든 재료를 넣고 골고루 섞은 다음 물을 넣어가며 반죽의 되기를 조절한다. 버터를 넣고 반죽하다가 다 되면 표면이 마르지 않도록 랩을 씌워 실온에서 20~30분 정도 1차 발효시킨다.

2 1차 발효 마무리하기 1차 발효시간은 일반 빵보다 조금 짧게 잡는다. 일반 빵을 100% 발효시킨다고 보았을 때 팽 브리는 70~80% 정도만 발효시킨다.

3 분할해서 벤치타임 주기 발효가 끝난 반죽은 손바닥으로 꾹꾹 눌러 가스를 뺀 뒤 똑같은 무게로 3등분한다. 분할한 반죽은 둥글려서 윗면이 마르지 않도록 젖은 면보자기를 덮어 10~15분 정도 벤치타임을 준다.

• 벤치타임도 일반 빵에 비해 조금 짧게 잡는다.

4 성형하기 벤치타임이 끝난 반죽은 넓게 밀어 펴고, 윗면의 양쪽 끝을 안으로 접어 삼각뿔 모양을 만든다.

5 반죽 말기 반죽을 안으로 조금씩 조여 가며 말아 럭비공 모양으로 성형한 뒤 마지막 부분은 꼬집듯 잘 눌러 붙인다.

6 팬닝 후 2차 발효시키기 성형이 모두 끝나면 반죽을 적당한 간격으로 팬닝한다. 손으로 반죽을 바닥 쪽으로 당겨 조이듯이 다듬는다. 반죽이 느슨하게 퍼지지 않고 탱글탱글 단단해지도록 만든 다음 젖은 면보자기를 덮어 20~30분 정도 2차 발효시킨다.

• 2차 발효시간 역시 일반 빵보다 10~15분 정도 짧게 잡는다.

7 밀가루 뿌리고 쿠프 넣기 고운체를 이용해 반죽 위에 밀가루를 살살 뿌린 다음 면도칼로 0.5㎝ 깊이의 가로 방향 쿠프(칼집)를 3개 넣는다. 다시 반죽의 정 가운데 부분을 일직선으로 긋고 양옆으로 간격을 둬가며 나머지 쿠프를 넣는다.

8 굽기 210℃로 충분히 예열한 오븐에서 15~20분 정도 굽는다. 15분 정도 구운 다음 빵 팬을 앞뒤로 돌려 다시 오븐에서 2~3분 정도 굽는다.

이성실의
BAKING NOTE

1 팽 브리 반죽은 살짝 되직하게

팽 브리는 크럼(빵 결)을 조밀하게 만들기 위해 반죽을 약간 되직하게 잡아주는 것이 좋아요. 그래야 반죽이 단단해지지요. 2차 발효시간도 짧게 줄여 부족한 2차 발효로 기공이 덜 열리도록 해 수분이 덜 날아가게 하세요. 묵직하면서 밀도가 빡빡하고 두꺼운 크러스트를 가져야 잘 된 팽 브리라고 할 수 있어요.

2 마지막에 뿌리는 밀가루는 조금만

맨 마지막에 뿌려주는 밀가루는 아주 조금만 뿌려요. 너무 많이 뿌리면 두껍게 굳어져 다 굽고 난 뒤에도 생밀가루로 남아 있을 수 있어요. 때에 따라서는 생략해도 무방합니다.

Italian Herb Bread

가벼우면서 쫄깃하고 담백한 맛의 이탈리안 허브 브레드는 샌드위치 빵으로 적당해요. 파스타나 스테이크 등을 먹기에 앞서 식전 빵으로도 어울리지요. 발사믹소스에 찍어 먹으면 특유의 깔끔하고 고급스러운 풍미를 즐길 수 있어요.

허브 믹스는 좋아하는 것으로 선택하면 되는데, 다양한 허브가 믹스되어있는 이탈리안 허브 믹스를 사용하면 편리하지요.

반죽하기 올리브오일과 물을 제외한 모든 재료를 한꺼번에 넣고 고루 섞은 다음 물을 넣어가며 반죽의 되기를 조절한다. 올리브오일을 넣고 15~20분 정도 반죽한다.

1차 발효시켜 핑거테스트 하기 겉면이 마르지 않도록 랩을 씌워 반죽 온도 27~30℃에서 40분~1시간 정도 1차 발효시킨다. 1차 발효 시간이 다 되면 손가락에 밀가루를 살짝 묻혀 반죽 윗면을 한 마디 이상 찔러 넣었다가 뺀다. 이때 반죽이 따라 올라오지 않고 그대로 모양이 잡혀 있으면 1차 발효를 마무리한다.

분할해서 벤치타임 주기 발효를 마친 반죽은 손바닥으로 눌러 가스를 뺀 뒤 똑같은 무게로 2등분한다. 반죽을 둥글리기 한 다음 윗면이 마르지 않도록 젖은 면보자기를 덮어 15~20분 정도 벤치타임을 준다.

• 반죽을 나누지 않고 한 개로 크게 만들어도 된다

타원형 1~2개 분량
180℃에서 25~30분 내외

재료

강력분 200g 중력분 150g 인스턴트 드라이이스트 6g 소금 5g 올리브 오일 32g
설탕 10g 분유 21g 물 235g (220~250g)
이탈리안 허브 믹스(바질, 오레가노, 로즈마리, 파슬리, 타임, 칠리 등) 2~4g

반죽 성형하기 벤치타임을 마친 반죽은 손바닥으로 두들겨 균일한 두께로 편다. 윗면 양쪽 끝을 가운데로 모아 삼각뿔 모양이 되도록 접는다.

반죽 성형 마무리하기 삼각뿔 모양으로 접은 반죽을 안쪽으로 조이면서 원 루프 성형한다. 반죽을 단단히 조여 가며 균일한 두께가 되도록 반죽 전체를 조금씩 다듬어 안쪽으로 말아준다. 반죽 겉면에 상처가 생기면 발효되는 도중에 찢어질 수 있으니 매끈하게 유지한다.

반죽 다듬기 반죽을 균일한 두께로 성형한 뒤 뒷면의 겹치는 부분을 꼬집듯 잘 붙인 다음 균형 있는 타원형이 되도록 반죽을 안쪽으로 모아 다듬는다.

4

5

6

7

7 2차 발효시키기 성형이 끝난 반죽을 팬닝하고 윗면에 젖은 면보자기를 덮어 실온에서 40~50분 정도, 처음 크기의 80% 정도 더 부풀 때까지 2차 발효시킨다.

8 굽기 180℃로 20분 이상 예열한 오븐에서 25~30분 정도 굽는다. 반죽을 분할하지 않고 1개로 크게 구울 경우에는 25분 정도 구운 뒤 오븐 팬을 꺼내 앞뒤로 돌린 다음 오븐 온도를 170~160℃로 조금 낮춰 5분 정도 뜸들이듯 더 굽는다. 작게 2등분한 반죽을 한 판에 동시에 굽는 경우에는 20분 정도 구운 다음 오븐 팬을 앞뒤로 돌리고 온도를 낮춘 뒤 3~5분 정도 뜸들이듯 굽는다.

1 반죽에는 엑스트라버진 올리브오일

반죽에 들어가는 올리브오일은 반드시 엑스트라 버진 올리브오일을 사용하세요. 풍미와 맛을 결정하는 아주 중요한 재료이므로 일반 올리브오일에 비해 값이 비싸더라도 지정된 것을 사용하는 것이 좋습니다.

2 반죽 온도는 온도계로 체크하기

유지와 당분이 많이 들어가지 않는 심플 브레드는 발효를 충분히 시켜야 합니다. 발효 시간은 반죽의 온도와 관계있기 때문에 반죽의 온도가 높아지지 않도록 하는 것이 중요하지요. 반죽이 끝나면 반드시 온도계로 반죽을 찔러 적당한 온도가 되었는지 체크하도록 하세요. 빵에 따라 다르지만 보통 27~30℃ 정도가 가장 적당합니다. 온도가 높을수록 발효시간이 짧아지고, 온도가 낮을수록 발효시간이 길어지니 빵을 만들 때마다 온도계를 사용해 반죽 온도를 체크하는 과정이 꼭 필요해요. 제빵기를 이용할 경우, 제빵기의 열선 때문에 반죽 온도가 높아지는 경우가 많다는 것도 기억하세요. 빵의 성공 여부는 바로 1차 발효에 달려 있다는 것을 다시 한 번 강조할게요.

Italian Supermarket Bread

이탈리안 슈퍼마켓 브레드

재미있는 이름 그대로 이탈리아 사람들이 가장 흔히 즐겨 먹는 식사용 빵이에요. 슈퍼마켓에서 살 수 있는 대중적인 빵이라고 해서 붙여진 이름이에요. 가벼운 식감에 씹는 맛이 좋은 빵으로, 다양한 요리에 곁들여 먹어요. 겉면에 깨를 듬뿍 뿌려 구워주면 훨씬 고소하고 바삭한 크러스트를 맛볼 수 있어요. 발효시간을 충분히 갖고 천천히 만들면 더욱 풍미가 좋아집니다.

심플빵

**타원형 로프 2개 분량 /
200℃에서 20~25분 내외**

재료
강력분 200g
중력분 100g
인스턴트 드라이이스트 6g
소금 5g
엑스트라 버진 올리브오일 27g
설탕 6g
분유 24g
물 200g(180~220g)
겉면에 붙일 깨 적당량(옵션)

1 반죽하기 믹싱볼에 물과 올리브오일을 제외한 모든 재료를 한꺼번에 넣고 골고루 섞은 다음 물을 넣어가며 반죽의 되기를 조절한다. 올리브오일을 넣고 15~20분 정도, 반죽에 탄력이 생길 때까지 치댄다.

2 1차 발효시키기 넉넉한 크기의 볼에 반죽을 담고 랩을 씌운 다음 이스트가 숨을 쉴 수 있도록 작은 구멍을 여러 개 뚫는다. 실온에서 반죽 온도 27~30℃를 기준으로 40~60분 정도 1차 발효시킨다.

3 핑거테스트 하기 반죽이 2.5~3배 정도로 부풀 때까지 발효시킨 다음 시간이 다 되면 손가락에 밀가루를 살짝 묻혀 반죽 윗면을 한 마디 이상 찔러 넣었다가 뺀다. 이때 반죽이 따라 올라오지 않고 그대로 모양이 잡혀 있으면 1차 발효를 마무리한다. 손가락을 뺐을 때 반죽이 묻어 따라 올라오면 5분 단위로 시간을 늘려가며 테스트하고 적당한 시간에 마무리한다.

4 분할해서 벤치타임 주기 1차 발효를 마친 반죽을 손바닥으로 살짝 눌러 가스를 뺀 다음 똑같은 무게로 2등분한 뒤 가볍게 둥글린다. 젖은 면보자기로 덮어 15~20분 정도 벤치타임을 준다.

5 반죽 펴기 벤치타임을 마친 반죽을 원 루프법으로 성형한다. 손바닥으로 반죽을 눌러 가스를 균일하게 빼면서 넓게 밀어 편 뒤 윗면의 양끝을 안쪽으로 접는다. 다시 아래로 김밥 말듯 말아 가며 타원형으로 성형한다.

6 반죽 말기 반죽을 힘 있게 당기면서 말아준다. 이렇게 해야 반죽에 탄력이 생겨 빵의 볼륨이 더 잘 나온다.

7 타원형으로 다듬기 성형한 반죽의 이음새 부분이 2차 발효 도중에 벌어지지 않도록 손가락으로 꼬집듯 잘 붙인 다음 타원형으로 다듬는다.

8 반죽에 깨 붙이고 팬닝하기 반죽 윗면에 스프레이로 물을 뿌린 다음 반죽을 깨 위에 굴려서 겉면에 깨를 입힌다. 깨가 떨어지지 않도록 스프레이로 물을 뿌려 손바닥으로 살짝 눌러주면서 모양을 잡아 팬닝한다.

9 2차 발효 후 쿠프 넣고 굽기 팬닝한 반죽이 마르지 않도록 젖은 면보자기를 덮고 반죽이 2배 정도로 부풀 때까지 실온에서 40분~1시간 정도 2차 발효시킨다. 2차 발효가 완료되면 반죽에 칼집(쿠프)을 넣은 뒤 200℃로 20분 이상 예열한 오븐에서 20~25분 정도, 진한 황금색을 띨 때까지 굽는다.

• 오븐에 반죽을 넣기 전에 스프레이로 물을 한 번 더 뿌려주면 크러스트가 더 얇고 바삭해진다.

1 반죽의 온도 유지하기

유지나 당분이 많이 들어가지 않아 재료가 단순한 심플 브레드는 발효를 충분히 시키는 것이 중요해요. 반죽의 온도가 낮아야 발효 시간이 길어지기 때문에 처음부터 반죽 온도를 조금 낮게 잡아주는 것도 좋고, 때에 따라 1차 발효를 두 번 시키는 것도 좋아요. 특히, 더운 여름철에는 반죽의 온도가 너무 높아지지 않도록 주의해야 합니다.

2 깨를 붙일 때는 스프레이를 듬뿍

반죽 겉면에 깨를 붙여서 구울 때는 반드시 반죽 겉면에 스프레이로 물을 듬뿍 뿌린 다음 붙여야 완전하게 잘 붙어요. 깨를 다 입힌 다음에도 다시 한 번 물을 뿌리고 손바닥으로 살살 눌러주세요.

3 다양하게 활용하는 만능 빵

이탈리안 슈퍼마켓 브레드는 모양이 동그란 하드 롤처럼 만들어 속을 파내고 수프나 파스타를 담아 먹는 브레드 바스켓으로 이용해도 좋아요. 반죽을 100g씩 나누면 딱 좋은 사이즈이 하드 롤이 됩니다. 먹다 남은 빵은 깍두기 크기로 잘라 지퍼백에 밀봉해 넣고 냉동보관해두었다가 수프 위에 얹어 먹는 크루통으로 활용해도 좋아요.

올리브 준비하기 씨를 제거하고 통조림이나 병조림으로 만든 블랙 올리브를 구입해 체에 밭쳐 물기를 완전히 뺀 다음 손톱만한 크기로 자른다.

반죽해서 1차 발효시키기 믹싱볼에 올리브오일과 다진 올리브를 제외한 모든 재료를 한꺼번에 넣고 골고루 섞은 다음 물을넣어 가며 반죽의 되기를 조절한다. 올리브오일을 넣고 15분 정도 더 반죽한 다음 마지막에 다진 올리브를 넣고 살짝 섞는다. 랩을 씌워 실온에서 반죽 온도 27~30℃를 기준으로 40분~시간 정도 1차 발효시킨다.

핑거테스트 하기 1차 발효시간이 다 되면 손가락에 밀가루를 살짝 묻혀 반죽 윗면을 한 마디 이상 찔러 넣었다가 뺀다. 이때 반죽이 따라 올라오지 않고 그대로 모양이 잡혀 있으면 1차 발효를 마무리한다. 손가락을 뺐을 때 반죽이 묻어 따라 올라오면 5분 단위로 시간을 늘려가며 테스트하고 적당한 시간에 마무리한다.

Olive Focaccia

제가 정말 좋아하는 빵이에요. 만들기 쉽고 재료도 간단하고, 게다가 몸에도 좋지요. 빵을 그다지 좋아하지 않는 사람도 포카치아를 맛보고 생각이 달라졌다고 할 정도예요. 엑스트라 버진 올리브오일로 풍미를 가득 이끌어 내고, 글루텐이 적은 중력분을 사용해 질기지 않고 폭신한 식감이 참 부드러워요. '밥 빵'이라는 별명을 붙이고 싶을 만큼 식사용으로도 적합한 빵이에요.

23cm x 23cm 정사각 틀 1개 분량 / 200℃에서 25~30분 내외

재료

중력분 400g 인스턴트 드라이이스트 6g 소금 6g 엑스트라 버진 올리브오일 40g
물 270g(250~290g) 블랙 올리브 다진 것 50g
장식용 블랙 올리브 슬라이스 조금
반죽에 뿌릴 엑스트라 버진 올리브오일 적당량

4

반죽 팬닝하기 사각 팬에 올리브오일을 살짝 바르고 반죽을 넣는다. 반죽에 올리브오일을 골고루 묻혀가며 손바닥으로 눌러 팬 모서리까지 반죽이 꽉 차도록 한다. 반죽이 고른 두께를 유지할 수 있도록 다듬는다.

5

반죽 넓게 펴기 반죽이 밑바닥까지 닿을 정도로 꾹꾹 눌러 편다. 반죽의 두께가 균일하면서 윗부분에 주름이 생기도록 모양을 만들고 얇게 슬라이스해놓은 올리브를 반죽 위에 듬성듬성 얹는다. 올리브가 살짝 파묻힐 정로만 눌러준다.

6

2차 발효시키기 팬닝한 반죽이 마르지 않도록 올리브오일을 1~2큰술 반죽 윗면에 뿌려 골고루 코팅한 다음 실온에서 40분~1시간 정도 2차 발효시킨다. 반죽이 2배 정도로 부풀면 2차 발효를 완료한다.

7

굽기 200℃도로 예열한 오븐에서 25~30분 정도 굽는다. 오븐에서 꺼낸 빵은 틀에서 바로 꺼내 식힘망에 얹어 식힌다.

1 포카치아의 포인트는 엑스트라 버진 올리브오일

포카치아를 만들 때 사용되는 엑스트라 버진 올리브오일은 이 빵의 전부라고 할 만큼 아주 중요한 재료입니다. 엑스트라 버진 올리브오일이 아닌 일반 올리브오일이나 기타 다른 오일은 절대로 사용하면 안 돼요. 단, 포카치아 같은 이탈리안 브레드 이외의 다른 빵을 만들 때는 재료에 특별한 언급이 없으면 포도씨오일이나 카놀라오일을 사용하세요. 그만큼 올리브오일에는 독특한 향과 풍미가 있어 다른 오일과 바꿔 사용할 수 없답니다.

2 올리브는 반죽이 다 된 후에 넣기

올리브는 블랙올리브나 그린올리브 모두 좋아요. 올리브는 반드시 물기를 완전히 제거한 뒤 손톱만한 크기로 다져서 사용하세요. 반죽할 때 처음부터 넣으면 올리브가 뭉개져서 형태가 없어지고 반죽이 지저분해지므로 반죽이 다 된 다음에 넣고 살짝 섞어주기만 합니다.

3 발효시간이 길어 풍미가 좋은 빵

설탕이 들어가지 않아 이스트의 활동이 왕성하지 않기 때문에 다른 빵에 비해 발효시간이 길어요. 그 만큼 이스트가 뿜어내는 각종 향미가 반죽 속에 오래 머물게 되어 풍미가 좋은 빵이 완성되지요. 발효가 천천히 잘되니 볼륨도 풍성해집니다.
더운 계절이나 실내 온도가 높을 경우 빵 반죽의 온도도 높아지는데, 그렇게 되면 발효시간이 짧아지므로 주의해서 반죽을 살피도록 하세요.

4 다양한 토핑으로 변화 주기

취향에 따라서 여러 가지 토핑을 얹어 구워보세요. 재료에 따라 다양한 맛을 가진 포카치아를 맛볼 수 있어요. 방울토마토나 양파, 파르메산치즈도 포카치아에 매우 잘 어울리는 재료랍니다.
쫄깃한 포카치아 반죽은 집에서 피자를 만들 때 도우로 활용하기에도 좋아요.

A variety of Focaccia

포카치아 응용하기

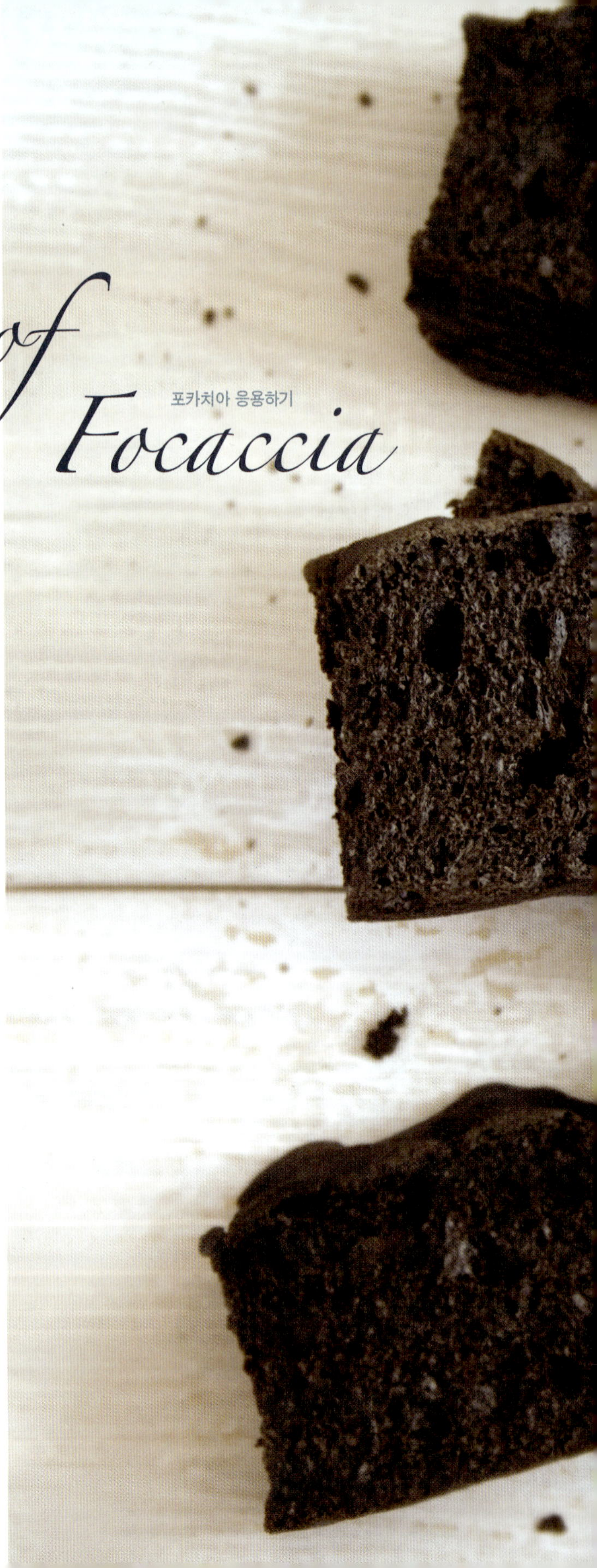

오징어먹물 포카치아

심플빵

23㎝ x 23㎝ 정사각 틀 1개 분량 /
200℃에서 25~30분 내외

재료

중력분 400g 인스턴트 드라이이스트 6g
소금 6g 엑스트라 버진 올리브오일 40g
오징어 먹물 5~10g 물 270g(250~290g)
블랙 또는 그린 올리브 다진 것 50g(옵션)
반죽에 뿌릴 엑스트라 버진 올리브오일 적당량

• 만드는 방법은 '올리브 포카치아'와 같습니다. 반죽할 때 분량의 오징어 먹물을 넣고 함께 반죽하면 됩니다.

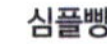

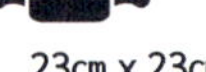

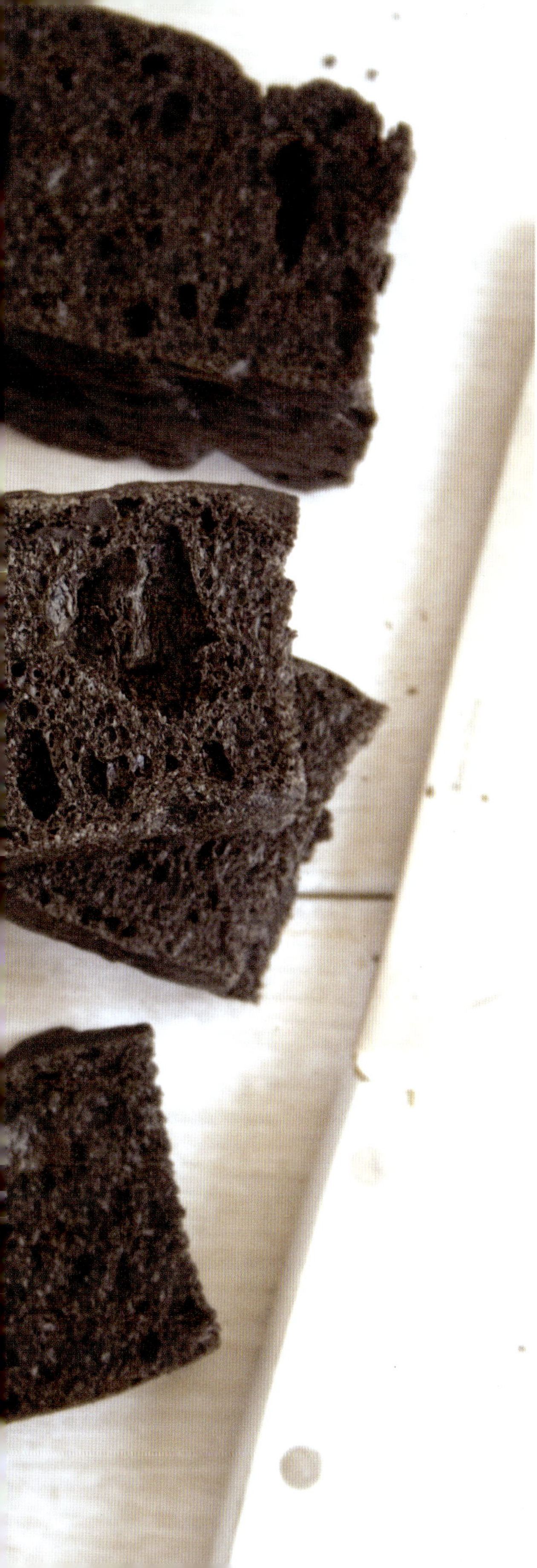

이성실의
BAKING NOTE

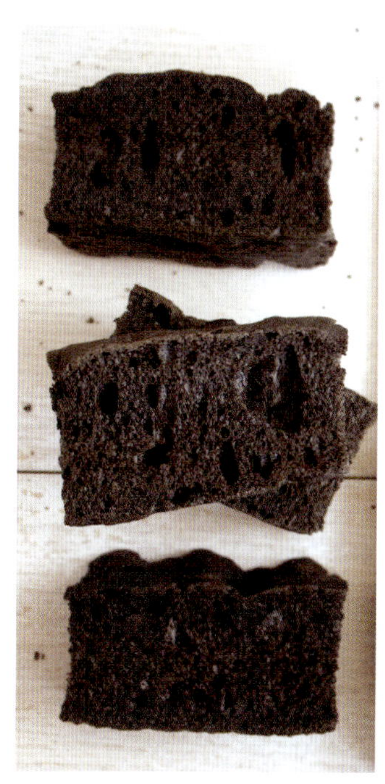

반죽이 질어지지 않도록 주의하기

기호에 따라 오징어 먹물을 조금 더 넣거나 올리브를 잘게 썰어 넣어도 맛있어요. 오징어 먹물과 다진 올리브 등을 넣어 만들 경우, 반죽이 질어질 수 있으니 사용하는 물의 양을 조금 줄이는 것이 좋아요. 대략 10g 정도 줄이는 것이 알맞습니다.

Panini Roll

'파니니Panini'라는 이름은 원래 샌드위치 빵을 눌러 그릴 모양을 내며 굽는 기계의 이름에서 가지고 왔어요. 이탈리안 브레드 중 하나인 파니니 롤은 모닝빵처럼 부드럽고 폭신해 아이들이 잘 먹어요. 무게는 가볍지만 식감은 쫄깃하고 담백한 식사빵이지요. 올리브오일과 발사믹식초를 섞은 소스에 찍어 먹거나 다양한 필링을 넣어 샌드위치로 만들어도 맛있답니다.

심플빵

**6개 분량 /
200℃에서 15~20분 내외**

재료
중력분 350g
인스턴트 드라이이스트 6g
소금 5g
엑스트라 버진 올리브오일 30g
설탕 8g
물 230g(200~240g)
겉면에 발라줄
올리브오일 적당량

1 반죽하고 1차 발효시키기 믹싱볼에 올리브오일을 제외한 모든 재료를 한꺼번에 넣고 골고루 섞은 다음 물을 넣어가며 반죽의 되기를 조절한다. 올리브오일을 넣고 15~20분 정도 반죽한 뒤 겉면이 마르지 않도록 랩을 씌워 반죽 온도 27~30℃에서 40분~1시간 정도 1차 발효시킨다.

2 핑거테스트 하기 1차 발효시간이 다 되면 손가락에 밀가루를 살짝 묻혀 반죽 윗면을 한 마디 이상 찔러 넣었다가 뺀다. 이때 반죽이 따라 올라오지 않고 그대로 모양이 잡혀 있으면 1차 발효를 마무리한다. 손가락을 뺐을 때 반죽이 묻어 따라 올라오면 5분 단위로 시간을 늘려가며 테스트하고 적당한 시간에 마무리한다.

3 분할해서 벤치타임 주기 발효를 마친 반죽은 손바닥으로 눌러 가스를 빼고 똑같은 무게로 6등분한다. 각각의 반죽을 둥글리기 한 뒤 윗면이 마르지 않도록 젖은 면보자기를 덮어 15분 정도 벤치타임을 준다.

4 성형하기 벤치타임을 마친 반죽은 손바닥으로 살짝 눌러 균일한 두께와 모양의 타원형으로 편다. 반죽 윗면 양끝을 안쪽으로 접어 삼각뿔 모양을 만든다.

5 반죽 말기 삼각뿔처럼 접은 반죽을 안쪽으로 조금씩 접어 넣어가며 균일한 두께를 유지하도록 잘 말아준다. 두께가 균일해야 빵이 완성되었을 때 볼륨이 잘 살아 있고 예쁜 모양이 된다.

6 성형 마무리하기 맨 마지막 부분은 서로 당겨 꼬집듯 잘 붙인 다음 반죽 전체 모양이 럭비공처럼 되도록 다듬어 모양 잡는다.

7 2차 발효시키기 반죽을 적당한 간격을 두고 팬닝한 뒤 윗면이 마르지 않도록 올리브오일을 얇게 두세 번 바른다. 실온에서30~40분 정도, 반죽이 70~80% 정도 더 부풀 때까지 2차 발효시킨다.

8 올리브오일 발라 굽기 2차 발효가 끝나면 반죽 윗면에 올리브오일을 듬뿍 바른 다음 200℃로 20분 이상 예열한 오븐에서 15~20분 정도 굽는다.
• 15분 정도 지나면 반죽의 색깔을 보면서 마무리할 타이밍을 결정한다.

1 파니니에도 엑스트라 버진 올리브오일

포카치아를 비롯한 이탈리안 브레드의 풍미를 결정하는 데 가장 중요한
재료로 엑스트라 버진 올리브오일을 꼽을 수 있어요. 파니니도 마찬가지
로 반드시 엑스트라 버진 올리브오일을 사용해야 합니다. 일반 올리브오
일이나 다른 종류의 오일로 대체하지 마세요.

2 작게 분할해 굽는 빵은 2차 발효를 짧게

반죽을 작게 분할해서 굽는 빵은 2차 발효를 조금 일찍 끝내도록 하세요.
2차 발효시간을 줄이고오븐에 넣어야 볼륨이 한층 살아납니다. 자칫 너
무 오래 두면 과발효되어 반죽이 옆으로 퍼지게 되니 시간과 볼륨을 잘
체크하세요. 상황에 따라 시간은 절대적으로 정해진 것이 아니니 무엇보
다 반죽의 볼륨을 보면서 결정하는 것이 가장 정확합니다.

Scali Bread

스칼리 브레드

이탈리아의 소박한 가정식 빵이에요. 미국 보스턴으로
이주한 이탈리아인들에 의해 전해져 보스턴 지역의 빵집
과 슈퍼마켓에서 흔히 살 수 있다고 해요. 파스타에 곁들
이거나 얇게 슬라이스해 샌드위치로 먹기에 좋아요. 맛
자체는 담백하고 심플하지만 통깨의 고소한 맛이 더해져
자꾸 손이 가는 빵이랍니다.

심플빵

**좁프 형 1개 분량 /
200℃에서 25~30분 내외**

재료
중력분 300g
인스턴트 드라이이스트 5g
소금 4g
엑스트라 버진 올리브오일 24g
설탕 4g
분유 20g
물 200g(180~220g)
겉면에 붙일 통깨 적당량(옵션)

1 1차 발효시키기 믹싱볼에 물과 오일을 제외한 모든 재료를 한꺼번에 넣고 골고루 섞은 다음 물을 넣어가며 반죽의 되기를 조절한다. 오일을 넣고 반죽 표면이 매끈하고 탄력이 생길 때까지 15~20분 정도 반죽한다. 반죽이 다 되면 볼에 담고 랩을 씌워 이스트가 숨을 쉴 수 있도록 구멍을 몇 개 뚫고 반죽 온도 27~30℃ 기준으로 40분~1시간 정도 1차 발효시킨다.

2 핑거테스트 하기 1차 발효시간이 다 되면 손가락에 밀가루를 살짝 묻혀 반죽 윗면을 한 마디 이상 찔러 넣었다가 뺀다. 이때 반죽이 따라 올라오지 않고 그대로 모양이 잡혀 있으면 1차 발효를 마무리한다. 손가락을 뺐을 때 반죽이 묻어 따라 올라오면 5분 단위로 시간을 늘려가며 테스트하고 적당한 시간에 마무리한다.

3 분할해서 벤치타임 주기 1차 발효를 마친 반죽을 손바닥으로 눌러 가스를 뺀 다음 똑같은 무게로 3등분한 뒤 반죽을 다듬어주면서 가볍게 둥글린다. 윗면이 마르지 않도록 젖은 면보자기를 덮고 15~20분 정도 벤치타임을 준다.

4 반죽 넙적하게 펴기 벤치 타임을 마친 반죽은 손바닥으로 눌러 가스를 빼주면서 타원형으로 넓게 편다.

5 반죽 말아서 꼬집어 붙여주기 넓게 편 반죽은 각각 균일한 두께로 돌돌 말아 기다란 원통형으로 만든 다음 마지막 부분을 꼬집듯 잘붙여 마무리한다.

6 통깨에 굴리기 반죽 윗면에 스프레이로 물을 뿌린 다음 반죽을 통깨에 굴려 반죽 전체에 골고루 묻힌다.

7 세 가닥 땋기 원통형으로 성형한 반죽 3개를 나란히 놓고 3개가 서로 만나는 윗면을 모아서 살짝 붙인 다음 머리카락 땋듯이 세 가닥 땋기를 한다.

8 1번 반죽이 2번 자리로 맨 오른쪽부터 반죽이 놓인 자리 번호를 1-2-3으로 정한다. 먼저, 1번 반죽이 2번 자리로 간다.

9 3번 반죽이 2번 자리로 3번 반죽이 2번 자리로 간다.

10 다시 1번이 2번 자리로 다시 1번 반죽이 2번 자리로 간다.

11 성형 마무리 하기 다시 3번 반죽이 2번 자리로 간다. 1→2, 3→2의 순서를 반복해서 끝까지 땋는다. 맨 끝부분은 풀리지 않도록 반죽 가닥을 모아 꼬집듯 잘 붙인다.

12 팬닝 후 2차 발효시키기 땋은 반죽의 양쪽 끝부분을 반죽 뒷면으로 살짝 넘겨 꼬집듯 붙여 모양을 고정시킨다. 팬닝한 다음 스프레이로 반죽에 물을 듬뿍 뿌려 깨가 떨어지지 않도록 손바닥으로 살살 누른다. 젖은 면보자기를 덮어 반죽이 80% 정도 더 부풀 때까지 40~50분 정도 2차 발효시킨다.

13 물을 뿌려 굽기 2차 발효가 끝나면 반죽에 스프레이로 물을 듬뿍 뿌리고 180℃에서 20분 이상 예열한 오븐에서 25~30분 이상, 진한 황금빛을 띨 때까지 충분히 굽는다. 오븐에 넣고 20분 정도 지나면 팬을 꺼내 앞뒤로 돌려 넣고 5~10분 더 구워 색이 고르게 나도록 한다.

1 물스프레이로 통깨 고정시키기

반죽에 통깨가 잘 붙도록 스프레이로 물을 뿌리는 것을
잊지 마세요. 이 과정을 생략하면 빵을 구웠을 때 표면
의 통깨가 전부 떨어져버릴 수 있어요. 맛있는 스칼리
브레드를 맛보려면 번거롭더라도 반드시 물을 뿌려주
도록 합니다.

2 반죽을 땋을 때 너무 당기지 않기

반죽을 좁프 형태로 땋을 때 너무 심하게 잡아당기거나
조이지 않도록 주의하세요. 땋은 반죽을 발효시킬 때
반죽이 부풀어오르면서 끊어질 수 있어요. 살짝 헐렁한
느낌이 들 정도로 땋는 것이 적당합니다. 반죽이 너무
되면 건조하고 탄성이 없어 쉽게 끊어질 수 있어요. 적
절한 수분을 보유할 수 있도록 반죽할 때 물의 양을 잘
조절하세요.

Plain Bagel

쫄깃하면서도 폭신한 베이글은 만들기 쉽고 실패율이 적은 기특한 빵이에요. 베이글이 만들기 쉬운 이유는 발효에 있어 자유로울 수 있기 때문이에요. 선호하는 식감에 따라 발효를 조금 덜 해도 되고 아예 발효 없이 반죽을 바로 모양 잡아 구울 수도 있어요. 시간 날 때 베이글을 왕창 구워 식혀서 바로 냉동실에 보관해 두면 두고두고 하나씩 꺼내 토스터에 바로 구워 먹기만 하면 되니 요긴하게 먹을 수 있답니다.

심플빵

**6개 분량 /
210℃에서 20~25분 내외**

재료

강력분 400g 인스턴트 드라이이스트 7g 소금 6g 버터 8g
설탕 14g 물 250g(240~270g)

데칠 물에 넣을 재료
베이킹소다 1작은술 몰라세스나 꿀 1큰술

1 반죽하기 믹싱볼에 물과 버터를 제외한 재료를 한꺼번에 넣고 골고루 섞은 다음 물을 넣어가며 반죽의 되기를 조절한다. 다시 버터를 넣고 15~20분 정도, 표면이 매끈하고 탄력이 생길 때까지 반죽한다.

2 분할해서 휴지시키기 반죽이 다 되면 똑같은 무게로 6등분 한 다음 둥글려서 윗면이 마르지 않도록 젖은 면보자기를 덮고 10~20분 정도 둔다. 반죽을 잠시 쉬게 하여 성형하기 좋은 상태로 만들기 위한 과정이다.

3 반죽 넙적하게 펴기 반죽을 밀대로 밀
거나 손바닥으로 눌러 균일한 두께의 타
원형으로 편다.

4 반죽 돌돌 말기 타원형으로 편 반죽을
김밥 말듯 돌돌 말고 끝부분을 꼬집듯 눌
러 붙여 벌어지지 않도록 잘 연결시킨다.

5 양쪽 끝부분 두께 조절하기 잘 말아준
반죽 양쪽 끝부분의 두께를 조절한다. 한
쪽은 납작하게 눌러서 넓고 평평하게 만
들고, 다른 한쪽은 반죽을 조금 더 문질
러 가늘게 만든다.

6 한쪽 끝으로 감싸 붙이기 길쭉하게 모
양 잡힌 반죽의 양쪽 끝을 이어 붙이는
데, 납작하게 눌러놓은 쪽 위에 가늘게
만든 반대쪽 끝을 얹어 넓은 반죽이 가는
반죽을 감싸도록 한다. 손으로 다듬어가
며 정성껏 붙인다.

7 끝부분 꼼꼼하게 마무리하기 베이글 반죽의 두께가 전체적으로 균일하도록 다듬어가며 서로 이어 붙인 부분이 벌어지지 않도록 꼼꼼하게 눌러 마무리한다. 베이글 안쪽의 구멍은 500원짜리 동전보다 조금 큰 정도가 적당하다.

8 종이포일에 올려 발효시키기 베이글 크기에 맞게 자른 종이포일 위에 반죽을 올린다. 이때 끝부분을 이어 꼬집듯 붙여놓은 부분이 바닥으로 가도록 한다. 젖은 면보자기를 덮어 10~30분 정도 발효시킨다. 폭신한 식감을 만들고 싶으면 발효시간을 길게 하고, 쫄깃한 베이글이 좋다면 발효시간을 짧게 줄이도록 한다.

9 베이글 데치기 베이글 2~3개가 들어갈 만한 냄비에 물을 반 이상 붓고 베이킹소다와 몰라세스를 넣은 다음 불에 올려 물을 끓인다. 물이 끓으면 불을 약하게 줄인 뒤 베이글을 넣어 데친다. 종이포일째 그대로 넣고 앞면 30초, 뒷면 30초씩 총 1분 동안 데친다. 종이포일은 저절로 떨어진 뒤 건지면 된다.

10 팬닝해서 굽기 데친 반죽들을 건져내 일정한 간격으로 팬닝한 뒤 오븐에 넣기 직전 반죽에 스프레이로 물을 듬뿍 뿌린다. 210℃에서 20분 이상 예열한 오븐에서 20~25분 정도, 진한 황금빛을 띨 때까지 굽는다.

1 올드스타일과 소프트스타일

베이글을 만드는 방법은 올드스타일과 소프트스타일로 나눌 수 있어요. 올드스타일은 반죽을 발효 없이 바로 굽는 방법이에요. 일반 빵과 달리 발효 시간이 매우 짧거나 생략되어 크럼(빵 결)에 이스트가 만들어놓은 가스가 많이 포함되지 않아요. 그렇기 때문에 쫄깃한 식감이 강하고 묵직하면서 껍질이 두껍고 딱딱한 편이에요. 수분이 빠져나가기 어려우니 다른 빵에 비해 긴 시간 보관이 가능하고요.

소프트스타일은 일반 빵과 비슷하게 발효시켜 만들어요. 베이글 특유의 쫄깃함과 함께 발효로 폭신하고 부드러워진 크럼의 식감이 좋아요. 샌드위치를 만들 때 적합한 스타일이에요.

기호에 따라 선택해서 만들어보세요. 저는 올드스타일과 소프트스타일의 중간 정도를 좋아해서 반죽 성형 후에 20분만 발효시켜 만들곤 해요. 발효는 계절이나 집 안 온도의 영향을 많이 받으니 이 점 감안하시고요.

2 물에 데치는 과정이 쫄깃함의 비결

베이글은 부드러우면서 쫄깃한, 베이글만의 식감을 가지고 있지요. 이 쫄깃함의 비결은 바로 반죽을 데치는 거예요. 2차 발효를 마친 반죽을 오븐에 넣기 직전에 끓는 물에 살짝 데쳐줍니다. 만일 이 과정을 거치지 않고 바로 오븐에 구워내면 베이글이라고는 할 수 없는, 그냥 보통 빵이 돼버려요. 번거롭더라도 데치는 과정을 절대 생략하지 마세요.

베이글을 데칠 때 주의할 점은 아주 잠깐만 데치라는 거예요. 앞면 30초, 뒷면 30초, 총 1분이 넘어가지 않도록 하세요. 오래 데치면 반죽 표면이 너무 익어 오븐에 구울 때 부풀지도 않고 쭈글쭈글해진답니다.

3 종이포일 사용하기

성형을 마친 베이글을 작업대에 그냥 올려두지 않도록 하세요. 반죽을 데치기 위해 옮길 때 작업대 위에서 바로 들어 올리면 반죽이 당겨져 늘어나거나 손에 의해 눌릴 수 있어요. 이렇게 되면 모양만 망가지는 것이 아니라 가스층이 전부 빠질 수 있어요. 성형한 베이글 반죽은 반드시 종이포일 위에 올리도록 합니다. 종이포일은 베이글 크기에 맞춰 낱개로 잘라두고 베이글을 데칠 때에도 종이포일

째 냄비에 넣도록 하세요. 끓는 동안 저절로 떨어지게 되니 신경 쓰지 않아도 됩니다.

4 베이킹소다와 몰라세스(또는 꿀) 넣고 데치기

베이글을 데치는 물에 베이킹소다와 몰라세스(또는 꿀)을 넣고 데치면 베이글 표면에 윤기가 돌고 색이 더 진해지는 효과가 있어요. 또 특유의 향이 더해져 먹음직스러워지지요.

한꺼번에 많은 양을 넣고 데치면 반죽끼리 들러붙을 수 있으니 반죽이 물에 동동 떠다닐 수 있을 정도의 여유를 두고 개수를 정해요.

5 갓 구운 베이글은 냉동실에 보관하기

베이글은 다른 빵에 비해 보관 기간이 길어요. 굽는 과정에서 수분을 빼앗기지 않아 오래도록 쫄깃한 식감을 유지할 수 있기 때문이에요. 베이글을 신선하게 보관하려면 갓 구워낸 베이글을 식혀서 바로 냉동실에 넣으면 돼요. 지퍼백 등으로 밀봉시켜 냉동실에 넣고 먹을 때마다 프라이팬 또는 토스터에 구워 먹으면 좋아요. 만든 지 오래된 베이글은 이미 건조해져서 냉동실에 두더라도 맛있게 먹을 수 없답니다.

시나몬 월넛 통밀 베이글 ──────

강력분 350g 통밀가루 50g 인스턴트 드라이이스트 8g 소금 7g
포도씨유 12g 꿀 30g 물 250g(240∼270g)
시나몬 파우더 2g 호두 60g

• 호두도 크렌베리와 마찬가지로 반죽이 완료된 후에 넣
  어 살짝 섞기만 해요. 단단한 호두가 반죽의 글루텐을
  끊어버릴 수 있으니 주의해야 합니다.

쎄서미 베이글 ──────

강력분 400g 인스턴트 드라이이스트 7g 소금 6g 포도씨유 11g
꿀 32g 물 250g(230∼270g) 검은깨 8g

• 깨는 처음부터 밀가루와 함께 넣고 반죽합니다.

몰라세스 플랙시드 베이글 ──────

강력분 350g 통밀가루 50g 인스턴트 드라이이스트 8g 소금 6g
포도씨유 16g 몰리세스 30g 물 250g(230∼270g) 플랙씨드 5∼10g

• 플랙시드는 반죽할 때 처음부터 같이 넣어요.

A variety of Begel

모든 버라이어티 베이글의 만드는 방법은
'플레인 베이글'과 같아요. 기호에 따라 재료를
바꿔가며 다양한 베이글을 만들어보세요.

크렌베리 통밀 베이글

재료
강력분 330g 통밀가루 70g 인스턴트 드라이이스트 8g 소금 6g
버터 12g 설탕 30g 물 250g(230~270g) 크렌베리 50g

• 크렌베리는 건포도로 대체해서 같은 양을 사용해도 됩니
다. 반죽할 때 처음부터 넣지 말고 반죽이 끝난 후 크렌베
리를 넣고 살짝 섞는 정도로만 해주세요. 처음부터 반죽
에 넣으면 크렌베리가 으깨지고 당분이 흘러나와 반죽을
망칠 수 있어요.

양파 베이글

재료
강력분 400g 인스턴트 드라이이스트 7g 소금 6g 버터 10g 설탕 30g
물 230g(210~250g) 양파 채 썬 것 50g 허브 시리얼 조금

• 채 썬 양파는 반죽할 때 함께 넣어주세요. 양파에서 물이
나와 반죽이 질어질 수 있으니 치대는 동안 잘 관찰하면
서 알맞게 조절하세요. 반죽을 성형할 때도 양파의 물기
로 인해 반죽이 손에 달라붙을 거예요. 덧밀가루를 손에
발라 반죽이 뜯기지 않도록 하세요.

Almond Cream Roll

달달한 간식 빵을 찾을 때 종종 만들게 되는 것이 바로 이 아몬드크림 롤이에요.
향긋한 아몬드크림 향이 온 집 안에 달콤하게 배어 행복해지는 빵이지요.
단 것 좋아하시는 어른들에게도 인기 최고랍니다.

간식빵

**10~12개 분량 /
200℃에서 15분 내외**

빵 반죽
강력분 350g
인스턴트 드라이이스트 6g
소금 5g
설탕 45g
분유 18g
생크림 75g
우유 210g(190~230g)

1 1차 발효시키기 우유를 제외한 모든 재료를 계량해 한꺼번에 볼에 넣는다. 우유를 넣어가며 반죽의 되기를 조절한다. 적당하게 맞춰지면 반죽 표면이 매끈하고 탄력이 생길 때까지 15~20분 이상 반죽한다. 반죽을 볼에 담고 랩을 씌운 다음 이스트가 신선한 공기를 마시며 숨을 쉴 수 있도록 구멍을 몇 개 뚫는다. 반죽의 온도가 27~30℃인 상태에서 40분~1시간 정도 1차 발효를 한다. 손가락에 밀가루를 살짝 묻힌 뒤 반죽 윗면을 한 마디 이상 찔러 넣었다가 뺐을 때 반죽이 오그라들지 않고 그대로 모양이 잡혀 있으면 1차 발효를 마무리한다.

2 벤치타임 주기 1차 발효를 마친 반죽을 살짝 눌러 가스를 빼주고 반죽을 다듬어가며 가볍게 둥글린 뒤 윗면이 마르지 않도록 젖은 면보자기를 덮어 15~20분 정도의 벤치타임을 준다. 반죽을 밀어 널찍하게 펴야 하기 때문에 벤치타임을 여유 있게 잡아야 이후 성형이 수월하다.

3 아몬드크림 반죽하기 반죽이 쉬고 있는 동안 아몬드크림을 만든다. 실온에서 부드럽게 녹은 버터에 설탕과 소금을 넣고 손거품기로 골고루 섞다가 부드러운 크림 상태가 되면 달걀을 넣고 매끈하게 섞어준다. 버터 반죽이 완성되면 아몬드파우더와 아몬드 슬라이스를 넣고 골고루 섞어 아몬드크림을 완성한다.

1

2

3

4 반죽 밀어 펴주기 벤치타임이 끝난 반죽을 손바닥으로 꾹꾹 눌러서 가스를 뺀다. 균일한 두께의 직사각형 반죽이 되도록 손바닥으로 눌러가며 편 다음 밀대로 균일한 두께를 유지하며 넓고 깔끔하게 밀어준다. 처음부터 밀대를 사용해서 반죽을 밀면 둥글게 모아두었던 모양 그대로 밀리기 때문에 직사각형으로 빵 모양을 잡기 어려우니 손으로 먼저 만지도록 한다.

5 반죽에 아몬드크림 발라 돌돌 말기 미리 섞어서 준비한 아몬드크림 필링을 반죽 위에 골고루 바른다. 반죽 맨 가장자리에서 1~2㎝ 정도 안으로 들어온 곳까지만 필링을 발라야 반죽을 말아도 필링이 새어 나오지 않는다. 필링을 바른 반죽을 고른 두께를 유지하며 돌돌 말아준다.

6 반죽 자르기 낚싯줄이나 굵은 실로 반죽을 감싸듯이 아래에서 위로 잡아당긴다. 균일한 두께의 반죽 조각이 10~12개가 되도록 자른 다음 유산지 위에 하나씩 올린다.

7 2차 발효하기 반죽 윗면에 우유를 살짝 바르고 장식용 아몬드 슬라이스를 적당히 뿌린다. 오븐 팬에 적당한 간격을 유지하면서 반죽을 팬닝하고, 윗면이 마르지 않도록 비닐 랩으로 덮어 30~35분 정도 2차 발효를 한다.

8 굽기 색을 봐가며 200℃에서 15분 정도 굽고, 다 구운 뒤 적당히 식으면 윗면에 슈거아이싱(슈거파우더+우유 또는 레몬즙)을 골고루 뿌린다.

1 버터, 설탕, 달걀의 믹싱 타임은 짧게

아몬드크림 필링이 너무 묽으면 겉돌 수 있으니 크림 상태가 너무 묽어지지 않도록 버터, 크림, 설탕을 너무 오래 섞지 않도록 합니다. 손가락으로 크림을 떠서 입에 넣어 봤을 때 설탕 알갱이가 믹싱 전보다 살짝 녹아 내린 정도가 딱 좋아요. 달걀도 반죽에 고루 섞여 겉도는 것이 없을 정도에서 끝내도록 하세요. 설탕 양은 기호에 따라 조절하면 됩니다.

2 좋아하는 재료를 추가해 다양한 크림 롤 만들기

좀 더 다양한 맛의 아몬드크림 롤을 만들려면 견과류나 건포도, 건크랜베리, 코코넛파우더 등을 아몬드크림 위에 적당하게 뿌린 다음반죽을 말아주면 됩니다. 말린 과일을 사용할 경우, 럼이나 바닐라엑스트랙트에 잠시 담가두었다가 넣어주면 고급스런 풍미를 살릴 수 있어요.

3 롤 형태의 반죽을 깔끔하게 자르는 법

롤 형태로 만든 반죽을 자를 때는 칼보다 낚싯줄이나 바느질용 굵은 실을 사용하세요. 칼로 자르면 반죽이 눌려 모양이 망가지기 쉽거든요. 낚싯줄 또는 굵은 실을 반죽 아래에 놓고 반죽을 감싸듯이 위로 감싸 당겨주면서 실 양쪽을 교차시켜 잡아당기면 깔끔하게 자를 수 있어요.

4 필링이 들어가거나 잘게 잘라 굽는 빵은 2차 발효시간을 짧게

반죽 안에 필링이 들어가거나, 반죽을 작게 분할해서 굽는 빵은 2차 발효시간을 조금 짧게 잡는 것이 좋아요. 반죽에 탄력이 남아 있을 때 높은 온도에서 짧은 시간 동안 구워야 수분 손실이 적고 볼륨 있는 빵을 만들 수 있어요.

Cinnamon Roll

은은한 시나몬 향이 진한 커피 한 잔을 부르는 빵이에요. 돌돌 말아 조각으로 자른 반죽을 구워내면 이렇게 먹음직스러운 롤이 되지요. 기호에 따라 말린 과일을 넣어 만들어도 좋아요.

간식빵

**10개 분량 /
200℃에서 15분 내외**

빵 반죽
강력분 350g
인스턴트 드라이이스트 6g
소금 5g
설탕 35g
버터 35g
우유 255g(240~270g)

시나몬필링
흑설탕 60~90g
시나몬파우더 2~4g
호두 잘게 다진 것 20~50g
코코아파우더 5~10g(옵션)
코코넛파우더 10~20g(옵션)
건포도 20~50g(옵션)

1 1차 발효시키기 볼에 우유와 버터를 제외한 모든 재료를 계량해 한꺼번에 넣고 우유를 넣어가며 반죽의 되기를 조절한다. 적당히 조절되면 버터를 넣고 반죽 표면이 매끈하고 탄력이 생길 때까지 15~20분 이상 반죽한다. 반죽이 다 되면 반죽을 볼에 담고 비닐 랩을 씌운 다음 이스트가 신선한 공기를 마시고 숨을 쉴 수 있도록 구멍을 몇 개 뚫는다. 반죽 온도 27~30℃ 기준에서 40~60분 정도 1차 발효를 한다. 1차 발효 시간이 다 되면 손가락에 밀가루를 살짝 묻힌 뒤 반죽 윗면을 한 마디 이상 찔러 넣었다가 뺐을 때 반죽이 오그라들지 않고 그대로 모양이 잡혀 있으면 1차 발효를 마무리한다.

2 벤치타임 주기 1차 발효를 마친 반죽을 살짝 눌러 가스를 뺀 다음 반죽을 다듬어가며 가볍게 둥글린 뒤 윗면이 마르지 않도록 젖은 면보자기를 덮어 15~20분 정도 벤치타임을 준다. 이후 반죽을 큼직하게 밀어 펴기 수월하도록 벤치타임을 여유 있게 잡는다. 벤치타임 동안 시나몬필링의 재료를 모두 골고루 섞어놓는다.

3 반죽 밀어 펴주기 벤치타임을 마친 반죽을 손바닥으로 꾹꾹 눌러 가스를 뺀 다음 균일한 두께의 직사각형이 되도록 손바닥으로 반죽을 눌러가며 밀어 펴준다. 처음부터 밀대를 사용해서 반죽을 밀면 둥글게 모아두었던 모양 그대로 밀리기 때문에 직사각형으로 빵 모양을 잡기 어려우니 손으로 먼저 만지도록 한다.

1

2

3

4 반죽에 버터 바르기 반죽 위에 실온에서 부드럽게 녹은 버터를 손으로 골고루 펴 바른다. 반죽 맨 가장자리에서 1~2㎝ 정도 안으로 들어온 곳까지만 버터를 발라야 반죽을 말아서 끝부분을 꼬집어 붙일 때 미끄럽지 않고 잘 붙는다. 버터를 꼼꼼히 바른 반죽 위에 ②에서 준비한 시나몬필링을 골고루 얹는다.
• 시나몬필링은 스크레이퍼를 사용해 펴주면 골고루 쉽게 얹을 수 있다. 버터를 바르지 않은 사방 가장자리에 필링이 닿지 않도록 한다.

5 반죽 돌돌 말기 반죽을 말아줄 때 옆으로 시나몬필링이 새지 않도록 양쪽 가장자리를 안쪽으로 접어 살짝 붙여준 뒤 앞에서부터 균일한 두께를 유지하며 살살 굴려 반죽을 말도록 한다. 처음 시작하는 부분은 되도록 휴지심처럼 단단하게 조여 필링이 밀리지 않도록 힘 조절을 한다.
• 말아가는 동안 반죽의 양쪽 끝부분의 각이 잘 맞도록 손으로 다듬어가며 만들면 모양이 흐트러지지 않는다.

6 반죽 자르기 말아놓은 반죽은 낚싯줄이나 바느질용 굵은 실을 이용해서 자른다. 반죽 아래에 실을 넣고 반죽을 감싸듯이 아래에서 위로 잡아당겨 균일한 두께의 10~12개의 조각으로 자른다.
• 실로 반죽 자르기는 p.166의 설명을 참고.

7 2차 발효시키기 잘라놓은 반죽에서 시나몬필링이 새어 나오지 않도록 조심하면서 스크레이퍼를 이용해 유산지 위에 한 조각씩 올려놓는다. 반죽 모양이 한쪽으로 기울지 않고 반듯하게 놓여지도록 반죽 윗면을 살짝 살짝 눌러가며 모양을 잡는다.

8 팬닝하여 굽기 오븐 팬에 적당한 간격을 유지하며 반죽을 올리고 장식용 우박설탕을 군데군데 뿌린다. 윗면이 마르지 않도록 비닐 랩으로 덮어서 30~35분 정도 두어 2차 발효를 한다. 2차 발효가 끝나면 200℃로 예열된 오븐에서 15분 정도 색을 봐가며 굽는다. 다 구워져 적당히 식으면 슈거파우더에 우유나 레몬즙을 넣고 걸쭉하게 만든 아이싱을 윗면에 골고루 뿌려 마무리한다.

슈거아이싱
슈거파우더
우유
(슈거파우더 : 우유 = 10 : 1,
레몬즙을 기호에 따라 추가)
반죽에 발라줄 실온 버터 15~20g
장식용 우박설탕 조금(옵션)

4

5

6

7

1 따뜻할 때 먹어야 맛있는 빵

시나몬 롤은 오븐에서 갓 구워 뜨거울 때 먹어야 필링이 녹아 나와 맛있답니다. 식은 다음에는 전자레인지에 10~20초 정도로 살짝 데워 먹으면 돼요. 전자레인지에서 너무 오래 돌리면 수분이 증발되어 빵이 질겨지니 주의하세요.

2 코코아파우더·코코넛파우더로 맛내기

시나몬필링을 만들 때 코코아파우더를 조금 넣으면 필링의 농도, 색, 맛이 진해져요. 코코넛파우더도 함께 섞으면 한층 풍미 깊은 시나몬 롤이 된답니다.

3 반죽 위에 필링을 얹기 전에 반드시 실온 버터 바르기

넓게 편 반죽 위에 시나몬필링을 얹기 전, 실온 상태의 버터를 골고루 발라주는 것을 절대 잊지 마세요. 시나몬필링은 가루 상태라 매우 건조하기 때문에 버터를 바르지 않고 반죽 위에 바로 얹으면 반죽을 말 때 가루가 겉돌거나 전부 빠져 나와요. 이렇게 되면 반죽이 시나몬필링 가루 범벅이 되어 엉망이 되지요. 또 실온의 버터를 발라주어야 반죽을 굽는 동안 열에 의해 버터가 잘 녹아 반죽 속으로 흡수되면서 진하고 고소한 풍미를 더한답니다.

4 말린 과일을 넣을 때는 타지 않게 주의할 것

시나몬 롤에 건포도 등의 말린 과일을 넣고 구울 때 주의사항이 있어요. 말린 과일 자체에 당분이 많기 때문에 겉에 노출된 채로 오븐에서 구워지면 시간이 얼마 지나지 않아도 새까맣게 타버리곤 합니다. 말린 과일을 넣을 때는 반드시 반죽 안에 꼭꼭 숨긴 상태로 구워야 해요.

5 필링이 들어가거나 잘게 잘라 굽는 빵은 2차 발효시간을 짧게

반죽 안에 필링이 들어가거나, 반죽을 작게 분할해서 굽는 빵은 2차 발효시간을 조금 짧게 잡는 것이 좋아요. 반죽에 탄력이 남아 있을 때 높은 온도에서 짧은 시간 동안 구워야 수분 손실이 적고 볼륨 있는 빵을 만들 수 있어요.

Mocha Rotiboy Bun

모카 로티보이 번

얇고 바삭하고 달콤한 쿠키크러스트와 폭신한 빵의 질감을 동시에 즐길 수 있어요.
모닝빵처럼 부드러운 빵을 만들 때 이 반죽을 이용해도 좋아요.
오븐에서 갓 꺼낸 상태로 먹어야 겉의 바삭한 크러스트를 즐길 수 있답니다.

간식빵

**50g 내외 반죽 10개 분량 /
180℃에서 15분 내외**

빵 반죽
강력분 150g
중력분 150g
인스턴트 드라이이스트 6g
소금 5g
무염버터 35g
설탕 27g
우유 210g(190〜230g)

모카쿠키크림
중력분 70g
설탕(슈거파우더) 70g
무염버터 70g
달걀 70g
바닐라엑스트랙 5g
커피 2〜4g(옵션)
뜨거운 물 조금

반죽 후 1차 발효시키기 믹싱 볼에 우유와 버터를 제외한 모든 재료를 넣은 다음 우유를 넣어가며 반죽의 되기를 조절한다. 되기가 잡히면 버터를 넣고 반죽 표면이 매끄럽고 탄력이 생길 때까지 15~20분 이상 반죽한 뒤, 반죽 온도 27~30℃를 기준으로 실온에서 40분~1시간 정도 1차 발효시킨다.

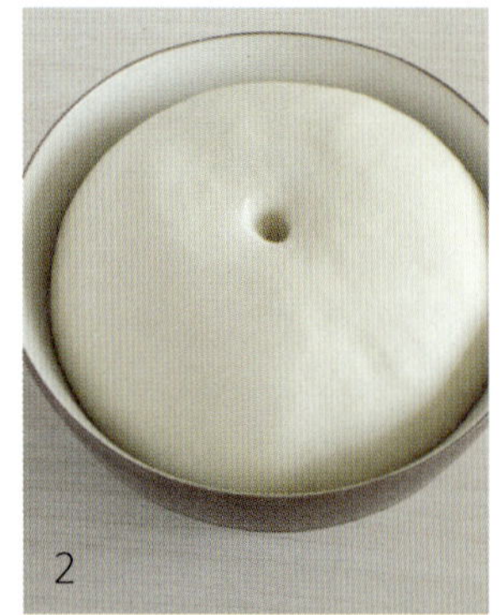

핑거테스트 1차 발효가 끝나면 핑거테스트를 통해 발효가 잘 되었는지 확인한 후 1차 발효를 마친다. 손가락에 밀가루를 살짝 묻힌 뒤 반죽 윗면을 한 마디 이상 찔러 넣었다가 뺐을 때 반죽이 오그라들지 않고 그대로 모양이 잡혀 있으면 완료된 것이다.

• 처음 반죽보다 2.5~3배 정도 커지면 완성.

분할해서 벤치타임 주기 1차 발효를 마친 반죽을 눌러 가스를 뺀 다음 10개의 반죽으로 나누어 둥글게 모양 잡는다. 반죽이 마르지 않도록 젖은 면보자기를 덮어 10~15분 정도 벤치타임을 준다.

모카쿠키크림 만들기 실온에 둔 버터를 볼에 넣고 거품기로 저어 크림 상태로 만든다. 크림 상태로 잘 풀어진 버터에 설탕이나 슈거파우더를 넣고 연한 미색이 될 때까지 휘핑하다가 달걀을 3~4번에 걸쳐 조금씩 나눠 넣어가며 섞은 뒤 녹인 커피를 넣어 섞는다.

둥글리고 2차 발효시키기 벤치타임이 끝나면 반죽 표면이 매끄러워지도록 조이는 느낌으로 다시 둥글려 종이 틀이나 빵 팬 위에 팬닝한다. 반죽 위에 젖은 면보자기를 덮거나 비닐 랩으로 밀봉한 상태에서 실온을 기준으로 30~50분 정도 2차 발효시킨다.

• 종이 틀을 사용하여 1개씩 각각 팬닝하면 크림이 흘러넘치지 않아 깔끔하게 만들 수 있다.

모카쿠키크림 짜 올려 굽기 2차 발효가 끝나면 미리 만들어둔 쿠키크림을 가운데에서 바깥쪽으로 돌려가며 나선형으로 반죽 위에 짜 올린다. 반죽 윗부분 전체에 크림을 짜 올려야 다 구워졌을 때 크림이 바닥까지 흘러내려 덮인다. 180℃로 예열한 오븐에 반죽을 넣고 15분 정도 굽는다.

1 크림을 만들 때는 실온의 버터 사용

모카쿠키크림을 만들 때는 실온 상태의 버터를 사용해야 부드러운 크림이 완성되며 달걀을 섞을 때도 크림이 분리되지 않고 매끈하게 만들어집니다. 달걀은 한꺼번에 넣으면 분리되기 쉬우니 조금씩 몇 차례에 걸쳐 섞도록 하세요.

2 다양한 재료를 믹스하는 재미

반죽 안에 크림치즈나 버터를 조금 넣으면 빵을 먹을 때 살짝 흘러나와 맛좋은 번이 되지요. 또 빵 반죽 자체에 녹인 커피나 녹차가루를 섞으면 색다른 맛의 로티보이 번을 즐길 수 있어요.

3 로티보이 번은 바삭함이 생명

부분이 눅눅해졌을 테니 오븐에 다시 살짝 구워 먹으면 좋아요. 전자레인지에 데울 경우, 반죽이 눅눅하고 끈적해질 수 있으니 주의하세요. 보관할 때에도 비닐이나 보관용기에 넣으면 쿠키 부분이 눅눅해져요. 종이봉투를 사용해 하나씩 따로 따로 보관하는 것이 좋아요.

Streusel Bread 소보로빵

남녀노소 누구나 좋아하는 소보로빵이에요. 맛있는 소보로빵을 만드는 저만의 비밀 레시피를 알려드릴게요.
다른 간식빵에 비해 유난히 가볍고 폭신한 식감이 나 소보로빵의 반죽은 '멀티도우'라고 불릴만큼 자주 이용한답니다.
식빵, 모닝빵, 통밀빵 등에 두루 응용해보세요. 100% 맛 보장 레시피입니다.

간식빵

**10~12개 분량 /
200℃에서 15분 내외**

소보로 토핑
중력분 150~200g
설탕 90g
무염버터 75g
피넛버터 23g
물엿 20g
베이킹파우더 3g
소금 1g

1 소보로 토핑 만들기 실온에서 부드러워진 버터와 피넛버터에 설탕과 물엿, 소금을 넣고 믹싱해 재료의 색이 조금 연해지고 설탕이 서걱거리면서 적당히 녹는 정도로만 섞는다. 체에 내린 밀가루와 베이킹파우더를 넣고 날가루가 보이지 않을 정도로 섞는다. 반죽이 대강 섞이면 손으로 소보루 반죽을 훌훌 털어가며 보슬보슬해지도록 만진다. 살짝 건조하게 만들고 싶으면 밀가루를 조금 더 추가해 반죽을 훌훌 털어주듯이 섞으면 되기를 조절할 수 있다. 다 된 토핑 반죽은 냉장고에 넣어둔다.

1-1

1-2

1-3

2 1차 발효시키기 믹싱볼에 우유를 제외한 모든 재료를 넣고 우유를 넣어가며 반죽의 되기를 조절한다. 매끈한 반죽이 되도록 15~20분 이상 반죽한다. 반죽이 다 되면 반죽을 볼에 담고 랩을 씌워 이스트가 숨을 쉴 수 있도록 구멍을 뚫어준 뒤 반죽 온도 27~30℃를 기준으로 실온에서 40~60분 정도 1차 발효시킨다.

• 처음 반죽 크기보다 2.5~3배 정도 더 커지면 1차 발효 완료.

3 핑거테스트 하기 1차 발효 시간이 끝나면 손가락에 밀가루를 묻혀 반죽 윗면을 한 마디 이상 찔러 넣었다가 뺀다. 반죽이 오그라들지 않고 그대로 모양이 잡혀 있는 정도가 적당하다. 반죽을 찔러보았을 때 그 부분의 반죽이 손가락을 따라 올라오면 5분 단위로 테스트하며 알맞은 타이밍에 멈춘다.

4 분할해서 벤치타임 주기 1차 발효를 마친 반죽을 똑같은 무게로 12등분한 뒤 반죽을 다듬어 주면서 가볍게 둥글린다. 윗면이 마르지 않도록 젖은 면보자기를 덮어 10~15분 정도 벤치타임을 준다.

5 소보로 토핑해 2차 발효 후 굽기 벤치타임을 마친 반죽은 윗면이 매끈해지도록 둥글린 뒤 윗면에 물을 살짝 묻힌 다음 소보로 토핑을 붙인다. 팬에 적당한 간격으로 팬닝한 다음 윗면이 마르지 않도록 비닐 랩으로 덮고 30~35분 정도 2차 발효를 한다. 2차 발효가 끝나면 200℃에서 20분 이상 충분히 예열한 오븐에서 15분 정도 굽는다.

2

3

4

5

1 물을 바른 후 토핑 반죽 붙이기

토핑을 반죽에 붙일 때는 반죽에 물을 바른 후 손가락으로 눌러주세요. 물을 바르지 않고 붙이면 오븐에서 빵이 구워지는 동안 토핑이 전부 떨어질 수 있어요. 소보로를 붙인 반죽을 팬닝한 후 한 번 더 스프레이로 물을 뿌려주는 것도 좋아요.

2 맛있는 토핑의 비결은 피넛버터잼

소보로 토핑을 만들 때 버터의 일부를 피넛버터잼으로 대체하면 훨씬 맛있고 진한 토핑이 됩니다. 보슬보슬 바삭한 토핑을 원할수록 밀가루 양을 조금 늘려주세요. 소보로 토핑은 한 번에 많이 만들어 밀봉한 뒤 냉동실에 넣어두고 필요할 때마다 조금씩 사용하면 편리합니다.

Condensed Milk Butter Cream Mini Bread

연유 버터크림 미니 브레드

어릴 적 동네 슈퍼에서 자주 사먹었던 빵이에요.
식빵을 작은 사이즈로 구워 사이사이에 달콤한 연유로 믹싱한 버터크림을 발라 먹는 빵이지요.
빵 반죽의 배합률 자체가 매우 진하기 때문에 구워져 나온 빵이 아주 촉촉하고 말랑말랑해 아이들이 좋아한답니다.

간식빵

**24 × 8 × 6㎝ 파운드 틀 2개 분량 /
200℃ 20분 내외**

빵 반죽
강력분 350g
인스턴트 드라이이스트 7g
소금 7g
설탕 53g
버터 42g
분유 11g
달걀 35g
물 180g(160~200g)

버터크림
버터 100g
연유 60g
꿀 또는 설탕 10~20g

1차 발효시키기 물과 버터를 제외한 모든 재료를 한 번에 넣고 물을 넣어가며 반죽의 되기를 조절한다. 버터를 넣은 뒤 반죽이 매끈하고 탄력이 생길 때까지 15~20분 이상 반죽한다. 반죽을 볼에 넣고 랩을 씌워 반죽 온도 27~30℃ 기준으로 실온에서 40분~1시간 정도 둔다.

• 처음 반죽 크기의 2.5~3배 정도가 되면 1차 발효 완료.

핑거테스트 하기 1차 발효 시간이 끝나면 손가락에 밀가루를 묻혀 반죽 윗면을 한 마디 이상 찔러 넣었다가 뺀다. 반죽이 오그라들지 않고 그대로 모양이 잡혀 있는 정도가 적당하다. 반죽을 찔러보았을 때 그 부분의 반죽이 손가락을 따라 올라오면 5분 단위로 발효를 더 진행해가며 알맞은 타이밍에 멈춘다.

3

4

5

분할해서 벤치타임 주기 발효를 마친 반죽을 손바닥으로 눌러 가스를 뺀 다음 똑같은 무게로 10등분한 뒤 젖은 면보자기를 덮어 10~15분 정도 벤치타임을 준다.

팬닝 후 2차 발효 후 굽기 벤치타임을 마친 반죽을 다시 둥글려 팬 2개에 각각 반죽 5개씩을 팬닝한 다음 젖은 면보자기를 덮어 약 80% 정도의 볼륨이 생길 때까지 30~40분 정도 2차 발효시킨다. 2차 발효가 끝나면 200℃로 20분 이상 예열한 오븐에서 20분 정도, 윗면이 황금빛을 띨 때까지 굽는다. 다 구워지면 식힘망에 얹어 완전히 식힌다.

연유버터크림 만들기 실온에 두어 말랑해진 버터에 꿀과 소금을 넣고 믹싱하다가 연유를 조금씩 넣어가며 섞어 풍성하고 부드러운 크림이 되도록 한다. 완전히 식힌 빵 윗면을 빵칼로 적당한 간격을 두고 슬라이스한 다음 크림을 듬뿍 짜 사이사이에 바른다.

1 연유버터크림을 만들 때는 크림화를 충분히

연유버터크림은 크림화를 충분히 해주어야 부드럽고 풍부한 맛을 즐길
수 있어요. 연한 아이보리색이 날 때까지 최대한 믹싱해주세요. 또 연유
를 한꺼번에 다 넣으면 분리현상이 생길 수 있으니 조금씩 흘려 넣어가
며 섞어주세요.

2 반죽은 최대한 단단하고 매끄럽게

반죽을 팬닝하기 전 둥글리는 단계에서 최대한 단단하고 매끈하게 조여
주어여야 볼륨이 잘 생기고 빵의 모양도 예쁘게 나온답니다. 자주 만들
어보면 둥글리기 기술이 늘게 마련이에요.

3 코팅된 틀 또는 종이포일 사용하기

반죽을 넣는 틀이 코팅 안 된 것이라면 반드시 종이포일을 깔도록 하세
요. 틀 크기에 맞춰 포일을 재단해 넣으면 됩니다. 이렇게 하지 않으면
반죽이 틀에 달라붙어 엉망이 돼요.

Kuchenteig 쿠헨타이크

마요네즈에 버무린 다양한 채소와 햄이 고루 얹어진 쿠헨타이크는 한 끼 식사
로 손색없는 정말 맛있는 빵이에요. 쿠헨타이크에 피자치즈를 듬뿍 얹어 구우
면 훨씬 더 맛있다는 사실! 이런 빵들은 정말 다이어트의 최대의 적이랍니다.

작은 원형 10~12개 분량 / 180℃에서 20~25분 내외

빵 반죽
강력분 180g
중력분 170g
인스턴트 드라이이스트 6g
소금 5g
설탕 35g
버터 35g
버터밀크 120g
물 120g(100~140g)

채소 토핑
양파·통조림 옥수수·햄·
통조림 완두콩·피망 등
마요네즈 적당량
후춧가루 조금

1

1차 발효시키기 물과 버터를 제외한 모든 재료를 한 번에 넣고 물을 넣어가며 반죽의 되기를 조절한 뒤 버터를 넣고 반죽 표면이 매끈해질 때까지 15~20분 이상 반죽한다. 반죽을 볼에 담고 비닐 랩을 씌워 이스트가 숨을 쉴 수 있도록 구멍을 몇 개 뚫어준 뒤 반죽 온도 27~30℃ 기준에서 40분~1시간 정도 1차 발효시킨다.

2

핑거테스트 하기 1차 발효 시간이 끝나면 손가락에 밀가루를 묻혀 반죽 윗면을 한 마디 이상 찔러 넣었다가 뺀다. 반죽이 오그라들지 않고 그대로 모양이 잡혀 있는 정도가 적당하다. 반죽을 찔러보았을 때 그 부분의 반죽이 손가락을 따라 올라오면 5분 단위로 발효를 더 진행해가며 알맞은 타이밍에 멈춘다.

3

분할해서 벤치타임 주기 1차 발효를 마친 반죽을 똑같은 무게로 12등분한 뒤 반죽을 다듬어가며 가볍게 둥글린다. 윗면이 마르지 않도록 젖은 면보자기를 덮어 10~15분 정도 벤치타임을 준다.

4-1

4-2

성형해서 2차 발효 후 토핑 얹기 벤치타임을 마친 반죽을 다시 둥글려 유산지에 올리고 윗면이 납작해지도록 손바닥으로 반죽을 누른 다음 젖은 면보자기를 덮어서 30분 정도 2차 발효한다. 2차 발효가 끝나면 반죽 윗면에 채소 토핑을 올리고 180℃에서 20분 이상 예열한 오븐에서 20~25분 정도, 황금색을 띨 때까지 굽는다.

4-3

1 토핑 재료는 깍뚝썰기

채소는 모두 깍뚝썰기하고 마요네즈와 후춧가루를 넣
어 골고루 섞어 준비해요.

2 토핑 재료는 최대한 물기를 빼서

토핑 재료가 되는 채소들은 최대한 물기를 제거하고 사
용하세요. 반죽 위에 물기 있는 재료들을 얹으면 반죽
이 질어져 보송보송 맛있는 빵을 만들 수 없어요. 채소
위에 피자치즈를 얹어 구워도 맛있습니다.

3 토핑 양은 적당하게

토핑을 너무 많이 올리면 반죽이 주저앉을 수 있으니
적당히 올리도록 하세요.

A *variety of*
Roll

롤과 쿠헨타이크 응용하기

채소 롤

- 반죽은 간식빵의 '시나몬 롤'이나 '아몬드크림 롤'의 반죽을 이용합니다.
- 채소 필링은 간식빵의 '쿠헨타이크'와 같이 만들어요.

이성실의
BAKING NOTE

1 필링의 물기를 최대한 제거한 후 올리기

반죽 위에 필링을 넓게 펴 올리기 전에 필링의 물기를 최대한 제거하도록 하세요. 마요네즈에 채소를 버무려두면 시간이 지나면서 물기가 생기기 때문에 반죽에 올리기 전 물기를 빼고 사용해야 합니다. 이렇게 하면 반죽을 성형할 때도 깔끔하게 모양 잡을 수 있어요.

2 필링 얹어 모양을 만든 후 2차 발효시키기

필링을 얹은 반죽은 돌돌 말아서 적당한 크기로 커팅해요. 커팅한 반죽은 반드시 유산지에 올려 2차 발효시킵니다. 2차 발효가 끝나고 오븐에 넣기 직전, 토마토케첩을 짜주머니에 넣어 반죽 윗면에 짜 올린 다음 구워요. 기호에 따라 모차렐라치즈를 얹어 구워도 좋아요.

Onion Bread 양파빵

한 번 손대면 멈출 수 없는 마력을 지닌 빵이지요.
한 끼 식사로도 거뜬한 양파빵은 채 썬 양파를 바로 사용하기 때문에
양파의 풍미가 배어 달큰하면서도 깔끔하고 담백해요.
마요네즈와 모차렐라치즈를 듬뿍 얹어 구워보세요. 그 맛에 반해버릴 거예요.

간식빵

**작은 원형 10~12개 /
210℃에서 15분 내외**

빵 반죽
강력분 350g
인스턴트 드라이이스트 7g
소금 5g
설탕 25g
생크림 95g
물 140g(120~160g)
양파 채 썬 것 50g
시즈닝 허브 조금

토핑
양파 채 썬 것 적당량
모차렐라치즈 적당량
마요네즈 적당량
통후추 적당량
시즈닝 허브 조금

반죽하기 볼에 물을 제외한 모든 재료를 넣고 물을 넣어가며 반죽의 되기를 조절한 뒤 반죽 표면이 매끈하고 탄력이 생길 때까지 15~20분 이상 반죽한다.

1차 발효시키기 반죽이 다 되면 반죽을 볼에 담고 비닐 랩을 씌워 이스트가 숨을 쉴 수 있도록 구멍을 뚫어준 뒤 반죽 온도 27~30℃ 기준에서 40~60분 정도 1차 발효시킨다. 손가락에 밀가루를 살짝 묻힌 뒤 반죽 윗면을 한 마디 이상 찔러 넣었다가 뺐을 때 반죽이 오그라들지 않고 그대로 모양이 잡혀 있으면 1차 발효가 끝난 것이다.

반죽 분할해서 벤치타임 주기
1차 발효를 마친 반죽을 똑같은 무게로 10~12등분 한 뒤 반죽을 다듬어가며 가볍게 둥글린 뒤 윗면이 마르지 않도록 젖은 면보자기를 덮어 10~15분 정도 벤치타임을 준다.

반죽 성형 후 2차 발효하기 벤치타임을 마친 반죽을 유산지에 올리고 윗면이 납작해지도록 손바닥으로 반죽을 누른 다음 젖은 면보자기를 덮어 25~30분 정도 2차 발효시킨다.

토핑 얹어 오븐에 굽기 2차 발효가 끝나면 반죽 윗면에 짜주머니에 넣은 마요네즈를 한두 줄 가늘게 짠 뒤 채 썬 양파 4~5가닥을 올린다. 모차렐라치즈를 한 줌 올리고 다시 마요네즈를 윗면 전체에 지그재그로 짜 올린 다음 시즈닝 허브와 통후추를 조금 뿌린다. 210℃에서 20분 이상 예열한 오븐에서 15분 정도 노릇하게 굽는다.

1 양파는 길쭉하게 채 썰기

양파는 길쭉하게 채 썰어 사용하는 것이 좋아요. 너무 잘게 다져 넣으면 식감도 좋지 않고 물만 많이 생긴답니다.

2 양파에 따라 물 조절하기

사용하는 양파에 따라 반죽에 넣는 물의 양에 차이가 많이 생겨요. 물이 많은 양파라면 사용하는 물의 양을 조금 줄여야겠지요? 반죽의 되기를 잘 보면서 조절하세요.

3 2차 발효는 조금 짧게

작게 분할해서 굽거나 반죽 위에 무거운 토핑 재료들이 올라가는 빵은 2차 발효를 조금 일찍 끝내도록 하세요. 반죽에 탄력이 많이 남아 있을 때 구워야 볼륨감이 좋아지니까요.

4 토핑 양은 적당히

토핑은 좋아하는 재료를 다양하게 활용해도 좋아요. 하지만 너무 많은 양의 토핑을 올리는 것은 삼가도록 하세요. 반죽이 구워지는 동안 주저앉을 수 있어요. 또 반죽 윗면이 너무 많은 토핑으로 뒤덮이면 오븐의 열이 차단되어 반죽 속이 익지 않을 수도 있어요.

Pretzels 프레첼

프레첼은 '브레첼Brezel, Bretzel' 또는 '브레체Breze'로도 불려요.
수도사들에 의해 처음 만들어졌는데, 아이들이 기도할 때 두 손을 모은 모습을 본뜬 거라고 해요.
프레첼은 원래는 저배합으로 만든 빵 반죽을 얇은 가닥으로 성형해 소다수에 담가두었다가
오븐에서 딱딱하게 구워내는 것이 원칙이었으나, 현대에 와서 다양한 배합을 이용하여
부드럽고 달콤한 프레첼로 변화하고 있어요.

간식빵

**10개 내외 /
200℃에서 15분 내외**

빵 반죽
강력분 200g
인스턴트 드라이이스트 4g
소금 3g
설탕 11g
버터 9g
물 130g(110~150g)
따뜻한 물 40g
베이킹소다 1작은술

토핑
시나몬슈거
(설탕과 시나몬파우더 적당량 믹스)
우박설탕
검정깨·흰깨 등
녹인 버터 적당량

1차 발효시키기 물과 버터를 제외한 모든 재료를 한 번에 넣고 물을 부어가며 반죽의 되기를 조절한다. 버터를 넣고 표면이 매끈하고 탄력이 생길 때까지 15~20분 이상 반죽한다. 반죽이 다 되면 볼에 담고 비닐 랩을 씌워 반죽이 2.5~3배 될 때까지 1차 발효시킨다. 발효가 끝나면 반죽을 둥글리기 해 10~15분 정도 벤치타임을 준다.

반죽 납작하게 펴기 반죽을 손으로 두들기며 기포를 빼주고 사각형의 균일한 두께가 되도록 편다.

3

반죽 분할하기 약 20개 내외의 기다란 막대 모양이 되도록 스크레이퍼를 이용해 반죽을 자른다.

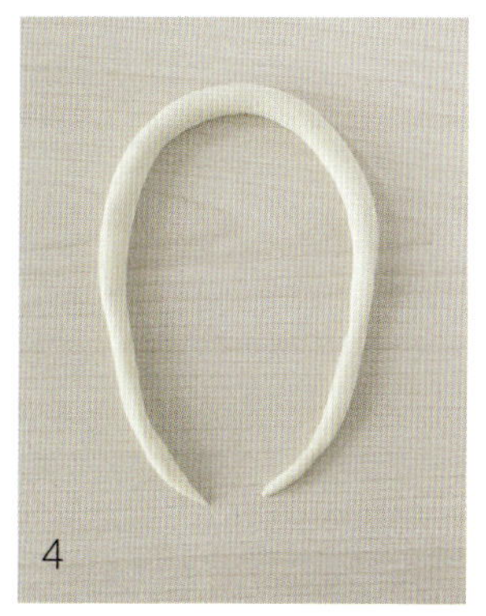

4

반죽 길게 늘리기 길게 자른 막대 모양 반죽을 손으로 굴려주어 약 30~40㎝ 정도로 길게 늘린다.

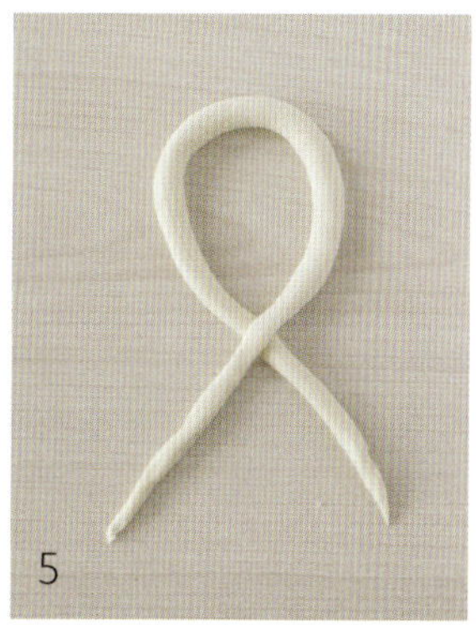

5

반죽 1차 꼬아주기 길게 늘린 반죽의 양쪽 끝을 서로 교차해서 꼬아준다.

6

반죽 2차 꼬아주기 반죽의 길이가 길면 한 번 더 교차시켜서 두 번 정도 꼬아준다.

7

반죽 윗면에 매듭 얹기 서로 교차해서 꼬아준 반죽의 양쪽 끝부분을 그대로 위로 들어 올려 동그란 부분 위에 얹는다. 빵 팬에 팬닝한 뒤 모양을 다듬는다.

8

팬닝 후 소다물 바르기 성형이 끝난 반죽에 미리 만들어둔 소다물을 붓으로 꼼꼼하게 바른다. 200℃에서 20분 이상 예열한 오븐에 넣어 진한 황금빛을 띨 때까지 15분 이상 굽는다. 다 구워지면 미리 녹여둔 버터를 반죽에 바로 골고루 바르고 시나몬슈거에 굴려 식힘망 위에 올려 식힌다.

1 베이킹소다를 녹인 물에 담가 진한 색 내기

프레첼은 특유의 진한 색과 질감을 만들기 위해 반죽을 알칼리성 물에 완전히 담갔다가 구워요. 집에서 만들 때는 베이킹소다를 녹인 물을 사용하면 됩니다. 한 가지 주의할 점은 소다물이 닿은 부분이 빵 팬 바닥에 닿은 채로 굽게 되면 타버릴 수 있으니, 마른 타월에 얹어 소다물을 닦은 뒤 굽도록 하세요. 소다물에 푹 담그지 않고 붓으로 살살 바르기만 하면 균일한 색을 내기 어려울 수 있으니 전체적으로 꼼꼼하게 발라주어야 합니다.

2 시나몬슈거토핑은 버터를 바른 뒤에

시나몬슈거에 프레첼을 굴려 토핑할 때는 구워낸 뜨거운 반죽 위에 버터를 바른 뒤 굴리도록 하세요. 설탕을 반죽에 바로 붙여서 오븐에 굽게 되면 찐득해지고 캐러멜 현상으로 쉽게 타버립니다. 소금이나 우박설탕, 깨 등을 토핑으로 사용할 때는 굽기 전에 소다물을 바른 뒤 바로 묻히고 구워주세요.

3 반죽 두께에 따라 질감이 달라지는 빵

반죽을 아주 얇게 만들어 구우면 식감이 과자처럼 단단한 프레첼이 되고, 반죽을 두껍게 해서 만들면 빵처럼 발효가 되면서 폭신한 결을 가진 소프트 프레첼이 됩니다.

Sweet Bread

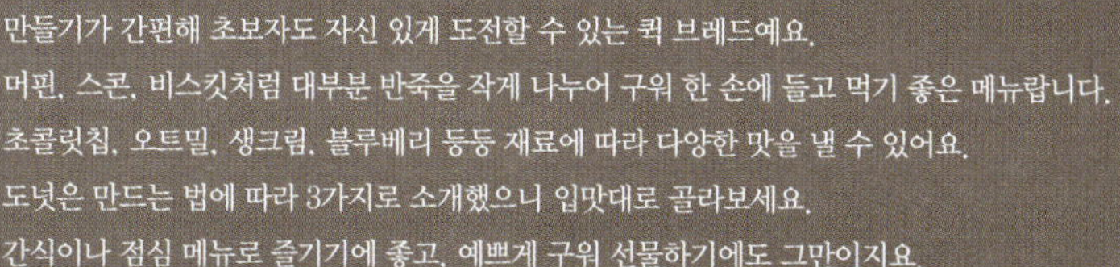

만들기가 간편해 초보자도 자신 있게 도전할 수 있는 퀵 브레드예요.
머핀, 스콘, 비스킷처럼 대부분 반죽을 작게 나누어 구워 한 손에 들고 먹기 좋은 메뉴랍니다.
초콜릿칩, 오트밀, 생크림, 블루베리 등등 재료에 따라 다양한 맛을 낼 수 있어요.
도넛은 만드는 법에 따라 3가지로 소개했으니 입맛대로 골라보세요.
간식이나 점심 메뉴로 즐기기에 좋고, 예쁘게 구워 선물하기에도 그만이지요.

스위트 브레드를 만들 때 알아두세요

스위트 브레드는 발효빵처럼 이스트로 오랜 시간 부풀려서 굽는 빵이 아니라 베이킹파우더를 이용해 빠른 시간 내에 간단하게 만드는 퀵 브레드 quick bread를 말해요. 아침이나 브런치 메뉴로 사랑 받는 스콘, 비스킷, 머핀 등이 여기에 속하는데, 대부분 포크 하나로 반죽을 대충대충 섞어서 굽기 때문에 특별한 공정이나 기법이 필요하지 않아 초보자들이 쉽게 만들기 좋아요. 우리가 일반적으로 알고 있는 머핀은 크림법으로 만드는 버터케이크 반죽을 머핀 틀에 넣고 굽는 것이어서 정확히 말하면 버터케이크예요. 스위트 브레드에서 다루는 머핀은 녹인 버터나 오일을 이용해 후다닥 섞어 굽는, 전형적인 서양 스타일 머핀이라 할 수 있어요. 이번 파트에 소개하는 스위트 브레드를 만들 때 주의해야 할 점이 딱 하나 있어요. '반죽을 완벽하게 하지 않는다'는 것입니다. 덜 섞인 듯이, 날가루가 보이거나 어딘가 조직이 부실해 보인다 해도 그 상태에서 믹싱을 멈춰야 최상의 결과를 가져온다는 것! 이것 하나만 꼭 기억하세요. 좀 더 완벽하게, 한 번만 더, 하며 깔끔하게 믹싱하고 싶은 마음이 들겠지만 꾹 참고 그대로 구워내야 성공적인 스위트 브레드를 만들 수 있어요.

머핀 레시피에는 설탕 분량에 대한 오차 범위를 표기해두었습니다. 레시피에 표기된 설탕 양을 기준으로 만들되, 괄호 안에 표기된 오차 범위 안에서 입맛대로 당도를 조절하면 됩니다.
단, 설탕 양을 늘리거나 줄일 때 기억해야 할 것이 있어요. 설탕은 오로지 단맛을 목적으로 사용하는 것이 아니라는 점이에요. 제과제빵에 있어 설탕의 중요한 역할 하나는 결과물을 부드럽고 촉촉하게 만드는 것이랍니다. 설탕을 많이 넣을수록 부드럽고 촉촉해지고, 설탕을 줄이면 다소 건조하고 단단해진다는 점을 염두에 두고 설탕 양을 조절하도록 하세요. 괄호 안에 표기한 오차 범위는 최소량과 최대량을 감안해서 표기한 것으로, 본연의 식감이나 맛에 큰 영향을 미치지 않는 한도 내에서 정한 것입니다. 입에 맞는 설탕 분량은 여러 번 만들어 먹어보며 찾아가야 해요. 내 스타일대로, 내 입에 맞는 맛으로 레시피를 조금씩 조정할 수 있는 것이 홈베이킹의 특권이자 즐거움 아닐까요?
즐겨 먹는 메뉴의 레시피를 손에 익을 때까지 연습해서 언제든 먹고 싶을 때 재료를 꺼내 뚝딱 만들어보세요. 스위트 브레드의 매력은 역시 쉽고 간단하게 만드는 것이구나, 하고 느끼게 될 거예요.

Vanilla Chocolate Chip

머핀하면 역시 초콜릿칩 머핀이에요. 원 믹스법으로 만드는 머핀의 가장 기본이 되는 배합률을 가
진 머핀으로, 토핑 종류에 따라 무궁무진하게 변화를 줄 수 있어요.
이 레시피만 완벽히 익히면 머핀 만들기는 문제 없어요.

1 마른 재료와 액상 재료 나눠 준비하기 믹싱볼에 마른 재료인 밀가루와 베이킹파우
더, 시나몬파우더를 한데 섞어 체에 쳐서 내린 뒤 설탕과 소금을 함께 넣고 뒤적이며 골
고루 섞는다. 또 다른 그릇에 액상 재료인 실온 상태의 달걀과 우유, 생크림, 포도씨오
일, 바닐라엑스트랙을 모두 넣고 덩어리지는 것 없이 매끈한 액체가 되도록 골고루 섞
는다. 부재료로 들어갈 초콜릿칩을 따로 준비한다.

2 가루류에 액체류 넣어 섞기 섞어놓은 가루류에 따로 섞어놓은 액체류와 초콜릿칩을
넣는다.

3 반죽하기 스패튤라로 믹싱볼 안의 재료를 바닥에서 위로 퍼 올리듯 들어 올리면서
양옆으로 과감하게 흔들어준다. 이렇게 퍼 올린 재료들을 사방으로 흩뿌리는 동작을
한 뒤, 다시 같은 방법을 반복한다. 반죽 표면에 날가루가 군데군데 보일 만큼, 살짝 덜
섞인 듯한 느낌이 들 때 믹싱을 멈춘다.
- 한두 번 더 섞어야 될 것 같은 시점에서 멈추도록 한다.

4 팬닝하기 머핀 틀에 유산지를 깔고 반죽이 틀의 90~100%가까이 되도록 듬뿍 담
은 다음 윗면 가운데 부분에 초콜릿칩 몇 개를 모아 올리고 180℃로 예열된 오븐에서
25~30분 정도 굽는다. 25분 정도 됐을 때 젓가락으로 정 가운데 부분을 바닥까지 찔러
보아 아무것도 묻어나지 않을 때까지 굽는다. 젖은 반죽이 조금이라도 묻어나면 3~5
분 정도 더 굽도록 한다.
- 머핀 틀의 높이가 낮은 것을 사용할 때에는 반죽 확인 시간을 조금 앞당기도록 한다.

Muffin

바닐라 초콜릿칩 머핀

머핀

한국 머핀 틀(높이 5㎝ 정도) 6개 분량 /
180℃에서 25~30분 내외

일반 머핀 틀(높이 3㎝ 정도) 9개 분량 /
180℃에서 20~25분 내외

재료

중력분 200g 베이킹파우더 6g 시나몬파우더 1~2g 설탕 130g(100~160g)

소금 2g 달걀 50g(약 1개) 우유 60g 생크림 100g 포도씨 오일 70g

바닐라 엑스트랙 5g 세미스위트 또는 밀크초콜릿칩 80~100g

1 짧은 시간 내에 믹싱을 끝내야 하는 원 믹스법

마른 재료인 가루류에 젖은 재료인 액체류를 한꺼번에 넣고 아주 짧은 시간 내에 섞어서 믹싱하는 방법을 '원 믹스법'이라고 합니다. 원 믹스법으로 만드는 머핀은 방법만 보면 매우 간단할지 몰라도 결과물에 있어 실패율이 매우 큰 종목 중 하나예요.

보통 파운드케이크나 머핀은 부드러운 버터에 설탕을 넣고 휘핑하는 크림법을 주로 사용해 만드는데, 이 크림법은 핸드믹서로 버터와 설탕을 함께 휘핑하여 공기를 밀도 있고 균일하게 포집해주어 풍성하고 가벼운 볼륨을 만들어주기 때문에 매우 안정적이지요. 이에 반해, 공기를 포집해주는 과정 없이 오로지 베이킹파우더에 의지해 볼륨을 만들어야 하는 원 믹스법은 상대적으로 사용하는 액체량이 많아 반죽이 무거울 뿐 아니라, 조직이 균일하지 않고 부실하기 때문에 자칫 믹싱이 잘못되면 질감이 차지고 단단해지지요. 또 반죽이 무거워서 주저앉아 수분이 덜 증발된 떡과 같은 식감이 되기 때문에 매우 까다로운 종목으로 꼽힌답니다. 원 믹스법으로 머핀을 만들 때 가장 중요한 키포인트는 '믹싱의 정도'예요. 꼭 기억하세요. 원 믹스법은 크림법처럼 재료를 완벽하게 섞어주려고 하면 안 돼요. 시간을 끌다가는 반죽에 글루텐을 너무 많이 형성시켜 단단하고 질겨질 뿐 아니라, 반죽을 쳐서 공기층을 없애는 불필요한 동작이 반복되기 때문에 포슬포슬 가벼운 식감이 사라져버려요.

자, 머핀을 원 믹스법으로 만들 때 이것만 기억하세요. 반죽을 완벽하게 섞으려 하지 않을 것! 스패튤라로 반죽을 퍼 올려 흔들어 날가루들이 여기 저기 마구 날리도록 하는 동작을 반복하다가 날가루가 거의 다 섞여 보이지 않는 시점에 손을 멈추도록 합니다. 반죽 표면에 덜 섞인 듯한 가루가 희끗희끗하게 보일 정도, 바로 이때가 완료 시점이라는 것을 잊지 마세요. 반죽을 팬닝하는 동안 남은 가루가 반죽에 마저 섞이니 날가루가 보인다고 걱정할 필요 없어요.

2 원 믹스법에 유지방 더하기

원 믹스 법으로 만드는 머핀에 사용되는 유지의 대부분은 액상이에요. 유분이 풍부한 것을 좀 넣어보려면 포도씨오일 대신 실온에서 녹인 버터를 사용하면 좋습니다. 제시된 레시피와 같이 식물성오일인 포도씨오일을 사용할 경우에는 다른 액상 재료인 우유의 일정 분량을 생크림이나 사워크림으로 대체하면 돼요. 이렇게 하면 유분이 더해져 식감이 한결 촉촉하고 부드러워진답니다. 우유보다 생크림이나 사워크림의 유지방 함량이 높기 때문에 보다 진하고 부드러운 식감을 만드는 데 도움이 되는 것이지요.

단, 액체 상태의 모든 재료는 반드시 실온 상태의 것을 사용하는 것을 잊지 마세요. 특히 녹인 버터를 사용할 경우 실온의 미지근한 상태를 유지해야 온도 변화에도 응고되지 않아 반죽에 덩어리가 생기는 것을 막을 수 있어요.

3 설탕 양 조절이 비교적 용이한 원 믹스법

원 믹스법은 버터를 많이 사용하는 버터케이크류에 비해 상대적으로 유지와 달걀, 설탕 양이 적고 마른 재료인 밀가루, 액상 재료인 수분이 많이 들어가는 것이 특징이에요. 이 방법으로 만드는 머핀은 버터케이크류에 비해 수분에 의한 설탕의 질감 변화가 크지 않기 때문에 단맛을 적당히 조절할 수 있어요.

밀가루 100%를 기준으로 볼 때 보통 머핀에 사용되는 설탕 양은 50~80% 정도가 적당해요. 이 레시피에서 설탕을 조절하려면 100(50%)~160g(80%)까지의 범위 안에서 선택할 수 있어요. 저는 보통 60~70% 선에서 사용합니다.

그럼 이 머핀을 만들 때 밀가루 200g을 사용한다면 설탕 양은 얼마면 될까요? 설탕의 비율이 60~70% 정도가 적당하니 계산해보면 120~140g의 설탕을 사용하게 되네요. 이 정도면 그리 달지 않아 어른들도 먹기 좋은 맛이랍니다. 초콜릿칩 같이 단맛을 내는 부재료를 함께 넣을 때는 설탕을 50~60% 정도로 줄여야 알맞겠죠? 단, 설탕은 반죽에 녹아 수분 형태로 남아 빵에 부드럽고 촉촉한 질감을 형성하는 역할을 하기 때문에, 설탕 양을 줄이면 아무래도 식감이 조금 건조해지는 것은 감안해야 합니다.

여러 번 만들어보면서 내 입맛에, 가족 입맛에 맞는 당도를 찾아보세요. 제시한 범위 내에서 만들면 무리 없이 맛있는 머핀이 완성될 거예요.

4 머핀 틀에 따라 반죽 양과 굽는 시간 조절은 필수

머핀을 굽기 전에 사용할 머핀 틀의 사이즈를 꼭 확인해보세요. 머핀 틀은 종류가 매우 다양해 크기에 따라 채워야 하는 반죽 양에도 차이가 나고, 당연히 굽는 시간도 달라집니다.

보통 국내에서 판매하는 머핀 틀은 밑바닥 지름이 6㎝ 정도이고 윗지름은 7㎝, 높이는 5㎝로, 다른 종류의 머핀 틀에 비해 높이가 높고 위아래 지름도 더 여유 있기 때문에 머핀 구 하나에 채워지는 반죽 양이 많다는 것을 알아두어야 해요.

외국 제품들은 대부분 밑바닥의 지름이 4~5㎝ 정도, 윗지름은 5~6㎝, 높이는 3㎝ 정도가 대부분이라 한국 머핀 틀에 비해 반죽이 거의 절반 정도 덜 들어간답니다. 매우 큰 차이지요? 그래서 레시피 앞쪽에 틀 사이즈에 따른 굽는 시간을 적어두었어요.

크기가 큰 틀을 사용할 때는 일반 틀에 구울 때보다 좀 더 오래 구워야 해요. 높이가 5㎝ 정도라면 25~35분 정도까지 더 구워요. 끝나기 5분 전에 젓가락으로 머핀 한가운데를 바닥까지 찔러보아 덜 익은 반죽이 있는지 확인해보고요.

이처럼 머핀은 간단해보이지만 굽는 환경, 들어가는 재료, 사용하는 도구 등에서 체크할 부분이 좀 많지요? 자주 사용하는 본인의 재료와 도구로 익숙해지면 뚝딱 구워낼 수 있으니 미리 염려할 필요는 없어요.

5 다양한 토핑 올리기

좋아하는 토핑을 추가해 다양한 머핀을 만들어보세요. 호두나 건포도, 바나나 등 선호하는 재료를 사용하되, 그 양은 50~70g 정도가 적당합니다.

Banana Muffin

바나나 머핀

머핀

한국 머핀 틀(높이 5cm 정도) 6개 분량 /
180℃에서 25~30분 내외
일반 머핀 틀(높이 3cm 정도) 9개 분량 /
180℃에서 20~25분 내외

재료

중력분 200g 베이킹파우더 5g 베이킹소다 1g 시나몬파우더 3g 소금 2g
달걀 50g(약 1개) 설탕 140g(110~160g) 포도씨오일 90g 사워크림 100g 바닐라엑스트랙 5g
바나나 으깬 것 250g 호두나 피칸 다진 것 70g

1 마른 재료와 액상 재료 나눠 준비하기 믹싱볼에 마른 재료인 밀가루와 베이킹파우더, 베이킹소다, 시나몬파우더를 한데 섞어 체에 2번 쳐서 내린 뒤 소금을 함께 넣고 뒤적이며 골고루 섞는다. 또 다른 그릇에 달걀을 잘 풀어준 다음 설탕을 넣고 골고루 섞어 설탕이 적당히 녹으면 사워크림과 포도씨오일, 바닐라엑스트랙을 넣어 골고루 섞는다. 바나나는 껍질을 까고 포크를 이용해 손톱만한 크기로 으깨고, 호두나 피칸은 오븐에 살짝 구워 잘게 조각내어 준비한다.

2 가루류에 액체류 넣어 섞기 섞어놓은 가루류에 따로 섞어놓은 액체류를 넣고 스패튤라로 2~3번 정도 반죽을 아래에서 위로 퍼 올린다.

3 바나나와 피칸 섞기 가루류와 액체류가 살짝 섞인 반죽에 준비한 바나나와 호두나 피칸을 넣는다.

4 반죽 마무리하기 스패튤라로 믹싱볼 안의 재료를 바닥에서 위로 퍼 올리듯 들어 올리면서 양옆으로 과감하게 흔들어 바나나와 견과류, 가루들이 흩뿌려지도록 한다. 반죽 표면에 날가루가 군데군데 보여 덜 섞인 듯한 느낌이 들 때까지 반복하고 멈춘다.
 • 한두 번 더 섞어야 될 것 같은 시점에서 멈추는 것이 중요하다.

5 팬닝 후 굽기 머핀 틀에 유산지를 깔고 틀의 90~100% 가까이 되도록 반죽을 듬뿍 담은 다음 180℃로 예열한 오븐에서 25~30분 정도 굽는다. 25분 정도 됐을 때 젓가락으로 정 가운데 부분을 바닥까지 찔러 보아 아무것도 묻어나지 않을 때까지 굽는다. 젖은 반죽이 조금이라도 묻어나면 3~5분 정도 더 굽도록 한다.
 • 머핀 틀의 높이가 낮은 것을 사용할 때에는 반죽 확인 시간을 조금 앞당기도록 한다.

우유 한 잔과 함께 한 끼 식사로도 손색없는 머핀이에요.
바쁜 아침 간편하게 아침식사 대용으로 먹거나 학교에서 돌아온 아이들 간식으로 내면 좋아요.
향긋하고 달콤한 바나나 향에 먹기도 전에 마음이 행복해진답니다.

1 바나나는 너무 곱게 으깨지 않기

바나나는 껍질에 검정색 반점이 생기기 시작할 때가 가장 당도 높고 맛있는 상태예요. 머핀에 사용할 바나나는 미리 사서 상온에 두었다가 맛있을 시점까지 익혀서 사용하세요. 바나나를 으깰 때는 너무 곱게 으깨지 말아야 합니다. 완전히 으깬 바나나를 넣으면 반죽에 녹아들어 형태가 없어지거든요. 포크로 듬성듬성 눌러주며 손톱 크기로 으깨는 것이 가장 적당합니다.

2 견과류는 오븐에 구워서

귀찮더라도 견과류는 반드시 오븐에 살짝 구워서 넣도록 하세요. 견과류를 구울 때는 예열할 필요 없이 바로 오븐에 넣고 170~180℃에서 20분 정도 구워요. 오븐에 따라 굽는 시간이 다를 수 있으니 중간 중간 견과류가 타지 않도록 뒤집어주며 지켜보세요.

Whole Wheat Oatmeal Cinnamon Muffin

사진을 보는 순간 몸이 건강해질 것 같은 생각이 들지 않나요? 실제로 몸에 좋은 재료들을 사용했어요.
건조하고 거친 오트밀과 통밀가루를 넣어 구운 머핀은 부들부들하고 촉촉한 식감이 좋아 자주 굽게 되는 머핀이에요.
꼭 따뜻할 때 맛보세요. 곡물의 향이 어우러져 참 맛있답니다.

머핀

한국 머핀 틀(높이 5cm 정도) 6개 분량 /
180℃에서 25~30분 내외
일반 머핀 틀(높이 3cm 정도) 9개 분량 /
180℃에서 20~25분 내외

재료
중력분 130g
통밀 50g
오트밀 30g
베이킹파우더 6g
시나몬파우더 3g
설탕 120g(100~150g)
소금 1g
달걀 50g(약 1개)
우유 100g
생크림 100g
포도씨오일 90g
바닐라엑스트랙 5g

가루 재료와 액상 재료 나누기
믹싱볼에 밀가루와 베이킹파우더,
시나몬파우더를 섞어 체에 2번 쳐
서 내린 다음 오트밀과 설탕, 소금
을 넣고 섞어놓는다. 또 다른 볼에
달걀을 잘 풀어 넣고 우유와 생크
림, 포도씨오일, 바닐라엑스트랙
을 함께 넣고 골고루 섞어놓는다.

가루류와 액체류 섞어 반죽하기
섞어놓은 가루류에 액체류를 넣고
섞는다. 스패튤라를 이용해 믹싱
볼 바닥에서 위로 퍼 올리듯이 섞
어가며 양옆으로 과감하게 흔들어
가루를 사방으로 흩뿌리듯이 섞는
다. 같은 방법을 반복하다가 반죽
표면에 날가루가 군데군데 보일
만큼, 살짝 덜 섞인 정도로 보일
때 멈춘다.

• 한두 번 더 섞어야 될 것 같은 시점에서
  멈추도록 한다.

팬닝 후 굽기 머핀 틀에 유산지를
깔고 반죽이 틀의 90~100% 가까
이 되도록 듬뿍 담는다. 반죽 윗면
에 오트밀을 조금 뿌린 뒤 180℃
로 예열된 오븐에서 25~30분 정
도 굽는다. 젓가락으로 정 가운데
부분을 바닥까지 찔러보았을 때
아무것도 묻어나지 않을 때까지
굽는다. 젖은 반죽이 조금이라도
묻어나면 3~5분 정도 더 굽도록
한다.

1 반죽의 수분을 흡수하는 오트밀에는 설탕을

오트밀이 들어간 머핀을 만들 때는 반죽의 수분을 흡수해 되직하게 만드는 오트밀의 성질을 이해해야 실패하지 않고 맛있는 머핀을 만들 수 있어요.

오트밀은 입자가 뭉개져 부서진, 작은 입자로 된 것을 사용하는 것이 좋아요. 귀리 형태가 살아 있어 입자가 큰 오트밀보다 입자가 작은 오트밀을 사용해야 수분 손실을 좀 더 줄일 수 있고 씹을 때 느낌도 포슬포슬하고 가벼워요. 가지고 있는 오트밀의 입자가 클 경우 믹서에 살짝 돌려 갈아서 사용하세요.

또 설탕 양을 조금 늘려주는 것도 수분 손실을 줄이는 방법이에요. 설탕은 반죽에 섞이면서 녹아서 수분 형태로 바뀌어요. 설탕 양이 많을수록 촉촉한 식감의 머핀이 완성됩니다.

2 생크림과 사워크림으로 촉촉하게

통밀이나 오트밀과 같이 일반 밀가루보다 무겁고 건조한 가루를 사용할 때는 레시피에 제시된 우유 일부를 생크림과 사워크림으로 대체해서 넣어보세요. 유분이 더해져 한층 부드러운 머핀을 만들 수 있어요. 이 레시피에서 생크림을 사워크림으로 대체해도 좋습니다.

3 오트밀과 궁합이 잘 맞는 견과류

호두나 피칸 등의 견과류는 깊은 풍미를 더해 오트밀과 잘 어울려요. 씹는 맛도 좋아지고 고소한 머핀으로 만들어주지요. 좋아하는 견과류를 넣어 만들어도 좋아요. 50~70g 정도 넣으면 됩니다.

Mocha Sour Cream

매직크림이라 불리는 사워크림으로 머핀을 만들면 부드럽고 촉촉한 식감에 감탄하지 않을 수 없어요.
머핀 중에서 수분 배합률이 많은 편이에요. 이 머핀을 만들 때는 특히 가루 재료와 액상 재료의 믹싱
에 집중해야 합니다. 성공할 때까지 원 믹스법을 꾸준히 연습해보세요.

1 마른 재료와 액상 재료 나눠 준비하기 믹싱볼에 밀가루와 베이킹파우더, 베이킹소
다, 시나몬파우더를 섞어 체에 2번 쳐서 내린 다음 소금을 넣고 섞어놓는다. 다른 볼에
달걀을 잘 풀어 넣고 설탕을 넣어 적당히 녹인 다음 포도씨오일, 바닐라엑스트랙, 사워
크림, 커피파우더를 모두 넣어 골고루 섞어 준비한다.

2 가루류에 액체류 넣어 섞기 가루류에 따로 섞어놓은 액체류와 초콜릿칩을 넣는다.

3 반죽하기 스패튤라로 믹싱볼 안의 재료를 바닥에서 위로 퍼 올리듯 들어 올리면서
양옆으로 과감하게 흔들어 재료를 사방으로 흩뿌린다. 같은 방법을 반복하다가 반죽
표면에 날가루가 군데군데 보일 만큼, 살짝 덜 섞인 것처럼 보일 때 멈춘다.
• 한두 번 더 섞어야 될 것 같은 시점에서 멈추도록 한다.

4 팬닝 후 굽기 머핀 틀에 유산지를 깔고 반죽이 틀의 90~100% 가까이 되도록 듬뿍
담는다. 윗면 가운데에 초콜릿칩을 몇 개 올린 다음 180℃로 예열된 오븐에서 25~30분
정도 굽는다. 젓가락으로 정 가운데 부분을 바닥까지 찔러보아 아무것도 묻어나지 않
을 때까지 굽는다. 젖은 반죽이 조금이라도 묻어나면 3~5분 정도 더 굽도록 한다.
• 머핀 틀 크기에 따른 반죽 양과 굽는 시간은 p.205 참고

Muffin

머핀

한국 머핀 틀(높이 5㎝ 정도) 6개 분량 /
180℃에서 25~30분 내외
일반 머핀 틀(높이 3㎝ 정도) 9개 분량 /
180℃에서 20~25분 내외

재료

중력분 200g 베이킹파우더 3g 베이킹소다 1g 시나몬파우더 2g 소금 1g

달걀 70~80g(약 1개 반) 설탕 130g(100~150g) 사워크림 210g 포도씨오일 75g

바닐라엑스트랙 5g 인스턴트 커피파우더 7g 초콜릿칩 80g

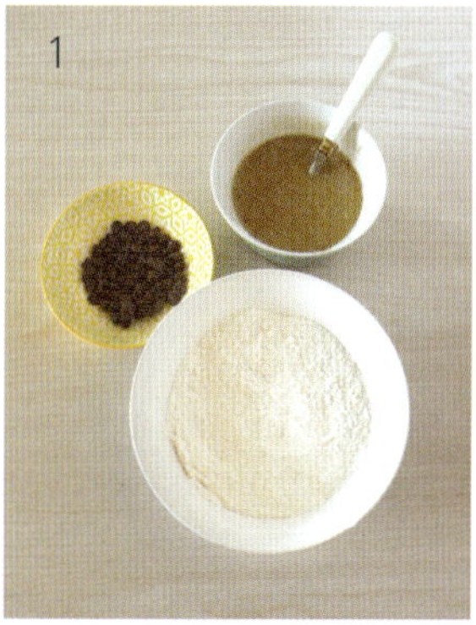

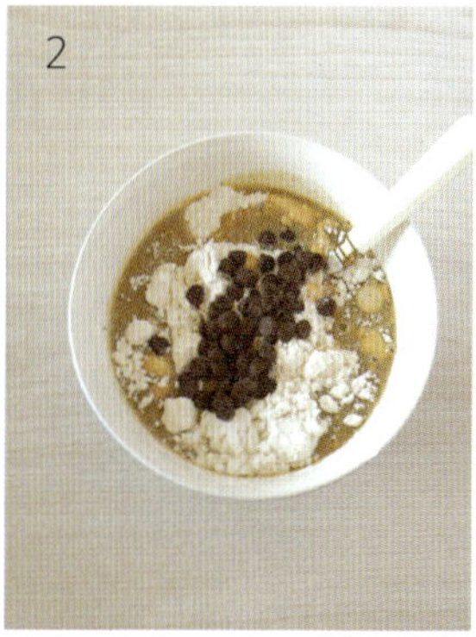

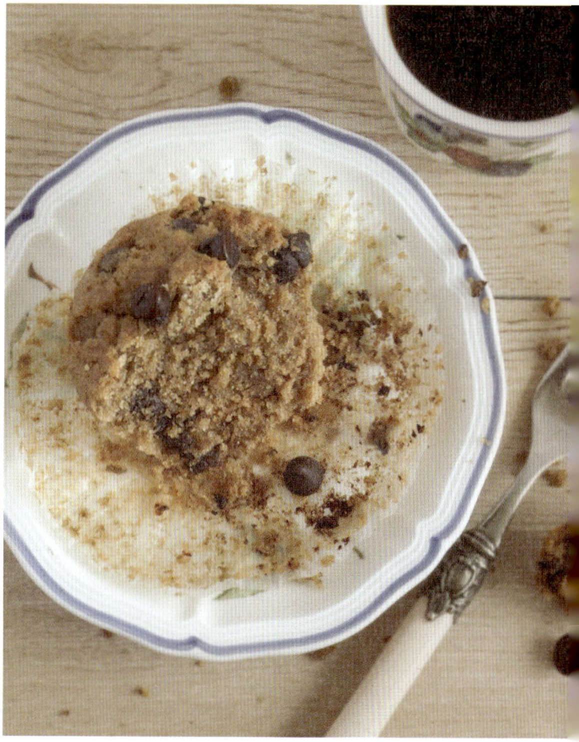

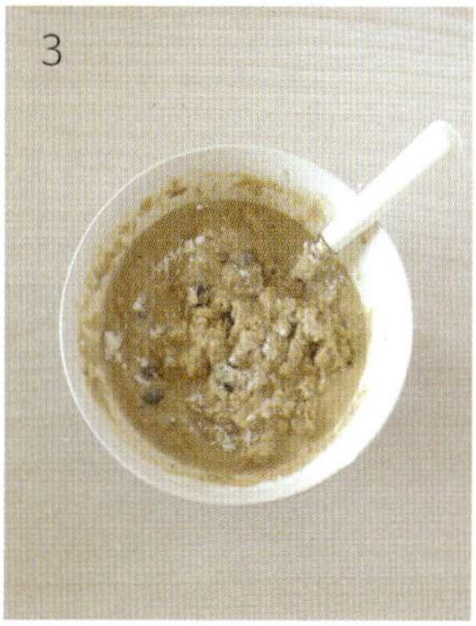

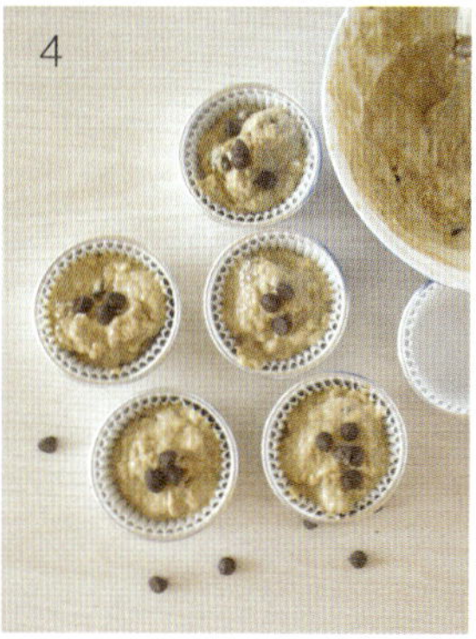

1 수분 양이 많은 반죽은 빠른 손놀림이 생명

수분 양이 많은 반죽일수록 믹싱의 정도에 매우 민감하게 반응해요. 수분 양이 많은 레시피에서는 가루 재료를 빠른 속도의 손놀림으로 잘 풀어주는 것이 중요합니다. 그렇지 않으면 수분을 흡수해 덩어리진 알갱이가 많아지고 잘 풀어지지도 않아요. 또 풀어진다 해도 너무 오래 섞어 오버 믹싱 되면 보송보송한 머핀이 아니라 찐득하고 질깃한 식감을 경험하게 될 거예요.

2 초콜릿칩의 당도는 세미 스위트로

베이킹에 사용하는 초콜릿칩은 세미 스위트의 당도를 선택하는 것이 좋습니다. 당도가 높은 밀크초콜릿 보다는 약간 진하고 쌉싸래한 맛이 도는 세미 스위트가 어울려요. 더 깊고 진한 풍미를 원하면 다크초콜릿을 선택하면 됩니다. 초콜릿칩 대신 커버처 판 초콜릿을 잘게 다져 넣어도 좋아요.

Chocolate Muffin

초콜릿 머핀

바닐라 초콜릿칩 머핀과 더불어 아이들이 제일 좋아하는 머핀이에요.
바닐라 초콜릿칩 머핀과 배합률이 비슷하지만 식감과 맛은 전혀 달라요.
차가운 우유 한 잔과 함께 먹으면 더욱 맛있어 아이들 간식으로 좋은 메뉴랍니다.

1 마른 재료와 액상 재료 나눠 준비하기 믹싱볼에 마른 재료인 밀가루와 베이킹파우더, 베이킹소다, 코코아파우더를 한데 섞어 체에 3번 정도 내린 뒤 설탕과 소금을 함께 넣고 뒤적이며 골고루 섞어놓는다. 또 볼에 실온 상태의 달걀과 우유, 생크림, 포도씨오일, 바닐라엑스트랙을 모두 넣고 덩어리지는 것 없이 섞는다.

2 가루류에 액체류 넣어 섞기 가루류에 따로 섞어놓은 액체류를 넣는다.

3 반죽하기 스패튤라를 이용하여 바닥에서 위로 퍼 올리듯 들어 올리면서 좌우로 흔들어 가루를 사방으로 흩뿌려주는 동작을 반복한다. 반죽 표면에 날 밀가루가 조금 남아 덜 섞인 것처럼 보일 때 믹싱을 멈춘다.
• 한두 번 더 섞어야 될 것 같은 시점에서 멈추도록 한다.

4 팬닝 후 굽기 머핀 틀에 유산지를 깔고 반죽이 틀의 90~100% 가까이 되도록 듬뿍 담는다. 180℃로 예열한 오븐에서 25~30분 정도 굽는다. 젓가락으로 정 가운데 부분을 바닥까지 찔러보아 아무것도 묻어나지 않을 때까지 굽는다. 젖은 반죽이 조금이라도 묻어나면 3~5분 정도 더 굽도록 한다.

머핀

한국 머핀 틀(높이 5㎝ 정도) 6개 분량 /
180℃에서 25~30분 내외
일반 머핀 틀(높이 3㎝ 정도) 9개 분량 /
180℃에서 20~25분 내외

재료

중력분 170g 코코아파우더 30g 베이킹파우더 4g 베이킹소다 2g 설탕 140g(110~160g)

소금 1g 달걀 50g(약 1개) 우유 80g 생크림 80g

포도씨오일 80g 바닐라엑스트랙 5g

1 반죽을 중성화시키고 식감을 좋게 하는 베이킹소다

진하고 묵직한 초콜릿 머핀에는 베이킹파우더와 함께 베이킹소다가 들어가요. 알칼리성인 베이킹소다는 재료에 들어 있는 산성 성분(코코아파우더와 같은 초콜릿류)을 중화시켜 반죽을 안정적으로 만들어주고, 머핀의 식감도 한결 보송보송하게 만들어요. 또 베이킹소다는 코코아파우더와 반응해서 발색을 예쁘게 도와주기도 해요.

단, 자칫 많은 양을 넣으면 쓴맛 또는 비누 맛이 나게 되니 레시피에 제시된 양만큼만 사용하세요.

2 다른 가루와 잘 섞이지 않는 코코아파우더

코코아파우더와 밀가루를 섞어 체에 내릴 때는 보통 때보다 한두 번 더 쳐주는 것이 좋아요. 코코아파우더에는 유분이 있어 다른 가루들과 잘 섞이지 않는 성질이 있기 때문이에요. 이 상태로 반죽을 하게 되면 잘 섞느라 오버 믹싱 될 수 있으니 미리 체에 여러 번 내려 사용하도록 합니다.

Favorite Biscuit 페이버릿 비스킷

한 번 손대면 멈출 수 없는 절대중독의 맛! 페이보릿 비스킷이에요.
고소하면서도 뽀송뽀송한 속살과 바삭한 크러스트를 한꺼번에 즐길 수 있어 베이킹
수업 레시피중 가장 많은 사랑을 받고있는 비스킷입니다.
이 비스킷의 성공여부는 완벽한 믹싱이 아닌 대충대충 부실해 보이는 믹싱 상태에
달렸다는것 잊지마세요.

비스킷

**원형 6~8개 분량 /
200℃에서 25분 내외**

재료

박력분 300g 베이킹파우더 8g 설탕 18g 소금 5g
차가운 무염버터 120g 차가운 우유 170g 차가운 생크림 50g

재료 준비하기 박력분과 베이킹
파우더는 체에 2번 내려서 설탕과
소금을 넣어 뒤적이며 섞는다. 버
터는 사방 1㎝ 크기로 잘라 사용
하기 30분 전에 냉동실이나 냉장
실에 넣어둔다. 우유와 생크림도
미리 섞어 냉장고에서 차갑게 보
관한다.

버터 섞기 체에 내린 가루류에 냉
장고에 넣어두었던 버터를 넣고
대충 섞는다.

밀가루에 버터 커팅해 섞기 밀가루
와 버터가 고루 뭉쳐 버터 크기가
콩알 만해지고 부슬부슬한 상태가
되도록 스크레이퍼로 커팅한다.

• 버터의 차가운 상태를 유지하는 것이
  중요하므로 버터의 냉기가 사라지기 전
  에 완성되도록 빠르게 섞는다.

우유와 생크림 섞기　버터가 밀가루와 버무려지면 미리 섞어둔 차가운 상태의 우유와 생크림을 넣고 포크로 반죽을 크게 빙빙 돌려가며 대충 섞는다. 짓이기듯 눌러가며 반죽을 완벽히 섞으려 하지 말고 포크로 날가루와 액체가 살짝 섞여 뭉쳐지는 정도로만 섞는다.

반죽 마무리하기　잘게 자른 버터가 군데군데 보이고 덜 섞인 날밀가루가 남아 있는 정도로 반죽이 대충 뭉쳐질 때 까지 섞는다.

6

반죽 팬닝하기　반죽이 한 덩어리로 뭉쳐지면 포크로 적당하게 떠서 팬닝한다. 반죽이 엉성하게 뭉쳐도 꼭꼭 다지지 말고 반죽을 포크로 떠서 위로 쌓듯이 얹어주면 된다. 큰 덩어리의 반죽을 팬닝한 뒤에는 믹싱볼에 덜 섞여 남아 있는 가루를 포크로 살짝 버무려 가볍게 눌러 뭉친 다음 팬닝해놓은 반죽 위에 올려 쌓는다. 볼에 남아 있는 버터는 맨 위에 얹는다.

• 포크로 꼭꼭 눌러 쌓지 않도록 한다.

7

굽기　팬닝을 끝낸 반죽은 오븐을 예열하는 동안 잠시 냉동실이나 냉장실에 넣어둔다. 팬을 꺼내 200℃로 20분 정도 예열한 오븐에 넣고 25분 내외로, 윗면이 황금빛을 띨 때까지 굽는다.

1 퀵 브레드류의 비스킷과 스콘

비슷한 맛과 비슷한 모양을 가진 비스킷과 스콘은 퀵 브레드류에 속해
요. 비스킷은 달걀을 사용하지 않는 경우가 대부분이고 대신 버터가 많
이 들어가서 맛이 진하고 고소한 것이 특징입니다. 설탕이 적고 가루보
다는 액체류의 양이 많아 일정한 형태를 갖추지 않고 반죽을 뚝뚝 떠서
자연스러운 모양으로 굽는 것이 특징이지요.
영국에서 유래된 스콘은 액상 재료보다 가루의 양이 많기 때문에 반죽이
견고하여 다양한 모양으로 만들 수 있어요. 달걀이나 설탕, 기타 부재료
가 들어가고 가루 양이 많아 다소 퍽퍽하고 묵직한 식감이 특징입니다.

2 반죽을 할 때는 너무 치대지 않도록

비스킷이나 스콘류의 반죽은 최대한 치대지 않는 것이 포인트예요. 자꾸
치대다보면 반죽에 글루텐이 많이 형성되어 단단하고 질긴 반죽이 되거
든요. 날밀가루와 버터가 드문드문 보일 정도가 좋고, 그러려면 재료의
차가운 상태를 유지해야 합니다. 대충 섞은 반죽을 바로 팬닝해서 구워
야 보송보송한 속살과 바삭한 크러스트를 즐길 수 있어요. 포크를 이용
하면 치대지 않고 빠르게 섞일 수 있으니 활용하세요.

3 밀가루의 종류나 계절에 따라 액상 재료 양을 조절

사용하는 생크림이나 우유와 같은 액체류의 양은 밀가루의 종류나 계절
에 따라 조금씩 차이가 있어요. 살짝 진 반죽이 되어야 구웠을 때 촉촉하
니 참고해서 적절한 반죽이 되도록 재료를 조절하세요.

4 냉장고에서 반죽을 차갑게 식힌 뒤 굽기

비스킷 반죽을 팬닝한 뒤 바로 굽지 말고 냉장고에서 차갑게 굳힌 다음
구워주세요. 오븐을 예열하는 동안 냉장고에 넣어두면 돼요. 차갑게 굳
힌 반죽을 구우면 한결 바삭하고 고소한 비스킷이 완성됩니다.

Fresh Cream Biscuit

견과류나 건과일을 넣어 자유롭게 만드는 생크림 비스킷은 반죽을 포크로 대충 섞어 작게 나누어 구워요.
부드러운 크럼(빵 결)과 바삭한 크러스트(빵 껍질)가 잘 어우러져 식감을 즐기기에 좋아요.
집에서 간편하게 만들어 먹기 좋으니 직접 만들어 간식으로 준비하세요.

비스킷

**원형 8~10개 내외 /
200℃에서 25분 내외**

재료
중력분 300g
베이킹파우더 9g
시나몬파우더 1g(옵션)
설탕 10g
소금 3g
차가운 생크림 300~360g
필링(호두, 피칸 등의 견과류 또는 건포도, 크렌베리 등의 건과일) 70~90g

1

재료 준비하기 밀가루와 베이킹파우더, 시나몬파우더를 섞어 체에 2번 내린 다음 설탕과 소금을 넣고 골고루 뒤적이며 섞는다. 생크림은 미리 냉장고에 넣어 최대한 차갑게 보관한다.

가루류에 액상 재료 섞기 체에 내려 둔 가루류에 차가운 생크림을 넣고 포크나 나이프로 원을 그리듯이 빙빙 돌려가며 가루와 액상 재료들이 대충 엉겨 섞이도록 한다. 차가운 생크림과 가루들이 부슬부슬하게 섞이고 군데군데 날밀가루가 보일 때까지만 섞는다.

• 마구 치대면서 완전히 섞일 때까지 반죽하면 글루텐이 형성되어 질긴 반죽이 된다.

3

반죽 팬닝하기 반죽이 대충 뭉쳐지면 포크로 반죽을 떠서 적당한 간격을 두고 유산지 위에 팬닝한다.

• 반죽을 꾹꾹 누르지 말고 가볍게 쌓는 정도로 얹고, 손으로 만지는 것은 최대한 자제하도록 한다.

4

반죽을 냉장고에 두었다가 굽기 오븐을 예열할 동안 팬닝한 반죽을 팬 째 냉장고에 넣어 굳혔다가 굽는다. 오븐을 200℃로 20분 이상 예열한 다음 반죽을 넣고 25분 정도, 윗면이 황금빛을 띨 때까지 굽는다.

• 차가운 냉기가 있는 상태에서 구워야 속은 부드럽고 겉은 바삭한 비스킷이 된다.

1 생크림 양 조절하기

사용하는 생크림의 양은 밀가루 브랜드나 제분 상태, 또 계절에 따라 조금씩 차이가 생길 수 있습니다. 생크림 양을 조금 많이 넣으면 반죽이 질어져 뭉칠 때 좀 더 수월하고 식감이 촉촉해져요. 반대로 생크림을 적게 사용하면 바삭한 크러스트를 즐길 수 있지요. 부재료로 너트나 건과일 등을 넣게 될 경우에는 생크림 양을 늘려주세요. 부재료가 수분을 흡수해 반죽이 건조해질 수 있으니 생크림으로 보완하도록 하세요.

2 부드러운 크럼과 바삭한 크러스트를 만드는 믹싱법

버터 등의 유지 없이, 오로지 생크림으로만 보송보송한 크럼과 바삭하고 고소한 크러스트를 만드는 비결은 바로 '믹싱을 어느 정도로 하느냐'입니다. 원 믹스법으로 만드는 머핀과 마찬가지로 반죽을 완전하게 섞지 않는 것! 이것이 가장 중요한 포인트예요. 마치 덜 섞인 듯, 대충 대충 섞어주세요. 왠지 불안하고 거친 반죽이 최고의 비스킷을 만들어낸 다는 것을 잊지 마세요.

3 견과류는 살짝 구워서, 건과일은 한 번 불려

견과류를 넣을 때는 미리 오븐에 살짝 구워서 사용하세요. 굽지 않은 견과류를 넣었을 때와는 비교할 수 없이 고소한 풍미를 더한답니다.
건포도나 크렌베리처럼 당분으로 이루어진 건과일은 매우 건조한 상태이기 때문에 럼 또는 바닐라엑스트랙에 잠시 담가 불려서 사용하세요. 과육이 부드럽고 도톰해져 씹히는 맛이 살아나고 향긋한 풍미까지 더해져요.
이래저래 손이 가는 과정이 많지만, 홈베이킹은 귀찮음을 극복하는 것이 요령이라는 점을 기억하세요.

Whole Wheat Oatmeal Biscuit 통밀 오트밀 비스킷

마치 쿠키처럼 바삭하고 고소하게 즐기는 비스킷이에요.
오트밀은 얇고 가볍기 때문에 굽고 나면 씹는 맛이 살아나 한결 먹는 즐거움이 있답니다.
오트밀은 빵과 머핀, 비스킷 등에 사용할 수 있으니 다양한 베이킹에 응용해보세요.

1 버터 섞기 밀가루와 통밀가루, 베이킹파우더, 베이킹소다, 시나몬파우더를 섞어 체에 2번 내린 다음 설탕과 소금, 깍둑썰기해 냉장고에 넣어두었던 버터를 넣고 섞는다. 스크레이퍼를 이용해 잘게 자르듯이 으깨면서 뭉치도록 한다. 가루류와 버터가 골고루 뭉쳐져 버터의 크기가 콩알만 해지고 전체적으로 부슬부슬한 상태가 될 때까지 커팅하며 섞는다.

2 액상 재료 섞기 반죽에 오트밀을 넣고 생크림과 우유를 섞어 차갑게 식힌 것을 넣은 다음 포크를 이용해 반죽을 섞는다. 다진 호두나 피칸 등의 부재료는 이 과정에서 함께 넣고 섞는다.

3 반죽 마무리하기 반죽을 치대지 말고 포크로 볼 가장자리를 빙빙 돌려가며 재료들을 안쪽으로 모아가면서 가루류와 액체류가 군데군데 덩어리지며 뭉쳐질 때까지 섞는다.
• 잘게 잘린 버터와 덜 섞인 밀가루가 남아 있는 정도가 알맞다.

4 팬닝해서 굽기 반죽이 대충 한 덩어리로 뭉쳐지면 포크로 반죽을 가볍게 떠서 적당한 크기로 나눠 팬닝한 뒤 오븐을 예열하는 동안 냉장고에 넣어 식힌다. 200℃로 20분 정도 예열한 오븐에 반죽을 넣고 25~30분 정도, 윗면이 황금빛을 띨 때까지 굽는다.

비스킷

원형 8~10개 내외 /
200℃에서 25~30분 내외

재료

중력분 240g

통밀가루 60g

베이킹파우더 9g

베이킹소다 2g

시나몬파우더 4g

소금 3g

설탕 35g

차가운 무염버터 110g

차가운 우유 130g

차가운 생크림 190g

오트밀 120g

호두나 피칸 다진 것 60g(옵션)

1 오트밀을 넣을 때는 액체류 양 조절 잘하기

제법 많은 양의 오트밀이 들어가는 비스킷이므로 사용하는 액상 재료의
양을 잘 조절해야 합니다. 매우 건조한 재료인 오트밀이 반죽 속의 수분
을 금세 흡수하기 때문에 불규칙하게 반죽이 뭉칠 수 있으니 포크를 이
용하여 반죽을 큼직큼직하게 뒤적이며 빠른 손놀림으로 섞어주세요. 상
황에 따라 레시피에 제시된 양보다 좀 더 많은 우유와 생크림을 넣어야
할 수도 있어요. 만들 때마다 상황이 달라지니 반죽의 상태를 보며 액체
류의 양을 조절해야 합니다.

2 우유 대신 사워크림으로 부드럽게

매우 건조한 오트밀이 들어가기 때문에 우유 대신 우유보다 유분이 많은
사워크림을 넣어 부드러운 식감을 만드는 것도 좋아요. 단, 우유와 사워
크림은 농도가 서로 다르기 때문에 같은 양을 넣는다고 해도 우유가 사
워크림보다 훨씬 묽어요. 따라서 사워크림을 사용할 때도 반죽의 되기
조절을 위해 우유를 조금 넣어야 한다는 것을 알아두세요.

Butter Milk Biscuit 버터밀크 비스킷

버터밀크 비스킷은 재료에 액체류와 유지가 적게 들어가 맛이 깔끔하면서 담백한 것
이 특징이에요. 버터밀크는 반드시 차가운 상태로 사용하는데, 우유와 레몬즙으로
간단하게 만들어 사용할 수 있어요.

비스킷

**원형 6~8개 분량 /
200℃에서 20~25분 내외**

재료
중력분300g
베이킹파우더 6g
베이킹소다 2g
시나몬파우더 4g
설탕 10g
소금 3g
차가운 버터 100g
차가운 버터밀크(우유 165g+레몬즙 15g) 180g

버터밀크 만드는 법
버터밀크는 우유 165g에 레몬즙 15g을 넣고 잠시 실온에 두어
몽글몽글해지면 냉장보관해 차가운 상태로 사용한다.

가루와 버터 섞기 밀가루와 베이킹파우더, 베이킹소다, 시나몬파우더를 체에 2번 내린 다음 설탕, 소금, 깍둑썰기해 냉장고에 넣어 둔 버터를 넣고 섞는다. 스크레이퍼로 잘게 자르듯이 으깨면서 뭉친다. 가루류와 버터가 골고루 뭉쳐져 버터가 콩알만 해지고 전체적으로 부슬부슬한 상태가 되도록 커팅하며 섞는다.

버터밀크 넣고 섞기 차가운 버터밀크를 넣고 포크로 반죽을 빙빙 돌려가며 섞는다. 잘게 잘린 버터가 군데군데 보이고 덜 섞인 밀가루가 남아 있는 정도로 섞어 반죽이 대충 뭉쳐지도록 한다.

3

팬닝해서 굽기 반죽이 대충 한 덩어리로 뭉쳐지면 적당한 크기로 나눠 팬닝한 뒤 오븐을 예열하는 동안 냉장실 또는 냉동실에 넣어둔다. 200℃로 20분 정도 예열한 오븐에 반죽을 넣고 20~25분 정도, 윗면이 황금빛이 될 때까지 굽는다.

가루 양이 많은 반죽의 주의할 점

버터밀크 비스킷은 액상 재료가 적게 들어가고 가루류가 많이 들어가는 비스킷이에요. 버터밀크 또한 유분이 적은 재료이기 때문에 반죽이 굉장히 되직할 거예요. 되직한 반죽은 자연히 오래 섞게 되어 자칫 오버믹싱될 수 있으니 주의해야 합니다.

Cinnamon Apple Sour Cream Scone

시나몬 애플 사워크림 스콘

폭신하고 부들부들한 속살이 매력적인 이 스콘은 버터 없이 사워크림만으로 반죽하기 때문에
맛이 깔끔해요. 시나몬 애플 향이 더해져 고급스러운 풍미를 내는 스콘입니다.

1 재료 준비하기 작은 볼에 잘게 썬 사과와 건포도를 넣고 설탕, 시나몬파우더, 레몬
즙, 바닐라엑스트랙을 넣어 골고루 섞어 시나몬 애플필링을 만든다. 밀가루와, 베이킹
파우더, 베이킹소다를 섞어 체에 2번 내린 다음 소금을 넣고 다시 한 번 뒤적이며 골고
루 섞는다. 또 다른 그릇에 사워크림과 우유를 잘 섞어 넣고 사용하기 직전까지 냉장고
에 넣어 차갑게 식힌다.

2 재료 믹싱하기 체에 내려놓은 가루류에 차갑게 식힌 사워크림과 우유 섞은 것, 사과
필링을 모두 넣고 포크로 원을 그리듯이 전체를 빙빙 돌려주며 반죽을 뒤적인다. 날밀
가루가 군데군데 보이고 반죽이 대충 뭉쳐진 상태까지만 섞는다.

3 반죽 뭉치기 반죽을 작업대에 올려놓고 스크레이퍼로 흩어진 반죽을 모아가며 사각
형으로 뭉친다.

4 반죽 커팅해서 굽기 오븐을 예열하는 동안 똑같은 무게로 9등분한 반죽을 팬닝하여
냉장실이나 냉동실에 넣어둔다. 200℃로 20분 정도 예열한 오븐에서 25분 정도, 윗면
이 황금빛을 띨 때까지 굽는다.

9개 분량 /
200℃에서 25분 내외

재료
중력분 300g
베이킹파우더 6g
베이킹소다 2g
소금 5g
차가운 사워크림 300g
차가운 우유 50~70g
사과 잘게 썬 것 100g
건포도 30~50g
설탕 30~50g
시나몬파우더 2g
레몬즙 5g
바닐라엑스트랙 10g

1 시나몬 애플필링부터 만들기

시나몬 애플필링을 미리 만들어두면 사과 과즙과 레몬즙, 바닐라엑스트 랙 등에 설탕이 적당히 녹아 달짝지근하고 향긋한 즙이 생겨요. 반죽에 이 필링을 넣어 만들면 달큰한 풍미는 물론, 폭신폭신 부드러운 스콘이 완성됩니다.

2 사워크림 만들기

사워크림 만드는 법은 의외로 간단해요. 사용하기 전날 밤 깨끗한 볼에 생크림과 요플레를 8:2 비율로 넣고 대충 섞은 다음 실온에서 하룻밤 재 우면 끝! 생크림이 발효되면서 걸쭉하고 진한 홈메이드 사워크림이 완성 됩니다. 이 사워크림은 풍미를 좋게 해 베이커 사이에서 '매직 크림'이라 불릴 만큼 요긴한 재료예요. 사워크림이 가지고 있는 유분과 진하고 고 소한 우유향이 요플레에 의해 발효되어 한층 가볍고 보송보송한 질감의 스콘을 만들어줍니다.
사워크림을 보관할 때는 잘 소독한 유리병이나 밀폐용기에 담아 냉장고 깊숙한 곳에 보관하면 한 달 가까이 두고 먹을 수 있어요. 시간이 지날수 록 발효가 좀 더 진행되어 풍미가 더욱 깊어집니다.

Blueberry Scone 블루베리 스콘

스콘은 들어가는 재료에 따라 골라 먹는 재미가 있어요. 보드랍고 촉촉한 속살에 상큼하게 씹히는 블루베리가 완벽하게 조화를 이루는 블루베리 스콘은 언제 먹어도 기분 좋아요. 블루베리는 냉동시킨 것 또는 생과일을 사용하세요.

스콘

삼각형으로 커팅한 반죽 6~8개 분량 /
200℃에서 25분 내외

재료

중력분 280g 베이킹파우더 10g 설탕 30g 소금 2g
차가운 버터 90g 달걀 50g(약 1개) 차가운 사워크림 80g 차가운 우유 50g
바닐라엑스트랙 5g 블루베리(냉동 또는 생과일) 100g

블루베리 준비하기 블루베리 생과일을 사용할 경우에는 깨끗하게 씻어 물기를 제거한다. 냉동 블루베리는 해동시키지 말고 냉동 상태 그대로 사용하는 것이 좋다.

버터 섞기 중력분과 베이킹파우더를 체에 2번 내린 다음 설탕과 소금, 깍둑썰기 해 미리 냉장고에 넣어둔 버터를 넣고 스크레이퍼로 대충 자르듯이 으깨면서 밀가루와 뭉쳐 섞는다. 밀가루와 버터가 골고루 뭉쳐져 버터의 크기가 콩알만 해지고 전체적으로 부슬부슬한 상태일 때까지 섞는다.
• 군데군데 덩어리진 버터가 보여야 한다.

액상 재료와 블루베리 섞기 차가운 우유에 사워크림과 달걀, 바닐라 엑스트랙을 넣고 골고루 섞은 다음 반죽에 넣는다. 포크로 믹싱볼 가장자리에 붙어 있는 반죽을 안쪽으로 모아가며 반죽을 빙빙 돌리면서 대충 섞다가 블루베리를 넣고 아래에서 위로 반죽 전체를 뒤집듯 섞는다. 잘게 잘린 버터가 군데군데 보이고 덜 섞인 밀가루가 남아 있어 반죽이 대충 뭉쳐진 정도까지만 섞는다.

반죽 뭉치기 반죽이 담긴 볼을 작업대에 쏟아놓고 반죽을 한 덩어리로 뭉친다. 꾹꾹 눌러 2~3㎝ 두께의 원형으로 만든 다음 비닐에 넣고 잠시 냉장실 또는 냉동실에 넣어 반죽을 적당히 굳힌다.

반죽 커팅하기 반죽이 적당하게 굳으면 꺼내서 삼각형으로 커팅한다.

6

팬닝해서 굽기 삼각형으로 자른 반죽을 팬닝한 뒤 오븐을 예열하는 동안 냉장실이나 냉동실에 넣어 차갑게 식힌다. 200℃로 20분 정도 충분히 예열한 오븐에 넣고 25분 내외로, 윗면이 황금빛을 띨 때까지 굽는다.

1 반죽은 재빨리 뭉쳐 차갑게 보관하기

반죽을 한 덩어리로 뭉칠 때 스크레이퍼를 사용하도록 하고, 손으로 만지는 것은 최대한 자제하면서 재빠르게 뭉쳐 냉장고에 넣어두세요. 스콘을 만들 때는 모든 재료를 최대한 차갑게 보관하도록 합니다. 반죽의 냉기가 떨어지면 그만큼 반죽이 쳐져서 볼륨이 줄어들고 식감도 나빠진다는 것을 기억하세요. 반죽에서 굽기까지 최대한 빠른 시간 내에 마무리해야 스콘이 성공적으로 완성됩니다.

2 블루베리는 냉동 상태 그대로 넣기

블루베리는 생과일이나 냉동 상태의 것 모두 좋아요. 다만, 냉동 블루베리를 넣으면 스콘을 굽고 난 뒤 크럼 속에 블루베리 즙이 그대로 유지되어 더욱 먹음직스러운 스콘이 됩니다. 블루베리를 실온에 두었다 넣으면 녹는 동안 즙이 빠져버리니 냉동실에서 꺼내자마자 사용하도록 하세요.

Yeast Doughnut 이스트 도넛

저는 워낙 빵을 좋아하니 아끼는 빵이 몇 가지 있지만, 그 중에서도 홈메이드 도넛은 정말 최고라 할 수 있어요. 베이킹 클래스에서도 가장 인기 있는 수업 중 하나랍니다. 부담 없이 온 가족이 즐길 수 있는 간식이라 그런가 봐요. 기름에 튀기는 과정이 조금 번거롭겠지만 홈메이드만의 정직한 맛을 느끼려면 이 정도는 참을 수 있어요.

도넛

지름 8㎝ 원형 도넛 링(또는 작은 볼)
12~15개 내외

재료
중력분 400g
이스트 6g
소금 6g
설탕 32g
버터 52g
달걀 100g(약 2개)와 우유 섞은 것 280g
시나몬파우더 2~4g

1 반죽하기 달걀과 우유는 골고루 섞어놓는다. 믹싱볼에 버터를 제외한 모든 재료를 넣고 골고루 섞은 다음 달걀과 우유 섞은 것을 넣어가며 반죽의 되기를 조절한다. 실온에서 부드럽게 녹은 버터를 넣고 다시 15~20분 이상, 표면이 매끈하고 탄력이 생길 때까지 반죽한다.

2 1차 발효시키기 반죽이 다 되면 볼에 담고 랩을 씌워 이스트가 숨을 쉴 수 있도록 구멍을 몇 개 뚫는다. 반죽 온도 27~30℃ 기준으로 실온에서 40분~1시간 정도, 반죽이 2.5배 정도로 부풀 때까지 1차 발효시킨다.

3 핑거테스트 하기 1차 발효 시간이 다 되면 손가락에 밀가루를 살짝 묻혀 반죽 윗면을 한 마디 이상 찔러 넣었다가 뺀다. 이때 반죽이 오그라들지 않고 그대로 모양이 잡혀 있으면 1차 발효를 마무리한다.

4 벤치타임 주기 1차 발효를 마친 반죽을 손바닥으로 눌러 가스를 뺀 다음 반죽을 매끈하게 둥글린 뒤 윗면이 마르지 않도록 젖은 면보자기를 덮고 15~20분 정도 벤치타임을 준다.

5 도넛 모양 만들어 2차 발효시키기 벤치타임을 마친 반죽은 밀대를 사용해서 2㎝ 정도의 두께가 되도록 균일하게 밀어 편 다음 도넛 모양으로 찍는다. 찍어낸 반죽들이 들러붙지 않도록 날밀가루를 살짝 뿌린 다음 간격을 두고 놓는다. 젖은 면보자기를 덮고 20~30분 정도 2차 발효시킨다.

6 반죽 튀겨 식히기 170~180℃의 기름에 2차 발효를 마친 도넛 반죽을 넣고 앞면 1분, 뒷면 1분, 총 2분 정도 튀겨 건져낸다. 기름이 빠지도록 식힘망 위에 올려 식힌다. 도넛이 적당하게 식으면 원하는 글레이즈를 입혀 굳힌다.

· 초콜릿 글레이징
초콜릿을 전자레인지에 넣고 돌리거나 중탕으로 녹여서 볼에 담는다.
도넛의 윗면을 초콜릿에 담갔다가 꺼낸 뒤 굳힌다.

1 쫄깃한 도넛 만들기

2차 발효시간을 줄이면 좀 더 쫄깃한 식감의 도넛을 만들 수 있어요. 반죽을 도넛 모양으로 찍어낸 뒤 발효시간을 조절해 원하는 식감으로 만들어보세요. 발효시간이 짧을수록 볼륨은 작아지지만 쫄깃하고, 발효시간이 길어질수록 발효가 많이 진행되어 폭신하게 볼륨 큰 도넛이 됩니다.

2 밀가루도 취향대로 선택하기

도넛을 만드는 밀가루는 강력분과 중력분 중에서 선택할 수 있어요. 강력분만 사용하면 쫄깃한 식감이 강해지고, 중력분을 사용하면 부드럽고 폭신해져요. 원하는 식감에 따라 알맞은 밀가루를 선택해 다양한 도넛 만들기에 도전해보세요.

3 튀김 온도와 시간을 오버하지 않기

도넛을 튀기는 온도가 너무 높거나 튀기는 시간이 길어지면 반죽이 기름을 많이 흡수해서 맛이 떨어지고 딱딱해지며 느끼해져요. 제시된 온도에서 짧은 시간 내에 튀기는 것이 중요합니다. 튀긴 면을 다시 또 튀기게 되도 기름을 많이 흡수하게 되니 주의하세요.
한꺼번에 많은 양을 튀기지 않는 것이 좋지만, 어쩔 수 없다면 기름이 과열되지 않도록 중간 중간 불을 줄이거나 꺼주도록 하세요.

Cake Doughnut 케이크 도넛

케이크 도넛은 설탕이 만들어주는 촉촉하고 부드러운 식감이 케이크처럼 부드럽고
진한 감칠맛이 나는 도넛이에요. 이스트 도넛에 비해 많은 양의 설탕이 들어가지만
제과 배합률로 따지면 많이 달지 않으니 간식으로 먹기에 적당합니다.

도넛 

지름 8㎝ 원형 도넛 링(또는 작은 볼)
9~12개 내외

재료

중력분 300g 베이킹파우더 9g 소금 3g 설탕 120g 녹인 버터 40g
달걀 100g(약 2개)와 우유 섞은 것 190g 바닐라엑스트랙 5g
시나몬파우더 조금 너트맥파우더 조금

우유와 달걀에 설탕 녹이기 믹싱볼
에 달걀과 우유, 설탕, 소금, 바닐
라엑스트랙을 넣고 설탕이 완전히
녹을 때까지 잘 저어 섞는다.

버터 섞기 전자레인지나 중탕으
로 녹여서 식힌 다음 버터를 넣고
골고루 섞는다.

3

4

5

가루류 섞기 밀가루와 베이킹파우더, 시나몬파우더 너트맥파우더를 체에 2번 내려 ②에 넣고 골고루 섞는다.

반죽 마무리하기 겉도는 재료 없이 골고루 섞이도록 반죽을 위아래로 뒤집어 가며 잘 섞는다.

짜주머니에 반죽 넣기 반죽이 매끈해지면 원형 깍지를 낀 짜주머니에 넣는다.

6

7

종이포일에 반죽 짜기 종이포일을 도넛 크기의 낱개로 자른 다음 각각의 포일 위에 동그란 링 모양으로 반죽을 짜 올린다.

· 링 가운데 구멍이 오백 원짜리 동전보다 조금 더 커야 튀겼을 때 모양이 예쁘고 구멍이 막히지 않아 속까지 잘 익는다.

반죽 튀기기 170~180℃의 기름에 반죽을 넣고 앞면 1분, 뒷면 1분, 총 2분 동안 튀긴 다음 기름이 빠지도록 식힘망 위에 올려 식힌다. 적당히 식으면 시나몬설탕에 굴려 설탕옷을 입힌다.

1 케이크 도넛은 중력분으로

케이크 도넛에는 중력분을 사용해요. 박력분으로 만들면 유지 흡수율이 높아져 모양이 퍼질 수 있고, 강력분을 사용하면 글루텐이 많이 형성되어 반죽이 단단하면서 쪼그라들 수 있어요.

2 기름 온도가 높아지지 않도록

케이크 도넛은 이스트 도넛에 비해 설탕 양이 많기 때문에 튀길 때 기름 온도가 높으면 겉만 타고 속은 안 익을 수 있어요. 항상 170~180℃를 유지하고, 온도계로 체크하다가 기름 온도가 너무 높아지면 중간 중간 불을 줄이거나 꺼가며 온도를 조절하세요. 도넛이 연한 색을 띨 때 건져 식히면 식는 과정에서 색이 좀 더 진해진답니다.

3 시나몬설탕 만들기

설탕과 시나몬파우더를 2:1의 비율로 골고루 섞어주세요. 기호에 따라 시나몬파우더를 좀 더 넣어도 좋아요. 도넛이 따뜻할 때 시나몬설탕에 굴려주어야 설탕이 떨어지지 않고 잘 붙어요.

Cookie Doughnut 쿠키 도넛

쿠키 도넛은 케이크 도넛과 비슷하지만 재료가 좀 다른데, 수분량이 적고 더 가벼운
밀가루를 사용하기 때문에 겉면이 더 바삭하지요. 학교 다녀온 아이들 간식으로 갓
튀긴 도넛을 내주면 엄마에 대한 사랑이 열 배쯤으로 커질 거라 확신합니다.

도넛

지름 8㎝ 링(또는 작은 볼)
9~12개 내외

재료

중력분 200g 박력분 100g 베이킹파우더 9g 분유 9g 소금 3g 설탕 120g
녹인 버터 40g 달걀 50g(약 1개)와 우유 섞은 것 110g 바닐라엑스트랙 5g
시나몬파우더 조금 너트맥파우더 조금

1 우유와 달걀에 설탕 녹이기 믹싱볼에 달걀과 우유, 설탕, 소금, 바닐라
엑스트랙을 넣고 설탕이 완전히 녹을 때까지 잘 저어 섞는다.

2 버터 섞기 전자레인지나 중탕으로 녹여서 살짝 식혀둔 버터를 넣고 골
고루 섞는다.

3 가루 섞기 중력분과 박력분, 베이킹파우더, 분유, 시나몬파우더, 너트맥파우더를 체에 2번 내린 다음 ②에 넣고 골고루 섞는다.

4 반죽 마무리 후 휴지시키기 겉도는 재료 없이 골고루 섞이도록 반죽을 위아래로 뒤집어가며 섞는다. 반죽이 다 되면 비닐봉지에 넣어 냉장고에서 잠깐 동안 휴지시킨다.

5 반죽 밀어서 모양 찍기 휴지가 끝난 반죽에 날밀가루를 조금씩 뿌려가며 1㎝ 정도 두께로 밀어 편다. 도넛 모양 틀로 찍어 모양을 만든 다음 10분 정도 그대로 둔다.

6 튀겨서 아이싱으로 장식하기 170~180℃의 기름에 반죽을 넣고 앞면 1분, 뒷면 1분, 총 2분 동안 튀긴 다음 기름이 빠지도록 식힘망 위에 올려 식힌다. 적당히 식으면 아이싱을 뿌려 장식한다.

· 초콜릿을 녹여서 짜주머니에 넣어 도넛 위에 모양을 그린다.

1 기름 온도에 주의하기

쿠키 도넛도 케이크 도넛과 마찬가지로 설탕 양이 많기 때문에 온도 조절에 주의해야 해요. 온도계로 체크하면서 기름 온도가 높아지면 중간중간 불을 줄이거나 꺼주세요. 너무 오래 튀기면 반죽이 기름을 많이 흡수해 맛이 떨어지고 딱딱해지니 제시된 시간 만큼만 튀겨주세요.

2 터짐 현상이란

잘 튀겨진 도넛 앞면에는 '터짐 현상'이 생겨요. 터짐 현상이란 도넛을 튀기면 반죽이 터지면서 윗면이 살짝 올라와 그 부분에 크랙이 생기는 것을 말합니다.

Simple Cake

케이크는 크게 스펀지케이크, 버터
케이크, 시폰케이크, 치즈케이크로
나누었어요. 스펀지케이크에는 카스
텔라 종류가 속하고, 대부분의 파운
드케이크는 버터케이크에 속해요.
엘비스 프레슬리가 좋아했다는 파운
드케이크도 있어요. 폭신한 시폰케
이크는 아이들이 우유와 함께 먹기
좋아하고, 치즈케이크는 특유의 풍
미와 식감이 좋아 차나 커피에 곁들
여 먹는, 여자들의 단골 메뉴랍니다.

몇 가지 케이크 기법을 알아두세요

케이크는 반죽을 만드는 방법에 따라 다양한 종류로 나뉘어요. 각각의 원리와 방법, 주의사항을 꼼꼼히 살피고 여러 번 손에 익히면 나만의 케이크를 만들 수 있어요. 각각의 케이크에 방법별로 자세한 레시피를 적었습니다. 과정이 길고 복잡하지만 누구나 충분히 성공할 수 있는 것이니 반복해서 만들어보며 자신만의 요령을 터득해보세요. 가장 중요한 것은 아무리 까다롭고 귀찮은 과정도 절대로 지나치지 말아야 한다는 것입니다. 레시피에 적힌 시간과 방법을 꼭 지키도록 하세요.

• 인트로에는 각 기법의 기본적인 원리를 소개합니다. 원하는 케이크 페이지를 펼치면 과정컷과 함께 자세한 설명을 볼 수 있어요.

스펀지케이크를 만드는 3가지 기법

공립법

달걀흰자와 노른자를 분리하지 않고 한꺼번에 섞어 거품을 올리는 방법이에요. 달걀을 핸드믹서나 스탠드 믹서 등으로 회전시키며 공기를 포집해 달걀 자체를 거품화시키는 작업이지요. 형성된 기공 사이사이에 기타 재료인 밀가루와 액체류가 들어가고 이 반죽을 높은 온도로 예열한 오븐에 넣어 구우면 기포화된 달걀 거품이 열에 의해 서서히 팽창하며 부풀어 올라 부드럽고 폭신한 조직이 만들어집니다. 이 공립법의 성공 여부는 달걀 거품을 얼마나 균일하고 조밀하게, 안정된 상태로 만들어주느냐에 달려 있어요.

별립법

별립법은 공립법, 시폰법과 함께 거품형 케이크를 만드는 데 흔히 쓰이는 기법이에요. 공립법과 달리 달걀흰자와 노른자를 분리해서 각각 거품을 올려 사용합니다. 3가지 거품형 케이크 기법 중에서 가장 안정적인 거품 폼을 형성할 수 있어 무거운 재료가 들어가거나 볼륨감을 키워야 하는 케이크에 이용해요. 롤 케이크류나 크림치즈 카스텔라가 가장 대표적인 별립법 케이크입니다.

시폰법

공립법과 별립법의 장점을 모은 기법이에요. 달걀흰자만 거품을 올리고 노른자는 그대로 사용합니다. 3가지 거품형 케이크 기법 중에서 과정이

가장 간단하고 쉬워서 실패율이 적어요. 이 책에 소개한 유자 카스텔라
나 모카 스펀지케이크 등이 시폰법으로 만든 케이크예요.

버터케이크를 만드는 2가지 기법

크림법

크림법은 버터에 설탕을 넣고 녹여 크림화시키는 것이 포인트예요. 냉장
고에서 버터를 꺼내 실온에 두고 찬기가 완전히 빠져 부드러운 크림 상
태가 되도록 한 다음 분량의 설탕을 넣어가며 계속 저어 공기를 넣어줌
으로써 거품을 발생시켜요. 이 과정을 거치며 볼륨이 커진 크림에 달걀
을 풀어 넣어가며 섞고, 밀가루와 기타 부재료들을 넣어 반죽을 완성하
지요. 홈베이킹에서 가장 흔히 사용되는 방법인데, 비교적 손쉽게 만들
수 있어 초보자에게도 적합해요. 이 크림법은 단순히 파운드케이크와 같
은 버터케이크류에만 사용되는 것이 아니라, 대부분의 쿠키나 스콘, 파
이 등에도 동일하게 적용됩니다.
크림법으로 케이크를 만들 때 핵심이 되는 것은 버터와 설탕을 섞어 공
기를 반죽 속에 얼마나 넣어주느냐 하는 거예요. 이것에 따라 완성된 케
이크의 볼륨과 식감이 달라지는 만큼 연습을 통해 손에 익히는 것이 중
요합니다.

투 스테이지법

설탕과 액체류(달걀 포함)의 함량이 많고 버터의 함량은 적은 버터케이크
를 만들 때 쓰이는 기법이에요. 크림법으로 만드는 파운드케이크에 비해
설탕이 다소 많이 들어가기 때문에 설탕을 잘 녹여주기 위해 달걀 이외
의 액체 재료가 많이 필요합니다. 그 영향으로 케이크의 식감이 매우 부
드러워 마치 벨벳 같은 느낌이라 하여 케이크 이름에 '벨벳'이 들어가기
도 해요. 또, 반죽을 할 때 미리 밀가루를 버터로 코팅시켜(밀가루에 버터
를 비비는 방식) 믹싱할 때 치대지며 생기는 글루텐 형성을 방해하므로 더
욱 부드러운 식감을 유지할 수 있지요.
무엇보다 투 스테이지법의 장점은 베이킹에 소요되는 시간과 힘을 절약
할 수 있다는 점이에요. 재료를 하나하나 순서에 따라 넣어가며 만드는
크림법과 달리, 가루와 액체류를 분리해 각각 모든 재료를 섞고, 섞어놓
은 가루에 액체를 넣어 바로 반죽하기 때문에 번거로움을 줄인 효율적인
방법입니다.

Vanilla Castella

홈베이킹 기법 중에서 가장 고난도의 기술을 필요로 하는 거품형 케이크류예요.
바닐라 카스텔라는 달걀흰자와 노른자를 섞어 한꺼번에 거품을 올리는 '공립법'을 사용해서 만들어요.
공들여 거품을 올렸다가도 눈 깜짝하는 사이에 거품이 무너지곤 하니 잠시도 한눈을 팔 수 없어요.
그래서 저는 거품을 올리는 순간부터 케이크 팬을 오븐에 넣는 순간까지는
전화가 울려도 절대 받지 말라고 수업 중에 강조하곤 합니다.

READY

- 중력분은 체에 2번 내려놓는다.
- 국그릇 정도 크기의 볼에 포도씨오일과 생크림, 바닐라엑스트랙과 럼을 함께 넣고 골고루 섞어놓는다.
- 사용할 오븐은 170℃로 예열한다.

스펀지케이크

21cm x 11cm x 8cm
**카스텔라 전용 나무 틀 1개 분량 /
170℃에서 40분~1시간**

재료
중력분 90g
달걀 150g(145~155g)
달걀노른자 80g
설탕 130(100~150g)
꿀 10g
소금 1g
포도씨오일 30g
생크림 20g
바닐라엑스트랙 5g
럼 10g
바닐라빈 1/2개(옵션)

1 틀 밑면에 시트 깔기 카스텔라를 구울 전용 나무 틀에 깔 유산지는 각을 잘 맞춰 정확하게 재단하도록 한다. 유산지를 깐 틀 밑면에는 오븐용 테프론 시트를 4~5장 겹쳐서 깔거나 두꺼운 도화지 2장을 깔아 카스텔라 밑면이 오븐 열에 의해 타는 것을 방지하도록 한다.

2 달걀에 설탕, 꿀, 소금 넣기
달걀의 알끈을 제거해 믹싱볼에 넣고 흰자와 노른자가 완전히 풀어지도록 거품기로 잘 섞는다. 달걀이 골고루 잘 풀어지면 설탕과 꿀, 소금을 넣고 다시 거품기로 섞는다.
- 달걀노른자를 미리 풀지 않은 상태에서 설탕을 넣으면 노른자가 터지면서 설탕을 흡수해 떡진 듯한 덩어리가 생기니 반드시 노른자를 먼저 풀어주도록 한다.

3 중탕으로 달걀물 녹이기 넓직한 볼에 60~70℃ 내외의 따뜻한 물을 담고 ②에서 달걀과 설탕을 섞어둔 믹싱볼을 얹은 다음 손거품기로 저어가며 설탕 알갱이가 남아 있지 않도록 완전히 녹인다. 물이 들어가지 않도록 주의하면서 달걀물이 36℃ 정도로 따뜻해질 때까지 저어준다.

4 달걀 거품 올리기 설탕이 완전히 녹으면 핸드믹서기나 스탠드 믹서를 이용해 달걀의 볼륨이 풍성해지면서 연한 아이보리색을 띨 때까지 거품을 올린다. 핸드믹서의 속도를 중간 정도로 하여 거품의 입자가 균일하고 밀도 있는 폼이 되도록 신중하게 휘핑한다.

• 믹서 날을 믹싱볼 바닥까지 깊숙하게 넣고 고정시킨 상태에서 믹싱볼 가장자리를 천천히 원을 그리듯 돌려가며 거품을 올린다. 믹서 날이나 믹싱볼을 이리저리 흔들지 않도록 하고, 날이 거품 윗면으로 노출된 채 돌아가면 불규칙하고 부실한 거품이 생성되므로 주의한다.

5 거품 테스트하기 거품 전체의 색이 연한 아이보리색을 띠면 핸드믹서를 멈추고 날을 들어올려 달걀 거품을 떨어뜨려 본다. 거품이 물처럼 주르륵 흘러내리지 않고 바닥에 떨어진 자국이 3초 이상 그대로 유지되는 단단한 폼이 될 때까지 거품을 올린다.

6 거품 마무리하기 거품이 올라와 단단한 폼이 완성되면 핸드믹서나 스탠드 믹서의 날을 믹싱볼 정 가운데 바닥 부분에 고정시킨 채로 믹서기의 속도를 가장 낮은 상태로 낮춰 3분 이상 더 돌린다. 이 과정에서 거품 중간중간의 커다란 기포들을 터뜨려 밀도 있고 안정적인 거품이 완성된다. 거품을 들어올려 흘려보았을 때 납작한 리본이 지그재그로 쌓이는 형태로 거품이 차곡차곡 쌓이면 잘 된 것이다. 표면이 매끄럽고 기공이 보이지 않는지 눈으로 확인한다.

7 밀가루 섞기 미리 체에 쳐서 내려놓은 밀가루를 두세 번에 나누어 ⑥의 거품 위에 뿌리듯이 넣는다. 밀가루를 넣을 때마다 스패튤라를 이용해 믹싱볼 바닥에서 위로 거품과 그 위의 밀가루를 함께 들어올리면서 큰 동작으로 과감하게 좌우로 흔든다. 달걀 거품과 밀가루가 볼 전체에 뿌려지게 하면서 떨어진 날밀가루가 몰려 있는 곳은 다시 들어올려 밀가루를 흩뿌리는 동작을 반복한다. 거품이 꺼져 물처럼 풀어지지 않도록 빠른 손놀림으로 섞는 것이 중요하다.
• 밀가루는 달걀 거품보다 무겁기 때문에 대부분 믹싱볼 바닥에 가라앉아 있어 믹싱볼 바닥을 완전히 긁어서 들어올려 섞도록 한다. 날밀가루가 남아 있으면 케이크를 구웠을 때에도 날밀가루가 남아 케이크 단면에 덩어리로 박힌다.

8 밀가루 믹싱 마무리하기 반죽 표면에 날밀가루가 보이지 않고 다 섞이면 스패튤라를 이용해 믹싱볼 옆면과 바닥을 깨끗이 훑어 마무리한다. 빠른 손놀림으로 믹싱볼에 묻어 있는 반죽들을 최대한 깨끗이 긁어 모아 덩어리진 반죽 없이 균일하게 정리한다.

9 액체 재료 섞기 미리 섞어놓은 포도씨오일과 생크림, 바닐라엑스트랙, 럼 등의 액체 재료에 달걀 거품 반죽의 1/5을 덜어 넣고 스패튤라를 이용해 빠른 속도로 빙빙 돌려주며 믹싱한다.

10 반죽 마무리하기 ⑧에 ⑨를 넣고 다시 골고루 섞는다. 스패튤라로 믹싱볼 바닥의 반죽을 위로 퍼 올렸다 엎는 과정을 과감한 동작으로 빠르게 반복하여 섞는다. 믹싱볼 옆면을 깨끗이 훑어 미처 섞이지 못한 반죽이 겉돌지 않도록 섞는다. 완성된 반죽의 표면을 저어 보아 흔적이 그대로 남아 있고 견고한 폼이 되면 정리한다. 달걀 거품의 볼륨이 죽지 않고 좀 더 많아진 듯한 상태가 유지되어야 한다.
• 최대한 빠르게 반죽을 마무리해야 거품이 꺼지지 않고 풍부한 상태가 유지된다.

7

8

9

10

11 팬닝해서 굽기 유산지를 깔아둔 틀에 반죽을 붓는다. 이 때 틀에서 20~30㎝ 정도 떨어진 높은 곳에서 반죽을 떨어뜨리듯이 모두 붓고, 가는 꼬치나 젓가락으로 반죽을 크게 두세 번 저어 안에 숨어 있는 커다란 기포들이 떠오르도록 한다. 팬닝한 틀을 바닥에서 10㎝ 정도 떨어진 높이에서 아래로 살짝 떨어뜨려 표면에 떠오른 거품들을 모두 터뜨리고 균일하게 정리한 다음 170℃로 20분 이상 예열한 오븐에서 40분~1시간 정도 굽는다. 윗면이 아주 진한 갈색빛을 띠면 꼬치나 젓가락으로 카스텔라 정 가운데 부분을 바닥까지 찔러 보아 익지 않은 반죽이 묻어나는지 확인한다.

• 물기 있는 반죽이 묻어나지 않으면 다 익은 것이고, 덜 익었다면 5분 단위로 꼬치테스트를 하면서 완전히 익힌다.

12 식혀서 숙성시키기 다 구워진 카스텔라는 오븐에서 꺼내자 마자 카스텔라 틀이 엎어져 있는 판 채로 낮은 높이에서아래로 살짝 떨어뜨려 충격을 주고 종이포일을 깐 도마나 식힘망 위에 뒤집어놓고 식힌다. 뜨거운 열기가 빠지고 손으로 만졌을 때 약간의 온기가 남아 있는 상태가 되면 랩으로 꽁꽁 싸서 밀봉시켜 실온에서 하루 이상 숙성시킨다.

• 카스텔라는 시간이 지날수록 촉촉해지고 풍미 또한 깊어져 제대로 된 맛이 난다.

완벽한 공립법 케이크를 만드는 비법은 다음과 같습니다.

1 달걀과 설탕의 완벽한 합체

거품을 올리기 전 반드시 달걀에 설탕을 완전히 녹여주세요. 설탕은 달걀에 섞이면 녹아서 액체 상태로 바뀌면서 케이크 내에 수분을 잡고 있는 역할을 해요. 설탕이 많이 들어간 케이크일수록 식감이 촉촉하고 부드러운 것도 이 때문이지요. 만일 설탕이 달걀에 다 녹지 못하고 알갱이째로 살아 있으면 오븐에서 열에 의해 설탕이 녹으면서 찐득하고 축축한 식감의 케이크가 돼요. 또, 설탕 알갱이가 있던 자리에 커다란 구멍이 생겨 케이크의 구조를 무너뜨려 푹 꺼져버릴 수도 있으니 주의하세요.

달걀에 설탕을 넣어 녹일 때는 60~70℃의 따뜻한 물에 중탕하도록 하세요. 설탕이 녹아 든 달걀물은 사람의 체온과 비슷한 36℃ 정도가 되도록 합니다. 이 정도의 온도에서는 노른자 속의 지방 성분이 부드러워져 잘 늘어나기 때문에 빠르고 안정적으로 거품을 올릴 수 있으며, 팽창력도 좋아져 훨씬 부드럽고 볼륨 있는 케이크를 만들 수 있어요. 이처럼 거품형 케이크의 성공 여부는 따뜻한 달걀물(달걀+설탕)로 거품을 올리는 것! 바로 여기에 있다는 것을 잊지 마세요. 추운 계절에는 더더욱 중탕 과정이 중요합니다.

2 천천히, 얌전히, 균일하고 조밀하게

핸드믹서로 달걀 거품을 낼 때에는 속도를 낮춰 천천히, 섬세하게 작업하는 것이 중요합니다. 빠른 속도로 달걀을 휘저으면 거품이 빠르게 형성되기는 하지만 부실공사를 한 셈이어서 밀가루를 섞는 단계에서 바로 무너지고 말아요. 식감도 볼륨도 엉망인 케이크를 만들고 싶지 않다면 중간 이하의 속도에서 핸드믹서의 날이 최대한 움직이지 않고 믹싱볼 바닥에 고정되도록 한 상태로 휘핑하세요. 이것이 바로 입자가 고르고 밀도 높은 달걀 거품을 올리는 비결이에요. 여유를 가지고 꾸준히 작업하다 보면 달걀 색이 연해지면서 볼륨이 점차 올라오는 것이 보인답니다. 거품의 표면이 새틴처럼 곱고 매끄러운 상태가 되어야 거품 조직의 밀도가 높고 균일해져 밀가루나 무거운 액체 재료가 섞여도 그 무게를 감당해 성공적인 결과물이 완성됩니다. 천천히, 얌전히, 균일하고 조밀하게! 이것이 바로 거품형 케이크를 만드는 가장 기본적인 지침이에요.

3 완벽한 밀가루 수색 작전

많은 분들이 거품형 케이크를 만들 때 가장 어려워하는 부분 중 하나가 달걀 거품에 밀가루를 섞는 과정입니다. 이때 과도한 믹싱으로 달걀 거품이 꺼지는 경우가 종종 생기거든요. 밀가루는 달걀 거품보다 무겁기 때문에 달걀 거품에 넣고 섞을 때 대부분 바닥으로 가라앉아요. 문제는 밀가루가 가라앉을 때 달걀 거품의 수분을 빨아들이면서 뭉쳐져 방치했다가는 몽글몽글 덩어리진 밀가루가 그대로 케이크에 남게 됩니다. 저 역시도 초보시절에 가장 많이 실수했던 부분이에요. 이런 현상을 막기 위해 밀가루를 미리 체에 2번 정도 내려두라는 거예요. 케이크를 만들 때 참 귀찮게 생각되는 이 과정이 알고 보면 꼭 필요한 것이지요. 밀가루를 체에 내리면서 뭉침을 풀어주고 밀가루 자체가 공기를 품게 해줌으로써 수분으로 인해 뭉치는 면적이 최소화되고 균일하고 매끈한 반죽을 만들 수 있어요.

밀가루를 달걀 거품에 섞을 때 또 한 가지 기억해야 할 것은, 밀가루를 한꺼번에 넣지 말라는 거예요. 반드시 두세 번에 나누어 거품 위에 흩뿌려주는 기분으로 넣어주세요. 밀가루를 넣은 다음에는 바로 스패튤라를 이용해 반죽을 바닥에서 위로 퍼 올리면서 과감하게 섞되, 좌우로 흔들어 밀가루가 전체적으로 흩뿌려지게 하는 과정을 반복하는 것이 중요합니다. 마치 냄비에서 국을 뜰 때 국물과 건더기를 한 번에 퍼 올리는 것과 같다고 생각하면 돼요. 날밀가루가 보이지 않을 때까지 최대한 빠른 시간 내에 믹싱을 마무리하세요. 마지막까지 스패튤라로 믹싱볼을 훑어 남아 있는 날밀가루를 찾아내는 것도 잊지 마시고요.

4 연약한 달걀 거품이 죽지 않도록 보호하기

포도씨오일이나 버터 녹인 것과 같은 유지와 우유 등의 액체 재료는 달걀 거품 반죽에 바로 넣지 말고 달걀 거품 반죽 일부를 덜어 별도로 섞어 중화시킨 다음 본 반죽에 넣도록 하세요. 유지나 액상 재료가 잘 올려놓은 거품을 순식간에 꺼트릴 수 있으니까요. 유지나 액상 재료는 달걀 거품의 천적으로 불릴 만큼 거품을 죽게 하는 엄청난 힘을 가지고 있답니다. 그러니 귀찮더라도 일부를 덜어 미리 섞어 본 반죽에 넣는 과정을 빠뜨리지 않도록 하세요.

반죽을 너무 오랫동안 섞어주어도 오버믹싱되어 거품이 확 내려앉을 수 있어요. 그러니 거품이 잘 살아 있는 상태에서 완성시키려면 과감한 동작과 빠른 손놀림으로 반죽을 획획 섞어주어야 한다는 것을 꼭 기억하세요.

과감하게 큰 동작과 빠른 손놀림으로 믹싱을 마무리한다는것 잊지마세요.

5 나무 꼬치나 젓가락으로 반죽 젓기

완성된 반죽을 팬닝한 다음 오븐에 넣기 직전에 나무 꼬치나 젓가락을 이용해 반죽을 두어 번 빠르게 저어주는 과정을 거치도록 합니다. 몰려 있는 기포를 흐트러뜨리고 커다란 기포가 숨어 있지 못하게 하는 동작이에요. 반죽 내부에 불규칙한 공기가 있으면 반죽 조직이 부실해져 케이크의 볼륨이 주저앉거나 푸석한 케이크가 될 수 있어요. 또, 유지나 액체 재료와 같이 달걀 거품보다 무거운 재료들이 믹싱 부족으로 반죽에 잘 섞이지 못하고 한쪽에 몰려 있거나 겉도는 것도 방지할 수 있어요.

6 바닥이 타지 않도록 패드 받치기

카스텔라는 일반 스폰지케이크보다 낮은 온도에서 오래 굽기 때문에 윗면과 바닥의 색이 진해지기 마련입니다. 뜨거운 철판 팬에 맞닿아 있는 바닥이 심하게 그을리거나 타버릴 수 있어 밑면에 전용 패드 또는 도화지처럼 두꺼운 종이를 깔아주는 것이 좋아요.

카스텔라는 밑면과 윗면이 모두 뚫려 있고 옆면만 두꺼운 나무 프레임인 전용 틀을 사용하기도 해요. 나무 프레임을 사용해서 굽게 되면 수분 손실이 적어 식감이 더 부드러워집니다. 이때도 틀 밑 바닥에는 패드나 종이를 깔도록 하세요. 일반 틀에 구울 경우에는 굽는 시간을 잘 조절하고 반죽의 정도를 보면서 중간에 온도를 낮춰주는 세심한 주의가 필요합니다.

7 오븐에서 꺼내자마자 바닥에 떨어뜨리기

케이크가 다 구워지면 오븐에서 꺼내자마자 틀째 바로 낮은 높이에서 바닥으로 떨어뜨려 충격을 주세요. 뜨거운 상태의 케이크를 오븐에서 꺼내면 급격히 떨어지는 외부 온도 때문에 케이크 내부의 팽창된 열기가 빠져나가면서 부풀었던 케이크가 푹 꺼져 허리 부분이 안쪽으로 들어가버리는 '케이브 인Cave-in' 현상이 생겨요. 틀을 바닥으로 떨어뜨려 충격을 주면 열 분자 구조를 끊게 되어 이 현상을 막을 수 있어요. 오븐에서 꺼낸 카스텔라는 빠른 시간 내에 틀에서 완전히 분리시킨 다음 식힘망 위에 거꾸로 뒤집어놓고 식혀주세요. 열이 식으며 함께 증발될 수 있는 수증기를 보호해 수분 손실을 최소화시켜 부드럽고 촉촉한 상태를 유지시켜요.

A variety of Warm Foaming Method Sponge Cake 공립법 스펀지케이크 응용하기

만드는 방법은 '바닐라 카스텔라'와 같습니다.

밀봉 카스텔라

 스펀지케이크

**밀봉 카스텔라 전용 틀 5개 분량 /
170℃에서 20~30분**

재료
박력분 125g 달걀 250g(약 5개) 설탕 170g(150~200g)
꿀 50g 소금 1g 포도씨오일 45g
우유 25g 바닐라엑스트랙 10g

- 달걀에 설탕을 넣을 때 꿀도 함께 넣고 거품을 올려주세요.
- 밀봉 카스텔라 전용 틀 외에 카스텔라 전용 나무 틀을 이용할 수 있어요. 이 경우 반죽을 한꺼번에 팬닝에 크게 한 덩어리로 구워내면 됩니다. 반드시 틀에 유산지를 깔고 반죽을 부어주세요.
- 굽는 시간은 25분 정도가 적당합니다. 반죽의 한가운데를 찔러보아 덜 익은 반죽이 묻어나지 않는지 확인한 뒤 마치도록 합니다.

시몬 컵케이크

 스펀지케이크

**일반 머핀 틀 10~12개 분량 /
170℃에서 20~25분**

재료
박력분 120g 베이킹파우더 3g 달걀 150g(약 3개)
설탕 130g(100~150g) 꿀 15g 소금 1g
무염버터 녹인 것(또는 포도씨오일) 35g
우유 35g 바닐라엑스트랙 5g

- 달걀에 설탕을 넣을 때 꿀도 함께 넣고 거품을 올려주세요.
- 박력분과 베이킹파우더를 섞어 체에 2번 내려 사용하세요. 일반적인 카스텔라에 비해 달걀 배합률이 적어 거품의 폼이 적게 일고 가벼워서 반죽이 안정적이지 못하기 때문에 베이킹파우더를 사용해 안정적이고 볼륨 있는 케이크를 만들어줍니다. 베이킹파우더를 생략할 경우에는 거품이 최대한 균일하고 밀도 높게 올라오도록 하기 위해 세심한 주의를 기울여 작업해야 합니다.
- 종이로 된 일회용 유산지 머핀 틀을 이용해도 됩니다.

Citron Castella

유자 카스텔라 시폰법

유자 카스텔라는 거품형 케이크를 만드는 방법인 공립법과 별립법의 장점을 모은 '시폰법'을 이용해 만들어요.
3가지 방법 중에서 가장 간단하고 만들기 쉬워 실패율이 적지요.
달걀흰자만 거품을 올리고 노른자는 거품을 올리지 않는 것이 포인트예요.
차로 마시는 유자청을 믹서에 곱게 갈아 카스텔라 반죽에 넣어 향긋하고 달콤한 맛이 일품이에요.
초보라면 이 시폰법을 잘 익혀 폭신폭신한 카스텔라 만들기에 도전해보세요.

READY

- 중력분은 체에 2번 내려놓는다.
- 우유와 유자청을 믹서에 곱게 갈아 포도씨오일과 소금을 넣고 섞어둔다.
- 사용할 틀에 유산지를 깔아둔다.
- 오븐을 170℃로 예열한다.

스펀지케이크

21cm x 11cm x 8cm
**카스텔라 전용 나무 틀 1개 분량 /
170℃에서 40분~1시간**

재료

중력분 100g
달걀흰자 150g(약 5개)
설탕 140g(120~180g)
달걀노른자 100g(약 5개)
포도씨오일 25g
유자청 50g
우유 20g
바닐라엑스트랙 15g
바닐라빈 1/2개(옵션)
소금 1g

1 **흰자 머랭 올리기** 달걀흰자를 핸드믹서로 20~30초 휘핑해서 흰자가 하얗게 변하면서 거품이 올라오기 시작하면 설탕을 여러 번에 나누어 넣어가며 머랭을 올린다. 달걀흰자의 폼이 완성되기 전에 설탕이 다 들어가야 하므로 설탕을 계속 솔솔 뿌려가며 완전히 녹을 때까지 섞는다. 핸드믹서의 중간 속도로 거품을 올린다.

- 너무 빠른 속도로 거품을 올리면 입자가 거칠고 불규칙해질 수 있으니 주의한다.

2 **머랭 견고하게 올리기** 설탕이 다 들어가면 핸드믹서의 속도를 중간 이하로 낮춰 균일하고 견고한 머랭을 만든다. 핸드믹서나 믹싱볼을 심하게 흔들면서 믹싱하면 거품이 거칠게 올라와 부실한 머랭이 되므로 최대한 절제된 동작으로 천천히 섞는다.

3 머랭 완성하기 머랭 표면에 핸드믹서의 날 자국이 선명하게 남고 단단한 느낌이 들기 시작하면 중간중간 핸드믹서를 멈추고 날을 들어올려 머랭의 상태를 확인한다. 들어올린 머랭이 단단히 서 있고 뾰족한 끝부분이 부드럽게 앞으로 구부러지면 잘 된 것이다. 표면이 매끄럽고 윤기가 나며 기포가 보이지 않는지 눈으로 확인하고 마무리한다. 마치 약간 단단한 소프트아이스크림 같은 상태여야 밀도 높고 균일한 머랭이다.

4 머랭에 노른자 섞기 머랭이 완성되면 사용하던 핸드믹서의 날 중에 1개를 빼서 반죽을 섞는다. 달걀노른자를 하나씩 넣어가며 섞는데, 믹서의 날을 직각으로 세워 노른자를 터뜨리면서 믹싱볼 바닥에 고정시킨 뒤 큼직한 손동작으로 반죽을 빙빙 돌리듯 섞도록 한다. 노른자가 하나씩 들어갈 때마다 노른자반죽이 살짝 보이는 정도까지 섞고, 마지막 노른자가 들어가면 노른자가 보이지 않을 때까지 크게 빙빙 돌려가며 마무리한다.

5 밀가루 섞기 체에 내려놓은 밀가루를 세 번 정도에 나누어 솔솔 뿌려가며 ④에 섞는다. 밀가루를 달걀 거품 반죽 위에 뿌리듯이 넣으면서 노른자를 섞을 때와 마찬가지로 핸드믹서 날을 세워 크게 빙빙 돌려가며 섞는다. 반드시 핸드믹서 날이 믹싱볼 옆면과 바닥을 훑으며 지나가도록 한다. 밀가루를 투입할 때마다 날밀가루가 보이지 않을 때까지 섞고, 마지막에는 덩어리진 밀가루 없이 매끈한 표면이 되도록 마무리한다.

• 반죽을 마구 휘젓듯이 오래 섞으면 달걀 거품이 순식간에 내려앉을 수 있으니 오버믹싱되지 않도록 살펴가며 섞는다.

6 **액체류 섞기** 우유와 유자청, 오일을 섞어 갈아둔 것을 두세 번에 나누어 ⑤에 넣고 빠른 손놀림으로 크게 저어가며 섞는다. 바닐라엑스트랙도 넣고 거품을 살살 섞는다. 바닐라빈을 넣을 경우 씨를 긁어내고 이 단계에서 넣으면 된다.

7 **반죽 마무리하기** 스패튤라를 이용해 빠른 손놀림으로 반죽을 바닥에서 위로 들어 올리면서 섞는다. 믹싱볼 옆면과바닥을 훑어가며 덩어리진 반죽이 없도록 정리한다. 스패튤라가 지나간 자국이 그대로 남아 있는 정도로 빡빡하고 밀도 높은 폼이 살아 있어야 한다.

8 **팬닝해서 굽기** 유산지를 깔아둔 팬에 반죽을 붓고 나무 꼬치나 젓가락으로 반죽을 깊게 찔러 빠르게 두세 번 저어 반죽 속에 숨어 있는 커다란 기포들과 떠오르는 기포들을 터뜨린다. 170℃로 20분 이상 예열한 오븐에서 40분~1시간 동안 굽는다. 꼬치로 반죽 한가운데를 찔러 보아 아무것도 묻어나지 않는 상태에서 완료한다.
· 물기 있는 반죽이 묻어나면 5분 단위로 꼬치테스트를 해서 익은 정도를 확인한다.

9 **뒤집어 식히기** 완성된 카스텔라는 오븐에서 꺼내자마자 틀째 바닥에 살짝 떨어뜨려 충격을 준 뒤 유산지를 깐 식힘망 위에 거꾸로 뒤집어놓고 식힌다.
· 거꾸로 뒤집어 식혀야 카스텔라 내에 수분이 빠져나가는 것을 막을 수 있다.

7

8

1 유자청은 곱게 갈거나 즙만 사용하기

유자청은 우유와 함께 믹서에 곱게 갈아서 사용하세요. 건더기를 뺀 즙만 사용해도 좋아요. 유자청마다 당도나 쓴맛, 떫은맛 등이 다르니 사용하기 전에 반드시 맛을 보고 알맞은 제품을 넣도록 합니다.

2 달걀노른자가 흰자에 섞이지 않도록

머랭을 만들기 위해 달걀흰자와 노른자를 분리할 때 노른자가 터져서 흰자에 섞이지 않도록 주의하세요. 달걀노른자의 지방 성분이 흰자에 조금이라도 섞이면 머랭이 단단하게 올라오지 못하게 됩니다. 머랭을 올리는 핸드믹서의 날과 믹싱볼의 물기를 완전히 제거하고 사용하세요. 평소 음식을 만들 때 사용하는 볼이 아닌, 스테인리스나 유리볼을 사용하도록 합니다.

3 설탕은 거품이 어느 정도 올라온 뒤에 넣기

설탕에는 수분을 촉촉하게 유지하게 하는 보수성이 있어 흰자 거품의 표면이 건조되는 것을 막아 윤기 있고 찰진 머랭을 완성시켜 줍니다. 하지만 휘핑 초기에는 흰자 거품의 형성을 억제하는 성질도 동시에 가지고 있어요. 이 문제를 해결하기 위해 거품을 올릴 때 설탕을 처음부터 넣지 말고 어느 정도 거품이 올라온 뒤 설탕을 나누어 넣어가며 머랭을 완성시키도록 하세요.

4 재료는 나누어 넣고 빠른 손놀림으로 섞기

카스텔라를 만들 때 달걀 이외의 부재료들은 대부분 달걀 거품보다 무겁기 때문에 아래로 가라앉게 됩니다. 따라서 밀가루나 다른 액체 재료들을 넣을 때는 조금씩 나누어 넣고, 재료가 들어갈 때마다 빠른 손놀림으로 반죽을 저어 재료들이 가라앉지 않고 잘 섞이도록 하세요.
특히, 오일 같은 유지나 액체류가 들어가면 거품이 죽는 경우가 많은데, 이때는 너무 완벽하게 섞으려 하지 말고 팬에 반죽을 부은 다음 나무 꼬치나 젓가락으로 두어 번 저어주는 것으로 마무리합니다. 즉, 반죽이 덜 섞인 느낌이 들더라도 자꾸 손대지 말고 팬닝 후 젓가락으로 반죽을 저어주는 정도로 하는 것이 거품을 최대한 살리는 방법임을 잊지 마세요.

5 작은 밀봉 틀에 구울 때

이 반죽을 카스텔라 전용 나무 틀에 굽지 않고 작은 밀봉 틀을 사용할 경우에는 같은 반죽 양으로 작은 틀 5~6개 정도가 나와요. 굽는 시간은 25~30분 정도가 적당합니다.

Sponge Cake

만드는 방법은 '유자 카스텔라'와 같습니다.

스펀지케이크   모카 스펀지케이크

재료

중력분 100g 달걀흰자 150g(약 5개) 설탕 160g(130~170g)
달걀노른자 100g(약 5개) 포도씨오일 20g
인스턴트 커피파우더 5~10g 우유 30g
바닐라엑스트랙 10g 바닐라빈 1/2개(옵션) 소금 1g

- 실온 상태의 우유에 커피를 녹여 커피우유를 만든 뒤,
  오일과 소금을 넣고 섞어 사용하세요.

스펀지케이크   나가사키 카스텔라

재료

강력분 100g 녹차(말차)파우더 5~10g 달걀흰자 150g(약 5개)
설탕 150g(130~170g) 달걀노른자 100g(약 5개) 꿀 30g
우유 30g 바닐라엑스트랙 10g 바닐라빈 1/2개(옵션) 소금 1g

- 강력분과 녹차파우더는 함께 섞어 체에 3번 내려놓아요.
- 우유에 꿀과 소금을 넣고 섞어 사용하세요.

Cream Cheese Castella

크림치즈 카스텔라 별립법

별립법은 공립법, 시폰법과 함께 거품형 케이크를 만드는 데 흔히 쓰이는 기법이에요.
별립법은 달걀의 흰자와 노른자를 분리해서 흰자 거품과 노른자 거품을 각각 올려 섞어 사용하는 방법으로,
거품형 케이크 기법 중 가장 안정적인 폼을 형성할 수 있어 무거운 재료가 들어가거나 볼륨감을 키워야 할 때 사용됩니다.
별립법이 가장 많이 쓰이는 것은 롤 케이크류와 크림치즈 카스텔라예요.
난이도 있는 케이크이지만 이 별립법으로라면 두 가지 모두 안정적으로 완성할 수 있어요.

READY

- 실온의 부드러운 크림치즈를 거품기로 저어 부드럽게 풀어준 뒤 우유와 버터 녹인 것.
  바닐라엑스트랙을 넣고 골고루 섞어 덩어리진 것 없이 고운 크림치즈 반죽을 만든다.
- 밀가루는 체에 2번 내려놓는다.
- 카스텔라 나무 틀에 유산지를 깔아둔다.
- 오븐은 170℃로 예열한다.

스펀지케이크

21cm x 11cm x 8cm
**카스텔라 전용 나무 틀 1개 분량 /
170℃에서 40분~1시간**

재료

박력분(중력분) 100g
달걀흰자 130~150g(약 5개)
흰자용 설탕 130g(100~150g)
달걀노른자 90~100g(약 5개)
노른자용 설탕 50g
꿀 10g
소금 1g
크림치즈 100g
우유 20g
버터 녹인 것(또는 포도씨오일) 15g
바닐라엑스트랙(또는 럼) 15g

1 흰자 머랭 올리기 핸드믹서로 달걀흰자를 20~30초 정도 휘핑해 달걀흰자가 하얗게 변하면서 거품이 올라오기 시작하면 설탕을 여러 번에 나누어 넣어가며 머랭을 올린다. 달걀흰자의 폼이 완성되기 전에 설탕이 다 들어가야 하므로 머랭을 올리는 동안 설탕을 계속해서 솔솔 뿌려주고 완전히 녹을 때까지 섞는다.

- 핸드믹서의 중간 속도로 거품을 올린다. 너무 빠른 속도로 휘핑하면 입자가 불규칙하고 거칠어질 수 있으니 주의할 것.

2 머랭 견고하게 올리기 설탕이 다 들어가면 이때부터 핸드믹서 속도를 중간 이하로 낮춰 머랭을 균일하고 견고하게 올려준다. 거품을 올리는 동안 핸드믹서나 믹싱볼이 심하게 흔들리면 머랭이 거칠고 부실해지므로 최대한 얌전하고 절제된 동작으로 천천히 휘핑한다.

3

4

5

3 머랭 완성하기 머랭 표면에 핸드믹서의 날 자국이 선명하게 남고 단단한 느낌이 들기 시작하면 핸드믹서를 중간중간 멈추면서 날을 들어보아 머랭의 완성도를 체크한다. 날에 묻어 나온 머랭이 단단하게 서 있고 뾰족한 끝부분이 앞으로 부드럽게 구부러지는 상태가 적당하다. 머랭의 표면이 매끄럽고 윤기가 흐르며 눈으로 보아 기포 자국 없이 소프트아이스크림 같은 상태인지 확인한다.

4 노른자 거품 올리기 달걀노른자를 잘 풀어준 뒤, 설탕과 꿀, 소금을 넣고 설탕이 적당히 녹을 때까지 저어준다. 손가락으로 노른자를 문질러보았을 때 설탕 입자가 거칠게 남지 않고 어느 정도 녹았다고 판단되면 핸드믹서를 이용해 단단한 거품이 되도록 휘핑한다. 노른자 반죽을 들어올려 아래로 흘려보았을 때 떨어진 반죽 자국이 남아 있는 정도의 강한 폼이 되도록 한다.
• 노른자 거품이 곱고 균일하게 안정적인 상태가 되어야 전체 반죽이 쉽게 죽지 않고 모든 재료를 잘 섞을 수 있으니 섬세하게 휘핑한다.

5 머랭 나눠 섞기 노른자 거품 올린 것에 미리 만들어둔 흰자 머랭의 1/3을 덜어 넣고 골고루 섞는다. 머랭을 넣고 스패튤라를 이용해 믹싱볼 옆면과 바닥을 깨끗이 훑어가며 손동작을 큼직하게 써서 대충 섞는다.

6 밀가루와 크림치즈 섞기 머랭이 대충 섞이면 체에 내려둔 밀가루를 솔솔 뿌리듯 넣어가며 반죽을 아래에서 위로 과감하게 뒤집어 섞는다. 밀가루가 다 들어가 대충 섞이는 시점에 미리 만들어둔 크림치즈 반죽을 넣고 거품이 죽지 않도록 살살 섞는다. 반죽이 죽지 않도록 믹싱볼 옆면과 바닥을 깨끗하게 정리하며 다듬는다.

7 머랭 2번에 나누어 섞기 크림치즈가 골고루 섞이면 남은 머랭을 두 번에 나누어 넣으며 믹싱한다. 한 번 들어갈 때마다 머랭이 잘 섞이도록 손동작을 큼직하게 쓰되, 오버믹싱되지 않도록 빠른 손놀림으로 믹싱볼 옆면과 바닥을 훑어가며 정리한다.

8 반죽 마무리 하기 스패튤라를 이용해 반죽을 바닥에서 위로 들어올리면서 균일하게 만들고, 섞이지 않고 덩어리째 남아 있는 반죽이 없도록 깨끗하게 정리해 마무리한다. 반죽에 견고한 폼이 형성되어야 한다.

9 구워서 숙성시키기 유산지를 깐 팬에 반죽을 붓고 윗면을 고르게 정리한 다음 꼬치로 반죽을 저어 반죽 속에 숨어 있는 기포를 제거한다. 170℃로 20분 이상 예열한 오븐에서 40분~1시간 내외로 굽는다. 꼬치로 반죽 정 가운데를 바닥까지 찔러보았을 때 아무것도 묻어나지 않으면 오븐에서 꺼내 바닥에 살짝 떨어뜨린 다음 식힘망 위에 뒤집어서 식힌다. 약간의 온기가 남아 있을 때 밀봉하여 최소 하루 이상 실온에서 숙성시켜 먹는다.

• 꼬치테스트에서 반죽이 묻어나면 5분 단위로 다시 찔러보아 적절한 타이밍에 멈춘다. 카스텔라는 숙성 기간을 3일 이상 두어야 제대로 된 맛이 난다.

1 실온에서 부드러워진 크림치즈 사용하기

크림치즈는 반드시 실온에 두어 냉기가 완전히 빠진 것으로, 곱고 부드러운 상태의 것을 사용하세요. 냉기가 남아 단단한 크림치즈를 사용하면 몽글몽글한 알갱이들이 풀어지지 않은 채로 반죽에 박혀 구운 후에도 남아 있게 됩니다.

2 노른자와 흰자는 완벽하게 분리하기

머랭을 만들 달걀흰자와 노른자를 분리할 때 노른자가 터져 흰자에 섞이지 않도록 주의하세요. 달걀노른자의 지방 성분이 조금이라도 흰자에 섞이면 견고한 머랭을 만들 수 없어요.
또, 머랭을 만들 때 사용하는 믹싱볼과 핸드믹서는 물기를 완전히 제거하고, 평소 음식을 할 때 사용하는 것이 아닌, 깨끗한 스테인리스 또는 유리볼을 사용하도록 합니다.

3 설탕은 조금씩, 속도는 빠르게

흰자 머랭을 올릴 때 설탕 전량을 한꺼번에 넣지 않도록 주의하세요. 설탕은 흰자에 솔솔 뿌리듯이 넣어주고, 흰자 폼이 완성되기 전에 빠른 속도로 넣어주어야 합니다.

4 볼을 흔들며 믹싱하지 않기

달걀 거품에 섞은 밀가루와 기타 재료들을 풀어주기 위해 반죽을 이리저리 휘젓거나 믹싱볼을 심하게 흔들지 않도록 하세요. 과도하게 섞으면 오버믹싱될 뿐만 아니라 애써 만든 달걀 거품이 순식간에 내려앉아 회복되지 못하는 상태가 될 수 있어요.
오일 같은 유지나 액상 재료가 들어가면 거품이 죽는 경우가 많은데, 이때는 너무 완벽하게 섞으려 하지 말고 반죽을 팬에 부은 뒤 꼬치로 몇 번 저어주는 정도로 마무리하세요.

5 작은 밀봉 틀에 구울 때

카스텔라 전용 나무 틀이 없다면 작은 밀봉 틀에 나누어 구울 수도 있어요. 이 레시피에 소개한반죽 양 그대로라면 작은 틀에 5~6개 정도를 만들 수 있어요. 굽는 시간은 25~30분 정도면 좋아요.
• '스펀지케이크'의 시폰법 케이크나 '시폰케이크' 파트에서 보다 자세하게 다루었습니다.

A variety of Separated Foam Mixing Method Sponge Cake

별립법 스펀지케이크 응용하기

스펀지케이크

롤케이크

가로 36cm x 세로 26cm x 높이 4cm
직사각 팬 1개 분량 /
200℃에서 10~15분 내외

케이크시트
박력분 100g
베이킹파우더 1g
달걀흰자 130~150g(약 5개)
흰자용 설탕 80g
달걀노른자 90~100g(약 5개)
노른자용 설탕 50g
꿀(또는 물엿) 15g
소금 1g
포도씨오일(또는 버터 녹인 것) 50g
우유 20g
바닐라엑스트랙 10g

샌드용 생크림
차가운 생크림 200~250g
설탕 20~25g
레몬즙 5g
럼 10g

READY

- 밀가루는 체에 2번 내려놓는다.
- 볼에 포도씨오일 또는 버터 녹인 것과 우유, 바닐라엑스트랙을 한꺼번에 넣고 대충 섞어놓는다.
- 사용할 사각 팬에 유산지를 깔아둔다.
- 오븐은 170℃로 예열한다.

1

1 머랭 올리기 달걀흰자를 핸드믹서로 20~30초 정도 휘핑해서 흰자가 하얗게 변하면서 거품이 올라오기 시작하면 설탕을 여러 번에 나누어 넣어가며 머랭을 올린다. 설탕이 다 들어가면 핸드믹서의 속도를 중간 이하로 낮춰 머랭이 균일하고 밀도 높게 완성될 수 있도록 천천히 믹싱한다. 핸드믹서를 멈추고 들어올렸을 때 머랭이 단단히 서 있고 끝부분이 뾰족하며 앞으로 부드럽게 구부러지면 적당하다. 표면이 매끄럽고 윤기가 흐르며 눈으로 보았을 때 기포 자국 없이 소프트아이스크림 같아야 잘 된 머랭이다.

2 달걀노른자 거품 올리기 달걀노른자에 설탕과 꿀 또는 물엿, 소금을 넣고 골고루 섞는다. 설탕이 다 녹으면 핸드믹서를 이용해 거품 자국이 그대로 남아 있을 정도까지 휘핑해 거품을 올린다. 단단한 폼을 가진, 매끄럽고 밀도가 **빡빡**한 상태가 적당하다.

3 머랭 나눠 섞기 ②에 만들어둔 머랭의 1/3 분량을 덜어 넣고 골고루 섞는다. 머랭이 부드러울수록 노른자 반죽에 잘 섞이므로 스패튤라를 이용해 믹싱볼 옆면과 바닥을 깨끗이 훑어가며 손동작을 크게 하여 섞는다.
- 달걀 거품을 짓이기듯 누르거나 뭉개지 않도록 주의한다.

4 밀가루 섞기 머랭이 대충 섞이면 체에 내려둔 가루 재료를 솔솔 뿌리듯 넣어가며 반죽을 아래에서 위로 과감하게 뒤집어 섞는다. 날가루가 보이지 않을 만큼 섞이면 준비한 오일과 우유, 바닐라엑스트랙을 넣고 거품이 죽지 않도록 살살 섞는다. 스패튤라를 이용해 바닥에 있는 반죽을 위로 퍼 올리면서 믹싱볼 옆면과 바닥을 깨끗이 훑되, 반죽의 숨이 죽지 않도록 주의한다.

5 머랭 2번에 나누어 섞기 밀가루와 액체 재료 모두 골고루 섞이면 남아 있는 머랭을 두 번에 나눠 넣어가며 믹싱한다. 머랭이 한 번 들어갈 때마다 잘 섞이도록 손동작을 큼직하게 해주되, 오버믹싱되지 않도록 **빠른** 손놀림으로 믹싱볼 벽과 바닥을 훑는다.

6 반죽 마무리하기 스패튤라를 이용해 반죽을 바닥에서 위로 들어올리며 균일하게 섞는다. 믹싱볼 옆면도 깨끗하게 훑어 섞이지 않고 덩어리진 머랭이나 밀가루가 없도록 반죽을 정리한다.

7 팬닝해서 굽기 유산지를 깔아둔 팬에 반죽을 붓고 스크레이퍼로 윗면을 최대한 고르게 정리한 다음 200℃로 20분 이상 충분히 예열한 오븐에서 10~15분 정도 굽는다.
- 보통 오븐에서 온도가 일정하게 유지되는 상태라면 12분 정도 구우면 알맞다.

8 롤 케이크시트 식히기 케이크시트가 다 구워지면 오븐에서 꺼내자 마자 바닥에 살짝 떨어뜨린 다음 팬 위로 올라와 있는 유산지를 잡고 한 번에 쭉 당겨 틀에서 바로 분리시킨다. 분리시킨 시트는 식힘망 위에 얹어 식힌다.

9 크림 샌딩하기 다 식은 케이크는 종이포일 위에 뒤집어서 얹고 유산지를 제거한다. 다시 원래대로 뒤집어 케이크 색이 진한 면이 위로 올라오게 한 뒤 미리 거품을 올려둔 생크림을 골고루 바른다. 시트를 말아줄 때 제일 먼저 말리는 부분에 크림을 도톰하게 바르고 끝으로 갈수록 얇게 펴 바른다. 말려들어가는 시트 안쪽 면에 칼집을 두세 군데 넣는다. 시트 두께의 반 정도 되도록 칼집을 넣으면 돌돌 말 때 그 부분이 잘 꺾여 동그랗고 예쁘게 모양 잡힌다.

10 시트 말기 김발을 이용해 김밥을 말듯이 유산지 앞쪽을 들어 올리며 케이크 시트를 말아준다. 제일 먼저 말리는 안쪽, 칼집을 넣은 시트를 살짝 안쪽으로 밀어 넣으며 동그랗게 모양을 잡은 뒤 돌돌 말아주면서 케이크를 조이듯이 단단하게 말아간다. 끝부분이 잘 붙도록 바닥으로 놓고 냉장고에 1시간 이상 넣어 굳힌다.
- 롤을 말 때 손의 힘을 균일하게 주도록 하고, 다 말리면 냉장고에 굳혀서 잘 드는 빵칼로 썰어 낸다.

1 반드시 롤 케이크 전용 레시피로

스폰지케이크를 얇게 구워 생크림을 올린 뒤 돌돌 말아주는 롤 케이크는 별립법
의 가장 대표적인 케이크예요. 일반 케이크에 비해 아주 얇고 넓은 케이크 시트
를 구워 말아주는 거예요. 롤을 마는 동안 시트가 찢어지거나 터지지 않도록 탄
력 있게 만들어야 하니 일반 스폰지케이크와는 다른, 롤 케이크 전용 레시피로
만들어야 합니다. 탄력 있는 시트를 만들기 위해 일반적인 스펀지케이크보다 달
걀 배합률이 높아요. 반죽 내의 수분 함량을 높이기 위한 것이지요. 꿀이나 물엿
같은 시럽 형태의 당분을 좀 더 넣으면 시트를 당겨가며 말 때 찢어지지 않고 식
감도 더욱 촉촉해져요. 또 유지 배합률을 높이면 시트에 잘 늘어나는 성질이 생
겨 예쁘고 통통한 롤을 만드는 데 도움이 됩니다.

2 너무 오래 굽지 않기

롤 케이크에 있어 레시피의 배합률만큼이나 중요한 것이 굽는 시간이에요. 롤 케
이크 시트는 일반 스펀지케이크에 비해 두께가 매우 얇아 고온의 오븐에서 너무
오래 구우면 수분이 모두 날라가 건조해져요. 그렇기 때문에 롤 케이크 시트는
좀 더 높은 온도에서 짧은 시간 동안 구워내는 것이 좋습니다. 수분 증발을 막으
려면 팬 밑에 물을 자작하게 담은 팬 하나를 덧대 굽는 것도 좋아요.

3 시트는 적당히 식히기

오븐에서 꺼낸 시트는 식힘망 위에 올려 식히는데, 이때 너무 오랫동안 방치하면
시트의 수분이 모두 증발되어 롤을 말기 어려워져요. 그렇다고 완전히 식히지 않
으면 생크림이나 버터크림 필링을 얹었을 때 시트 온도 때문에 크림이 녹아버리
지요. 시트는 완전히 식히되, 다 식으면 실온에 두지 말고 바로 롤을 만들 수 있
도록 주의해서 지켜보도록 하세요.

4 샌드용 생크림 만들기

차가운 생크림에 설탕과 레몬즙을 넣고 단단한 폼이 생길 때까지 핸드믹서로 휘
핑한 다음 럼을 넣고 마무리해 사용하기 직전까지 냉장고에 차갑게 보관하세요.

5 냉장고에서 굳힌 뒤 예쁘게 썰기

롤 케이크가 완성되면 냉장고에 넣어 모양이 완전히 잡히도록 굳히며 숙성시켜
요. 잘 굳은 롤 케이크는 꺼내서 불에 달군 칼로 썰어주세요. 칼을 달궈 사용하면
단면이 깔끔하게 잘려 예쁜 조각 롤이 될 수 있어요.

Classic Pound Cake

파운드케이크는 홈베이킹을 시작하는 사람이라면 가장 먼저 만들어봐도 좋을 만큼
맛과 모양을 내기 쉬운 케이크예요. 밀가루, 버터, 설탕, 달걀의 4가지 재료가
모두 1파운드씩 들어간다 하여 '파운드케이크'라는 이름이 붙었대요.
이 케이크에 사용된 방법은 '크림법'으로, 이것만 마스터해도 제과 분야의 웬만한 레시피는
모두 성공시킬 수 있을 만한 기본적인 방법입니다.
가장 쉽고 간단한 크림법을 익혀 두고 홈메이드 케이크의 고수가 되어 보세요.

버터케이크

**지름 22㎝ 번트 틀 1개 분량 /
170℃에서 40분~1시간**

재료
중력분 260g
베이킹파우더 7g(5~8g)
설탕 210g(180~260g)
무염버터 210g(180~260g)
소금 2~3g
달걀 190g(180~260g)
사워크림 (생크림+우유+플레인+
요플레) 60g(50~80g)
바닐라엑스트랙 5g

READY

- 버터와 달걀, 사워크림은 실온 상태로 준비한다.
- 중력분과 베이킹파우더를 섞어 체에 2번 내려놓는다.
- 달걀은 노른자와 흰자가 완전히 섞이도록 잘 풀어둔다.
- 오븐은 170℃로 예열한다.

1 번트 틀에 버터 바르기　사용할 케이크 틀에 버터를 꼼꼼하게 바른다. 사각형 틀일 경우 버터를 바르는 대신 유산지를 깔아둔다.

2 버터와 설탕 섞기　실온에서 냉기가 완전히 빠진 버터를 손거품기나 핸드믹서를 이용해 부드러운 크림 상태로 풀어준 뒤, 설탕과 소금을 넣고 계속 저어 크림화시킨다.

3 계속 휘핑하기 균일한 속도로 계속해서 한 방향으로 휘핑한다.

• 크림화는 버터와 설탕이 합체하면서 사이사이에 공기를 포집해서 볼륨을 키우는 과정으로, 크림화가 잘 되게 하려면 균일한 힘으로 계속해서 휘핑하는 것이 중요하다.

4 크림화 완성하기 반죽에 설탕이 서걱거리는 정도로 남아 있고 반죽이 연한 아이보리색을 띠면서 볼륨이 풍부해질때까지 충분히 크림화시킨다.

5 달걀 나누어 섞기 크림화가 완성되면 스패튤라를 이용해 믹싱볼 옆면과 바닥을 깨끗이 훑어 겉도는 재료가 없도록 반죽을 정리한 다음 풀어놓은 달걀을 열 번 정도에 나누어 흘려 넣으며 계속 믹싱한다.

• 달걀은 수분이고 버터는 지방이기 때문에 물과 기름이 잘 섞이지 않듯이 달걀을 한꺼번에 넣으면 크림화시킨 버터 반죽이 몽글몽글하게 분리되니 주의한다.

6 달걀 믹싱 끝내기 설탕이 거의 다 녹아 반죽에 설탕 입자가 보이지 않고 마요네즈 같은 질감의 매끄럽고 풍성한 볼륨이 될 때까지 믹싱하고 마무리한다.

7 가루류 섞기 체에 내려둔 가루류를 크림화시킨 버터 반죽에 넣고 골고루 섞는다. 손거품기를 이용해 반죽에 날밀가루가 보이지 않을 때까지 섞는다.

• 밀가루를 섞을 때는 손거품기를 이용하는 것이 효과적인데, 손거품기를 짧게 잡고 직선으로 세운 다음 손거품기 끝부분이 믹싱볼 바닥에 닿도록 한 상태에서 크게 원을 그리듯이 빙빙 돌려가며 섞는다. 믹싱볼 옆면에도 손거품기가 닿아 반죽을 끌어 모으도록 한다.

8 액체 섞기 ⑦에 사워크림과 바닐라엑스트랙을 넣고 손거품기로 크게 원을 그리듯이 믹싱한다. 반죽의 겉면만 건드려 부족한 믹싱이 되지 않도록 거품기 끝을 믹싱볼 바닥에 대고 돌린다.

9 반죽 완성하기 반죽이 균일하고 매끈해질 때까지 천천히 한 방향으로 돌리면서 중간 중간 스패튤라를 이용해 믹싱볼 옆면과 바닥을 깨끗하게 훑어 정리한다.

10 팬닝해서 굽기 완성된 반죽은 버터를 발라둔 틀에 팬닝한다. 반죽이 담긴 틀을 바닥에 두세 번 탁탁 내리치고 가는 나무 꼬치나 젓가락으로 틀의 곡선 부분에 공간이 뜨지 않도록 잘 저은 다음 윗면을 평평하게 정리하여 170℃로 20분 이상 예열한 오븐에서 40분~1시간 정도 굽는다. 시간이 다 되면 꼬치나 젓가락으로 케이크 한가운데를 바닥까지 깊숙이 찔러보아 묻어 나는 반죽이 없는지 확인한 뒤 꺼낸다.

• 물기 있는 반죽이 묻어나면 5분 단위로 꼬치테스트를 하여 속까지 다 익은 뒤 꺼낸다.

11 뒤집어 식히기 오븐에서 꺼낸 케이크는 틀째 낮은 높이에서 바닥으로 살짝 떨어뜨려 충격을 준 뒤 바로 식힘망위에 뒤집어놓고 식힌다. 케이크에 열기가 살짝 남아 있을 때 밀폐용기에 담거나 비닐 또는 랩으로 밀봉하여 하루 이상 실온에서 숙성시킨 뒤 먹는다.

9

10

7

8

1 정통 파운드케이크에서 미국식 버터케이크로

영국에서 처음 시작되었다고 전해지는 전통적인 파운드케이크는 4가지 주재료인 밀가루, 버터, 설탕, 달걀만으로 만든 견고한 형태였어요. 팽창제인 베이킹파우더 없이 믹싱만으로 묵직하고 부드러운 식감을 가진 케이크를 만들었어요. 19세기에 들어 베이킹파우더와 같은 화학 팽창제가 개발되면서 파운드케이크는 좀 더 폭신폭신하고 촉촉한 미국식 버터케이크로 변하게 되었어요. 요즘에는 설탕이나 버터, 달걀의 배합률을 낮추고 우유나 사워크림 같은 액상 재료와 다양한 필링을 첨가해 여러 가지 맛과 질감, 형태를 지닌 수많은 종류의 케이크로 나날이 변신 중이랍니다.

2 버터크림 반죽에 공기로 볼륨 주기

크림법은 실온에서 냉기가 빠진 버터에 설탕을 넣고 계속 저어주면서 반죽 속에 공기를 넣어주는 것이 포인트예요. 공기를 넣어줌으로써 거품을 발생시켜 볼륨을 키운 뒤 달걀을 나누어 섞고 밀가루와 기타 부재료를 넣어 완성시키지요. 잘 저어 공기를 충분하게 넣어주어야 볼륨 있고 식감 좋은 케이크가 됩니다. 홈베이킹에서 가장 흔히 쓰이는 이 방법은 파운드케이크와 같은 버터케이크에만이 아니라 쿠키나 파이, 스콘 등의 종목에도 동일하게 사용되는 아주 기본적인 방법입니다. 잘 익혀두고 두루 활용하세요.

3 모든 재료는 실온 상태에서 사용하기

버터케이크에 들어가는 모든 재료는 사용 전 반드시 실온에 꺼내두어 냉기가 완전히 가신 상태에서 반죽에 넣도록 합니다. 크림법에 있어 가장 중요한 점이 바로 재료의 실온화예요. 버터가 차가운 상태에서 바로 크림화시키게 되면 섞는 과정도 어렵지만 크림화도 제대로 되지 않고 볼륨이 빈약한 케이크가 돼요. 식감 또한 부드럽지 않고요. 달걀도 차가운 상태에서 넣으면 버터크림이 몽글몽글하게 분리되고 반죽 속의 공기도 빠져 나가 단단한 케이크가 되고 말아요. 우유, 사워크림 등도 반드시 실온 상태의 것을 사용해야 한다는 것, 꼭 기억하세요.

4 달걀은 반드시 조금씩 나누어 넣기

버터와 설탕이 충분히 크림화된 뒤 달걀을 넣고 섞는 과정에서 주의할 점이 있어요. 달걀을 한꺼번에 다 넣지 말고 반드시 조금씩 나누어 넣으라는 거예요. 버터크림에 달걀이 한꺼번에 들어가면 버터크림이 몽글몽글한 덩어리로 분리되고 말아요. 물과 기름이 잘 섞이지 않는 원리와 같은 것이지요. 이렇게 반죽이 분리되면 반죽이 자잘하게 쪼개지면서 공들여 반죽 속에 넣었던 공기가 전부 빠져 나와 식감은 물론 볼륨까지 망치게 되니 주의하세요.

보통 달걀 1개를 기준으로 두세 번에 나누어 넣으면 적당합니다. 간혹 버터보다 달걀의 양이 많이 들어가 분리현상을 피할 수 없는 경우도 있는데, 이럴 때는 최대한 신중하게, 공들여 크림화를 진행해 부드러운 식감을 유지할 수 있도록 하세요.

5 틀에 버터 꼼꼼하게 바르기

반죽을 부어 구울 틀에 미리 버터를 꼼꼼하게 발라주세요. 다양한 디테일을 가진 틀일수록 곡선 부분이나 모서리 하나까지 꼼꼼하게 버터를 바르도록 합니다. 또 나무 꼬치나 젓가락으로 반죽을 살살 저어 틀의 구석구석 반죽이 잘 닿을 수 있도록 하세요. 직선의 사각형 틀에는 버터를 바르는 대신 유산지를 깔아도 됩니다. 이렇게 꼼꼼하게 밑처리를 해야 케이크가 다 구워진 뒤 틀에서 꺼낼 때 깔끔하게 떨어져 예쁜 케이크를 완성할 수 있어요.

6 날씬한 허리로 만들어버리는 케이브 인cave-in 현상 피하기

한꺼번에 많은 양을 팬닝해서 한 덩어리로 굽는 케이크나 빵은 다 구운 뒤 오븐에서 꺼냈을 때 오븐의 온도와 오븐 밖의 온도 차가 커서 반죽 속의 열이 빠져나가며 반죽 속을 잡아당기게 돼요. 이렇게 되면 케이크나 빵의 허리 부분(옆면)이 잘록하게 들어가는 케이브 인cave-in 현상이 생깁니다. 이 현상을 방지하려면 오븐에서 꺼낸 케이크나 빵을 틀째 바닥에 살짝 떨어뜨려 충격을 주도록 하세요. 열 분자 고리가 끊어져 케이브 인 현상을 막을 수 있어요.

버터 크림의 분리현상에 대한 응급 조치

달걀로 인해 한 번 분리된 반죽은 절대 다시 크림 상태로 되돌릴 수 없어
요. 만일 만드는 과정에서 반죽이 분리될 조짐이 보이면 더 이상 진행되
기 전에 재빠르게 조치를 취하도록 합니다. 분리현상을 예방하거나 응급
조치 할 수 있는 몇 가지 방법을 알려드릴게요. 단, 분리현상이 이미 많
이 진행된 상태에서는 응급조치도 별 소용이 없으니 그렇게 되기 전에
빠른 판단과 행동이 필요해요.

1 달걀을 넣은 후 몽글몽글해지면 밀가루 1큰술을

달걀을 넣고 나서 반죽이 몽글몽글 분리되는 조짐이 보이면 미리 계량해
서 체에 내려놓은 밀가루에서 1큰술을 덜어 반죽에 솔솔 뿌려 섞어주세
요. 마른 가루인 밀가루가 겉도는 달걀의 수분을 잡아 분리현상을 진정시
킬 수 있어요. 1큰술 넣어 보고 부족하다면 조금 더 넣어도 무방합니다.

2 노른자 먼저 섞고 흰자 섞기

레시피를 살펴 보아 달걀이 많이 들어가는 경우에는 미리 노른자와 흰자
를 분리시켜 순서대로 넣어보세요. 노른자를 먼저 하나씩 전부 섞은 다
음 흰자를 조금씩 나누어 섞어주면 분리현상을 방지할 수 있어요. 레시
틴이라는 유화성분이 들어 있는 노른자는 수분 위주의 흰자와 달리 지방
질이 함유되어 있어 버터크림에 더 잘 섞이는 성질이 있기 때문이에요.

3 달걀 1개의 무게는 기본 50g

달걀 1개는 보통 50g 정도예요. 달걀에서 껍질을 제외하고 흰자와 노른자만 합친 무게이지요. 하지만 모든 달걀이 50g일 수는 없고, 대략 40~60g 정도 된다고 보면 됩니다. 이 정도의 오차 범위를 가지고 있어, 달걀을 1개만 사용하는 레시피에서는 문제가 없지만 2개 이상 사용할 때는 만드는 양이 2배, 3배가 되어 오차 범위는 점점 커져요. 예를 들어, 40g의 달걀 4개는 160g이지만 60g의 달걀 4개는 240g으로, 무려 80g 의 차이가 생기게 되지요.

그러니 달걀을 계량할 때는 될 수 있으면 기본적인 달걀 무게(껍질을 제외한 무게)를 50g으로 기억해두고 반죽의 상태를 봐가며 달걀 양을 적당히 조절하도록 하세요. 달걀을 다 사용하지 않고 남은 상태에서 반죽에 분리현상이 나타난다면 남은 달걀을 마저 넣지 말고 과감하게 포기해야 해요. 또, 많은 양을 반죽을 할 때는 제시된 레시피의 달걀 양을 조금 줄여 넣는 것이 좋아요. 수분 양을 조금 줄이는 것이 최상의 반죽을 만드는 것임을 기억하세요.

4 최대한 풍성하게 크림화시키기

버터와 설탕을 섞어 크림화시킬 때 최대한 풍성하게 만드는 것도 분리현상을 막는 방법 중 하나예요. 분리현상이 조금이라도 생겼다면 크림화에 더욱 공을 들이고, 달걀을 넣은 뒤에는 핸드믹서와 같은 기계의 도움을 받아 빠른 속도로 충분하게 휘핑하도록 합니다.

5 달걀을 넣은 뒤에는 너무 오래 휘핑하지 않기

버터크림에 달걀을 나누어 넣고 풍성하게 크림화시킨 뒤에는 더 이상 반죽을 휘핑하지 않는 것이 좋습니다. 달걀이 골고루 믹싱되어 버터크림에 공기가 충분히 들어가 볼륨이 완성된 상태에서 계속 믹싱하면 오히려 기공이 생겨 반죽 구조가 약해질 수 있어요. 이렇게 되면 오븐에서 구워지는 동안 반죽이 부풀다 힘없이 주저앉아 옆으로 퍼져버린답니다. 달걀 투입 후에는 오버믹싱 금지! 크림이 마요네즈 상태가 되면 마무리하는 것, 잊지 마세요.

A variety of Pound Cake

파운드케이크 응용하기

만드는 방법은 '클래식 파운드케이크'와 같습니다.
설탕, 버터, 달걀은 사용된 중력분과 동일한 양을 사용해도 좋습니다. 중력분을 100%로 보았을 때 설탕, 버터, 달걀의 양은 보통 70~100% 선에서 사용하는 것이 무난한 파운드케이크의 배합률이라고 보면 됩니다.

버터케이크　골든 바닐라 크림치즈 파운드케이크

재료

중력분 230g　베이킹파우더 5g　설탕 180g
무염버터 200g　크림치즈 100g　소금 1g　달걀 200g(약 4개)
바닐라엑스트랙 10g

- 크림치즈는 처음부터 버터와 함께 넣고 크림화시켜요.
- 사용되는 달걀의 양이 버터와 같아 반죽의 분리 현상이 생길 수도 있으니 충분히 휘핑하여 크림화시키고 달걀을 넣을 때는 조금씩 나누어 넣어가며 신중하게 작업합니다.

캐러멜 파운드케이크

재료

중력분 260g 아몬드파우더 30g 베이킹파우더 7g 설탕 230g
무염버터 230g 소금 2g 달걀 200g(약 4개)
캐러멜시럽 160g 바닐라엑스트랙 10g

- 캐러멜시럽은 밀가루 다음 순서에 넣어주세요. 밀가루를 넣고 대충 섞어 날밀가루가 보이지 않을 정도가 되면 이때 캐러멜시럽과 바닐라엑스트랙을 넣고 반죽이 매끈해질 때까지 섞어줍니다.

시나몬 월넛 파운드케이크

재료

중력분 260g 베이킹파우더 6g 설탕 220g 무염버터 200g
소금 2g 달걀 190g(약 4개) 생크림 50g
바닐라엑스트랙 5g 호두 다진 것 100~150g

- 호두는 반드시 오븐에 미리 구워 사용하세요. 오븐에 구운 호두를 새끼손톱만큼 자잘하게 쪼개서 넣으면 됩니다.
- 밀가루가 대충 섞이고 나면 생크림과 바닐라엑스트랙을 넣고 두세 번 섞어주세요. 그런 다음 마지막 순서로 호두를 넣어 마무리하면 됩니다.
- 건포도나 건살구 등의 건과일을 넣을 때는 럼에 잠시 불려 사용하세요. 통조림과일을 넣을 때는 키친타월로 물기를 잘 닦은 다음 넣도록 합니다. 생과일도 물기를 잘 닦고, 너무 많은 양을 넣으면 생과일이 터져 반죽에 뭉개지니 주의하세요.

Chocolate Marble
Pound Cake 초콜릿 마블 파운드케이크 크림법

파운드케이크 반죽과 녹인 초콜릿 반죽을 번갈아 팬닝한 다음 멋지게 마블링한 케이크예요.
마블링 할 때는 나이프를 이용해 반죽 위에 스프링 모양을 그리듯 빙글빙글 돌려가며 살살 섞어요.
초콜릿을 좋아한다면 레시피에 제시된 초콜릿 양보다 좀 더 늘려보세요.

버터케이크

**직사각 파운드 틀 2개 분량 /
170℃에서 40분~1시간**

재료

중력분 250g 베이킹파우더 6g 설탕 220g 무염버터 220g 소금 2~3g
달걀 200g(약 4개) 바닐라엑스트랙 5g 세미스위트초콜릿 녹인 것 50~80g

READY

- 버터와 달걀 등 모든 재료는 실온 상태로 준비한다.
- 중력분과 베이킹파우더는 한꺼번에 섞어서 체에 2번 내려놓는다.
- 달걀은 노른자와 흰자가 완전히 섞이도록 잘 풀어놓는다.
- 오븐은 170℃로 예열한다.

1 틀에 유산지 깔기 사용할 파운드 틀에 유산지를 잘 맞춰 깔아놓는다.

2

3

4

5

6

7

8

9

2 초콜릿 녹여 식히기 덩어리 상태의 초콜릿을 적당한 크기로 잘라 중탕하거나 전자레인지에 돌려 매끈하게 녹인다. 덩어리진 것 없이 다 녹으면 뜨겁지 않게 식혀놓는다.

3 버터 크림화시키기 실온 상태의 버터에 설탕과 소금을 넣고 크림화시킨다. 반죽이 연한 아이보리색이 되고 볼륨이 풍성해질 때까지 휘핑한다.

4 달걀 나누어 섞기 크림화가 완성되면 잘 풀어둔 달걀을 여러 번에 조금씩 나누어 넣어가며 계속해서 섞는다. 마요네즈와 같이 매끄럽고 볼륨이 풍성한 반죽이 되도록 한다.

5 가루류 섞기 미리 체에 내려놓은 가루 재료를 ④에 넣고 반죽에 날가루가 보이지 않을 때까지 골고루 섞는다.

6 반죽 완성하기 손거품기를 사용하여 반죽이 균일하고 매끈해질 때까지 천천히 한 방향으로 저어가며 섞는다. 중간중간 스패튤라를 이용해 믹싱볼 옆면과 바닥을 깨끗이 훑어 마무리한다.

7 초콜릿 반죽 만들기 완성된 반죽의 1/4 정도를 덜어 ②의 초콜릿에 넣고 매끈해질 때까지 골고루 섞는다.

8 번갈아서 팬닝하기 틀에 ⑥의 반죽을 절반만 붓고 초콜릿 반죽을 모두 부은 다음 다시 나머지 반죽을 모두 부어 팬닝을 마무리한다.

9 마블 모양 내고 굽기 나이프를 이용해 반죽 위를 스프링처럼 빙글빙글 돌려가며 살짝 저어 마블 모양을 낸다. 170℃로 예열한 오븐에 넣어 40분~1시간 동안 굽는다.

1 마블 모양을 낼 때는 큰 동작으로 3~4번 정도만

마블 모양을 낼 때 반죽을 너무 여러 번 섞으면 지저분해질 수 있으니 큰 동작으로 3~4번 정도만 스프링 모양을 그리듯 빙글빙글 돌려 모양 내세요.

2 초콜릿이 타지 않도록 주의하기

초콜릿은 세미스위트초콜릿 또는 다크초콜릿이 좋아요. 초콜릿을 녹일 때는 되도록 중탕법을 이용하는 것이 안전합니다. 전자레인지에 녹일 경우 짧은 시간에도 초콜릿이 쉽게 탈 수 있으니 2~3분 정도 돌리되, 초콜릿을 상태를 관찰하며 진행합니다. 초콜릿을 담은 그릇을 직접 불 위에 올려 녹일 때에도 세심한 주의가 필요해요.

3 초콜릿 케이크를 좋아한다면

초콜릿 양을 좀 더 늘려도 좋아요. 달콤한 초콜릿케이크를 좋아한다면 초콜릿 양과 함께 바닐라반죽을 좀 더 늘려 기호에 맞게 만들도록 하세요.

Elvis Presley's Favorite Pound Cake

엘비스 프레슬리 페이버릿 파운드케이크 `크림법`

로큰롤의 황제인 엘비스 프레슬리가 즐겨 먹어 그의 이름이 붙여진 케이크예요. 미국인들이 좋아하는 유명 케이크이지요.
마치 파운드케이크와 카스텔라를 합친 듯한 맛인데, 실제로 가족들이 저만 보면
만들어달라고 하는 케이크이기도 하답니다. 그런데 안타깝게도 많은 사람들이 실패하는 케이크이기도 해요.
속이 안 익은 듯 질척한 상태가 되는 경우가 대부분이지요. 크림법으로 만들지만 일반적인 크림법과 조금 차이가 있어요.
자, 여기 한 방에 엘비스가 좋아하는 이 케이크를 성공시킬 수 있는 비법이 있으니 겁먹지 말고 도전해보세요.

버터케이크

**지름 22㎝ 내외의 번트 틀
또는 직사각형 파운드 틀 2개 분량 /
180℃에서 40분~1시간**

재료

박력분 225g
설탕 300g(250~300g)
무염버터 113g
소금 1g
달걀 200g(약 4개)
생크림 120g
바닐라엑스트랙 10g
바닐라빈 1개(옵션)

READY

- 버터와 달걀, 생크림 등 모든 재료는
  실온 상태로 준비한다.
- 박력분은 미리 체에 2번 내려놓는다.
- 달걀은 노른자와 흰자가 완전히 섞이
  도록 잘 풀어놓는다.
- 사용할 케이크 틀에 버터를 바르거나
  유산지를 깔아놓는다.

1 버터와 설탕 섞기 실온에서 부
드럽게 녹은 버터를 덩어리진 것
없이 풀어준 뒤 소금을 넣고 설탕
을 솔솔 뿌려가며 섞는다.

2 **설탕의 절반을 먼저 넣으며 크림화시키기** 버터크림이 연한 아이보리색이 되면서 볼륨이 풍성해질 때까지 충분히 크림화시키되, 설탕이 버터보다 많아 크림화가 어려울 수 있으니 설탕을 한꺼번에 넣지 말고 우선 절반의 양만 넣어가며 진행한다.

3 **달걀과 남은 설탕을 번갈아 넣기** 풀어놓은 달걀을 버터크림에 조금씩 넣어가며 섞는다. 먼저 달걀은 1큰술 정도만 흘려 넣고 남은 설탕의 1/5을 덜어 넣은 다음 섞는다. 달걀의 수분으로 인해 설탕이 잘 녹을 수 있도록 계속해서 달걀 1큰술－설탕 1/5 분량의 순으로 조금씩 나누어 넣어가며 신중하게 크림화시킨다. 보통 달걀을 열 번 이상에 걸쳐 나누어 넣어야 분리현상이 덜 일어난다.

4 밀가루 반 섞어주기 체에 내려놓은 박력분의 절반 정도를 버터크림 반죽에 넣고 원을 그리듯 크게 빙빙 돌려가며 저어 날가루가 보이지 않을 만큼 섞는다. 이때 반죽 상태는 어딘가 덜 섞인 듯 약간 거칠게 보이는 상태가 좋다.

5 생크림 섞기 실온의 생크림을 모두 넣고 밀가루를 섞을 때처럼 크게 빙빙 돌려가며 저어 반죽 표면에 겉도는 생크림이 보이지 않도록 섞는다. 이때 바닐라엑스트랙도 함께 넣고, 바닐라빈을 넣을 경우에도 이 과정에서 넣는다.

6 나머지 밀가루 섞기 믹싱볼 옆면과 바닥을 깨끗하게 훑어 모은 다음 나머지 박력분을 모두 넣고 크게 원을 그리듯 섞는다.

7 반죽 골고루 섞기 모든 재료가 다 들어간 반죽은 핸드믹서나 스탠드 믹서를 이용해 본격적으로 휘핑한다. 핸드믹서를 사용할 경우에는 중간 정도의 속도로 7~10분 정도, 힘이 좀 더 센 스탠드 믹서를 사용할 경우에는 중간 속도에서 5~7분 정도 쉬지 않고 계속해서 휘핑한다.

8 반죽 마무리하기 휘핑이 완성된 반죽은 소프트아이스크림처럼 매우 부드러운 상태로, 반죽을 들어 흘려 보았을 때 물처럼 흐르지 않고 찰진 느낌으로 견고한 상태여야 한다. 반죽이 덜 된 것 같다면 휘핑 시간을 좀 더 늘려 완벽하게 반죽한다.

9 팬닝해서 굽기 버터를 바르거나 유산지를 깔아둔 파운드 틀에 반죽을 팬닝한다. 반죽을 다 붓고 나면 틀째 바닥에 두세 번 내리친 다음 나무 꼬치나 젓가락을 반죽 바닥까지 찔러 넣어 살살 저어주며 반죽 속의 기포를 제거한다. 가운데에 기둥이 있는 동그란 번트 틀일 경우 반죽 윗면을 평평하게 정리하고, 사각형의 파운드 전용 틀이라면 반죽 가운데로 갈수록 오목하게 파이는 모양으로 정리한다. 이렇게 해야 윗면이 고르고 예쁘게 터진 케이크가 완성된다. 예열 없이 바로 오븐에 넣어 200℃에서 10분 정도 굽다가 온도를 180℃로 낮추어 30~50분 정도 더 굽는다. 오븐에 따라 개인차가 있지만, 보통 온도를 낮춘 후 30분 정도가 지나면 나무 꼬치나 젓가락으로 반죽을 바닥까지 깊숙이 찔러 보아 묻어나는 반죽이 없는지 확인한다.

• 물기 있는 반죽이 묻어나면 5분 단위로 꼬치테스트를 하여 보송보송한 상태로 완전히 굽는다.

10 식혀서 숙성시키기 케이크가 다 구워지면 오븐에서 꺼내자마자 틀째 낮은 높이에서 바닥으로 살짝 떨어뜨려 충격을 준 다음 바로 틀에서 분리시켜 식힘망에 엎어 충분히 식힌다. 케이크의 열기가 빠지면 랩으로 밀봉시켜 하루 이상 실온에서 숙성시킨 뒤 먹는다.

1 베이킹파우더 대신 반죽 속에 풍부한 공기 만들기

엘비스 프레슬리 페이버릿 파운드케이크의 가장 큰 특징이라면, 크림법을 이용하되 크림법으로 만드는 다른 케이크에 반드시 들어가는 베이킹파우더를 사용하지 않는다는 거예요. 반죽을 구울 때 볼륨을 내는 팽창제가 들어가지 않으니 오로지 믹싱을 통해 반죽 속에 공기를 포집하는 수밖에 없어요. 따라서 버터크림화가 얼마나 풍성하게 되었느냐에 따라 식감과 볼륨이 결정됩니다.

부드러운 실온의 버터에 설탕과 달걀을 조금씩 넣어가면서 크림화시키는 과정을 어느 때보다 신중하게 진행하도록 하세요. 손거품기보다는 핸드믹서나 스탠드 믹서의 도움을 받아 휘핑이 제대로 이루어지도록 하는 것이 좋아요.

2 가루에서 시작해 가루에서 끝나는 반죽

이 케이크는 일반 파운드케이크의 배합률에 비해 버터의 양은 적고 설탕과 액체류의 양은 많은 것이 또 하나의 특징입니다. 레시피를 보다 깜짝 놀랄 만큼 많은 양의 설탕이 사용되는데, 여기에서 설탕의 역할은 반죽 속에서 수분을 잡아주는 것임을 잊지 말고 제시된 설탕 양을 따르도록 하세요. 설탕이 많이 들어간 만큼 촉촉하고 부드러운 케이크가 완성되니까요.

하지만 설탕이 많이 들어가 다른 액체류를 넣을 때 주의를 기울여야 하는 것도 사실이에요. 수분량이 포화상태가 되면 크림화된 반죽이 분리되고 말아요. 액체류인 생크림을 반죽에 넣을 때는 미리 밀가루의 절반 분량을 먼저 반죽에 섞어 반죽의 수분을 어느 정도 잡은 다음 생크림을 넣도록 하세요. 즉, 밀가루 – 생크림 – 다시 남은 밀가루 순으로 넣는 것이 안정적이에요. 반죽은 가루로 시작해 가루로 끝난다는 사실! 꼭 기억해두세요.

3 소프트아이스크림으로 만들기

반죽 믹싱이 끝나면 완벽한 식감의 케이크를 위해 반드시 거쳐야 하는
단계가 있습니다. 바로 반죽을 소프트아이스크림처럼 매끈하고 차지게
만드는 거예요. 핸드믹서 또는 스탠드 믹서를 이용하고, 휘핑이 끝나면
반죽 상태를 확인해 보아 표면이 거칠거나 반죽에 물기가 많아 주르륵
흘러내리면 믹싱이 부족한 상태이니 좀 더 휘핑하도록 합니다.

4 내 오븐을 의심할 것

앞서 이 케이크의 실패율이 높다고 한 가장 큰 이유는 바로 오븐 상태를
제대로 파악하지 못했기 때문이에요. 다른 케이크와 달리 오븐을 예열하
지 않고 바로 굽기 때문에 반죽을 넣고 온도를 잘 맞춰야 하는 특징이 있
어요. 이때 본인이 사용하는 오븐의 특징을 잘 파악하고 있지 않으면 속
이 제대로 익지 않은 케이크가 될 수 있어요.

우선, 오븐에 표시된 온도를 믿지 말아야 해요. 오븐 온도를 체크하는 온
도계를 이용해 오븐 속 실제 온도를 체크해보세요. 오븐에 표시된 온도
와 차이가 있다는 것을 알게 될 거예요. 같은 브랜드의 같은 모델명을 가
진 오븐이라 해도 차이가 난답니다. 예를 들어 오븐 자체에 달려있는 온
도 표시계를 200℃로 맞춘 뒤 예열했다 해도 15분 정도 지난 다음 온도
계를 넣어 보면 180℃도 안 되거나, 또는 220℃가 넘게 과열되기도 하
지요.

이러니 오븐을 믿을 수가 없다는 말이 나온 거예요. 자칫 표시보다 낮은
온도인 줄 모르고 그대로 구웠다가는 속이 질척한 케이크가 될 수 있으
니 온도계로 오븐 상태를 꼭 체크하되, 이 케이크의 경우 처음부터 온도
를 살짝 높게 설정해서 굽는 것이 실패를 막을 수 있는 방법이에요.

Sour Cream Velvet Cake

사워크림 벨벳 케이크 투 스테이지법

크림법으로 만드는 일반 파운드케이크에 비해 식감이 굉장히 연하고 부드러워 '벨벳'이라는 이름을 붙인 케이크예요. 크림법 대신 '투 스테이지법The Two-Stage Mixing'을 사용해서 만들어요. 투 스테이지법은 재료 중의 액체를 모두 섞은 뒤, 그 이름처럼 크게 두 단계에 나누어 섞어주는 기법이에요. 미국이나 유럽에서는 이 방법을 흔히 사용해요. 재료도 간단하고 만드는 시간도 매우 짧아 사랑하지 않을 수 없는 기법이지요. 이걸 배운 다음 저는 판타스틱! 이라고 외쳤답니다.

버터케이크

**윗지름 23㎝ 번트 팬 1개 분량 /
170℃에서 1시간 내외**

재료

중력분 300g
베이킹파우더 6g
설탕 260g(200~300g)
소금 2g
무염버터 170g
달걀 200g(약 4개)
사워크림 200g
바닐라엑스트랙 10g

READY

- 버터와 달걀, 사워크림 등 모든 재료는 실온 상태로 준비한다.
- 오븐은 170℃로 예열한다.

1 틀에 버터 바르고 밀가루 코팅하기
사용할 케이크 틀에 실온에서 부드럽게 녹은 버터를 꼼꼼하게 바른다. 디테일이 복잡한 틀일 경우 밀가루를 뿌린 다음 털어 한 번 더 코팅시킨다. 코팅한 틀은 냉장고에 넣어둔다.

2 가루류 섞기 넓은 믹싱볼에 밀가루와 베이킹파우더, 설탕, 소금을 한꺼번에 넣고 손거품기로 30초 정도 골고루 섞는다. 대략 30번 정도 크게 원을 그리면서 섞어주는 정도면 된다.

3 **액체 재료끼리 섞기** 볼에 실온의 사워크림과 달걀, 바닐라엑스트랙을 모두 넣고 골고루 섞는다.

4 **가루에 버터와 액체류 절반 넣기** ②에 실온의 부드러운 버터와 ③의 절반 분량을 넣는다.

5 **골고루 섞기** 손거품기를 이용해 천천히 가루와 액체가 뭉치도록 2분 정도 골고루 섞는다. 손거품기 안쪽에 뭉쳐 있는 재료들도 털어주면서 날밀가루가 보이지 않을 정도까지 적당히 반죽한다.

6 **2분 믹싱하기** 손거품기를 짧게 잡고 믹싱볼 옆면과 바닥을 훑어가며 크게 빙빙 돌려 2분 동안 계속 믹싱한다. 스탠드 믹서를 사용할 경우에는 타이머를 맞춰 2분 동안 지속적으로 믹싱하는 것이 좋고, 소형 핸드믹서나 손거품기를 사용할 때는 대략 1초에 한 바퀴로 보아 120번 정도 크게 원을 그리며 믹싱한다. 노란 색이던 반죽이 연한 아이보리색으로 변하고 고운 입자와 결을 가진 차진 반죽이 되도록 한다.

• 손거품기가 최대한 반죽 전체를 휘저어줄 수 있도록 거품기를 믹싱볼 바닥에 고정시킨 상태에서 믹싱하고, 힘들면 중간에 잠깐 쉬어도 좋다.

7 남아 있는 액체 세 번에 나누어 섞기 스패튤라를 이용해 믹싱볼 옆면과 바닥을 깨끗하게 훑어 반죽을 모은 다음 절반 분량을 남겨두었던 액체류를 세 번에 나누어 넣는다. 한 번 넣을 때마다 1분 동안, 즉 60번 정도 빙빙 돌리듯 섞는다. 이렇게 세 번 반복해 반죽이 점점 부드러워지도록 한다.

8 반죽 골고루 믹싱하기 스패튤라를 이용해 믹싱볼 옆면에 붙어 남아 있는 반죽이 없도록 깨끗하게 훑어가며 골고루 섞는다. 이때 믹싱이 부실해 반죽의 질감이 부드럽지 못하고 거칠거나 덜 섞인 밀가루 덩어리가 보이면 계속 믹싱해 완전히 섞는다.

9 반죽 완성하기 완벽하게 잘 된 반죽은 소프트아이스크림 같이 매우 부드러운 질감에 차지고 윤기 나는 상태이다. 손거품기로 저었을 때 반죽에 자국이 선명하게 남아 있고 표면이 매끈해질 때까지 반죽한다.

10 팬닝해서 굽기 버터를 발라 냉장고에 넣어둔 틀에 반죽을 팬닝한 뒤, 나무 꼬치나 젓가락으로 곡선의 틀 구석구석까지 반죽을 채워 틀 모양대로 골고루 팬닝되도록 한다. 윗면이 한쪽으로 쏠리지 않도록 평평하게 다듬은 다음 170℃에서 20분 이상 예열한 오븐에 넣고 60분 이상 굽는다. 시간이 다 되면 나무 꼬치나 젓가락으로 반죽 한가운데를 바닥까지 깊숙이 찔러 보아 덜 익은 반죽이 묻어나지 않는지 확인한다.

• 물기 있는 반죽이 묻어나면 5분 간격으로 꼬치테스트를 해 완전히 익을 때까지 굽는다.

11 뒤집어 식히기 케이크가 다 구워지면 오븐에서 꺼내 틀째 바닥에 살짝 떨어뜨려 충격을 준 뒤, 틀에서 케이크를 분리해 식힘망 위에 뒤집어서 식힌다.

9

10

1 밀가루를 버터로 코팅시키기

이 케이크가 버터케이크 중에서도 가장 섬세하고 고운 결을 가질 수 있는 비결이 있어요. 반죽을 할 때 미리 밀가루에 버터를 넣고 비벼주어 밀가루를 버터로 코팅시켜주는 거예요. 이렇게 하면 믹싱할 때 밀가루가 치대지며 글루텐을 형성하는 현상을 막아주어 보다 부드러운 식감을 유지할 수 있답니다.

2 반드시 실온 상태의 재료로

투 스테이지 기법으로 케이크를 만들 때 가장 중요한 점은 사용하는 모든 재료가 실온 상태여야 한다는 거예요. 재료간에 차갑거나 뜨거운 온도 차가 있으면 최상의 결과를 가져올 수 없다는 것을 꼭 기억하세요.

3 투 스테이지법에 가장 적합한 믹싱 도구는 스탠드 믹서

투 스테이지법에 있어 최상의 믹싱 도구는 스탠드 믹서예요. 일정한 속도와 힘으로 꾸준하게 믹싱할 수 있어 완벽한 반죽을 만들어주지요. 스탠드 믹서가 없다면 소형 핸드믹서나 손거품기를 이용하면 돼요. 이때는 되도록 일정한 속도와 힘으로 꾸준하게 저어주는 것이 중요합니다.

4 갓 구운 케이크는 조심해서 다룰 것

투 스테이지 기법으로 케이크를 만들 때 기억할 점은 사용하는 모든 재료에 액체 비율이 높기 때문에 조직 자체가 매우 연하다는 거예요. 오븐에서 갓 꺼낸 케이크를 틀에서 분리할 때는 조심해서 살살 다루도록 하세요. 뜨거운 상태에서 수분 까지 많이 함유하고 있으니 힘이 조금이라도 가해지면 그 부분이 갈라져버려요. 열기가 어느 정도 식은 다음 만지도록 하세요.

5 하룻동안 숙성시키는 것이 맛의 비결

케이크가 식으면 랩으로 밀봉하거나 밀폐용기에 넣어 실온에서 하루 정도 숙성시켜요. 많은 양의 설탕과 버터 베이스의 제과류는 하루 또는 삼일 정도까지 숙성시켜 단맛을 살짝 누그러뜨리고 재료들이 조화를 이루도록 해야 맛있답니다.

A variety of
the Two-Stage Mixing

벨벳 케이크 응용하기

만드는 방법은 '사워크림 벨벳 케이크'와 같습니다.

버터케이크 초콜릿 벨벳 퍼지 케이크

재료

중력분 240g 베이킹파우더 4g 베이킹소다 2g 설탕 210g(180~250g)
소금 2g 무염버터 225g 무가당 코코아파우더 65g 뜨거운 물 120g
달걀 150g(약 3개) 우유 120g 바닐라엑스트랙 10g

- 코코아파우더는 뜨거운 물에 골고루 잘 섞어 부드러운 크림 상태로 만들어서 사용하세요. 코코아파우더가 초콜릿 녹인 것과 같은 상태가 되면 밀가루에 버터와 함께 넣고 섞어요.
- 코코아파우더는 반드시 베이킹 전용 무가당 파우더를 사용하세요. 시중에 판매하는 코코아믹스 등은 설탕이나 밀크파우더가 섞여 있어 베이킹용으로는 적합하지 않아요.

크림치즈 녹차 마블 벨벳 케이크

재료

중력분 250g 베이킹파우더 6g 설탕 220g(180~250g) 소금 2g
버터 170g 크림치즈 130g 달걀 150g(약 3개) 생크림 60g
우유 50g 바닐라엑스트랫 10g
녹차(말차)파우더 5~10g(+미지근한 물 조금)

- 볼에 미지근한 물을 조금 넣고 분량의 녹차파우더를 넣어 걸쭉한 상태로 완전히 녹여주세요. 진한 녹차 풍미를 원한다면 녹차파우더 10g을 모두 사용하고, 보통은 5~7g 정도면 알맞아요.
- 반죽이 모두 완성되면 믹싱볼에 200~300g의 반죽을 덜어놓고 녹여둔 녹차파우더를 넣어 골고루 섞어요. 이렇게 플레인 반죽과 녹차 반죽을 나누는 거예요.
- 녹차 마블 만드는 법 : 케이크 틀에 팬닝할 때 먼저 플레인 반죽의 절반 정도를 틀에 붓고 그 위에 녹차 반죽을 모두 부어요. 마지막으로 다시 플레인 반죽을 부어주세요. 그 다음 길쭉한 나이프나 숟가락으로 반죽을 깊게 찔러 아래에 있는 반죽들을 위로 퍼 올리는데, 이때 스프링 모양으로 반죽을 한두 바퀴씩 빙빙 돌리듯 퍼 올린 뒤, 윗면이 평평해지도록 다듬어 오븐에 넣어요. 너무 많이 휘저어 마블이 지저분해지지 않도록 주의하세요.

트리플 레이어 벨벳 케이크

재료

중력분 250g 베이킹파우더 6g 시나몬파우더 2g 설탕 220g
(180~250g) 소금 2g 무염버터 150g 달걀 150g(약 3개)
사워크림 170g 바닐라엑스트랫 10g
인스턴트 커피파우더 5~10g(+미지근한 물 조금)
무가당 코코아파우더 5~10g(+미지근한 물 조금)

- 인트턴트 커피파우더와 무가당 코코아파우더는 각각 미지근한 물과 섞어 걸쭉한 상태로 완전히 녹여주세요. 파우더 양은 기호에 따라 조절하세요. 진한 풍미를 내려면 10g 모두 사용하면 됩니다.
- 반죽이 완성되면 믹싱볼에 반죽을 200~300g 정도씩 덜어 각각 커피파우더와 코코아파우더 녹인 물을 섞어 모카 반죽과 코코아 반죽을 만든다. 반죽을 덜고 남은 양은 플레인으로 남겨둔다.
- 레이어 만드는 법 : 케이크 틀에 팬닝할 때 먼저 플레인 반죽의 절반 정도를 틀에 붓고 그 위에 각각 코코아 반죽과 모카 반죽을 모두 부어요. 마지막으로 남아 있는 플레인 반죽을 각각 부어 마무리하세요. 팬닝이 다 되면 스패튤라를 이용해 윗면을 평평하게 다듬은 뒤 오븐에 넣어요.

Vanilla Chiffon Cake

바닐라 시폰케이크

시폰케이크는 비단결같이 부드럽고 촉촉한 식감이 특징이에요. 하지만 환상적인 케이크 맛을 보기까지 많은 노력이 필요한 케이크이지요. 달걀로 거품을 올리는 일반적인 케이크에 비해 식물성오일과 우유의 배합률이 매우 크기 때문에 애써 만들어둔 거품이 쉽게 가라앉아버리는 경우가 많아요. 만드는 법과 필요한 재료 등을 찬찬히 살펴 멋진 시폰 케이크를 완성해보세요. 까다로운 만큼 만들고 나면 세상을 다 가진 것처럼 뿌듯할 거예요.

시폰케이크

**윗지름 18㎝ 시폰 틀 1개 분량 /
170℃에서 40~50분**

재료

중력분 100g

베이킹파우더 3g

달걀노른자 80g(약 4개)

포도씨오일 65g

우유 60g

설탕 40g(30~50g)

소금 1g

바닐라엑스트랙 5g

머랭

달걀흰자 150g(약 5개)

설탕 80g(60~90g)

READY

- 중력분과 베이킹파우더는 체에 2번 내려놓는다.
- 달걀노른자와 흰자를 분리해 각각 믹싱볼에 담는다.
- 오븐을 170℃로 예열한다.

1 달걀노른자에 설탕 섞기 손거품기로 노른자를 잘 풀고 설탕과 소금을 넣어 골고루 섞는다. 달걀 거품의 색이 조금 연해지고 설탕이 어느 정도 녹을 때까지 믹싱한다.

2 액체류 섞기 포도씨오일을 흘려 넣어가며 손거품기로 섞은 다음 나머지 우유를 천천히 흘려 넣으며 손거품기로 계속해서 믹싱한다. 액상 재료들을 한꺼번에 넣지 않도록 하고, 손거품기로 믹싱볼 옆면과 바닥을 깨끗하게 훑어가며 섞어 모든 재료가 골고루 믹싱되도록 한다. 오일과 우유가 차례대로 들어가서 골고루 섞이면 바닐라엑스트랙을 넣고 섞는다.

3 가루류 섞기 모든 액체류가 골고루 섞이면 체에 내려둔 가루 재료를 넣고 반죽이 덩어리진 것 없이 매끈하게 되도록 믹싱볼 안을 손거품기로 빙빙 돌려가며 섞는다.

4 가루 믹싱 마무리하기 중간 중간 스패튤라로 믹싱볼 벽에 묻어 있는 재료들을 모아가며 섞어 겉돌거나 덩어리지는 것 없이 매끈한 반죽이 되도록 마무리한다.

5 흰자 머랭 올리기 달걀흰자를 핸드믹서로 휘핑해 하얗게 변하면서 거품이 올라오기 시작하면 설탕을 여러 번에 나누어 넣어가며 계속 믹싱해 머랭을 올린다. 달걀흰자의 폼이 완전히 형성되기 전에 설탕이 다 들어가야 하므로 설탕을 솔솔 뿌려주는 식으로 계속 넣어가며 섞는다. 설탕이 완전히 녹고 머랭 폼이 완성될 때까지 섞는다.
• 머랭을 만들 때는 핸드믹서의 중간 속도를 이용한다. 너무 빠른 속도로 거품을 올리면 입자가 불규칙하고 거칠어질 수 있으니 주의한다.

6 머랭 완성하기 핸드믹서를 멈추고 내용물을 들어올렸을 때 스패튤라에 묻은 머랭이 단단하게 서 있으며 끝이 뾰족하고 앞으로 살짝 구부러지면 부드럽게 잘 올려진 것이다. 좋은 머랭은 표면이 매끄럽고 윤기가 흐르며 눈으로 보았을 때 기포가 보이지 않는 상태로, 마치 소프트아이스크림 같은 느낌이다.

7 머랭 1/3 섞기 다른 믹싱볼에 미리 섞어둔 달걀노른자에 머랭의 1/3 정도를 덜어 골고루 섞는다. 노른자를 섞었던 손거품기를 그대로 이용해 믹싱볼 옆면과 바닥까지 깨끗하게 훑는 느낌으로, 한쪽 방향으로만 빙빙 돌려가며 머랭이 살짝만 보이는 정도까지 섞는다.

10

8 남은 머랭의 절반 섞기 남은 머랭의 절반을 다시 넣고 같은 방법으로 원을 그리며 섞는다. 이때도 머랭이 완전하게 섞이기 보다는 살짝 보이는 정도가 적당하다.

9 마지막 머랭 섞어 마무리하기 마지막 남은 머랭을 넣고 스패튤라로 믹싱볼 옆면과 바닥을 깨끗하게 훑어가며 반죽을 위쪽으로퍼 올리며 빠르게 반죽을 섞는다. 이때 잘 섞이지 않고 뭉쳐 있는 머랭 덩어리가 보이면 스패튤라를 이용해 머랭을 칼로 자르듯이 과감하게 풀어주어 최대한 덩어리 없이 골고루 섞이도록 한다.
• 마무리할 때는 손거품기 보다 스패튤라를 이용한다. 반죽을 뒤집어 엎듯 과감하게 아래에서 위로 반죽을 퍼 올리며 머랭이 완벽하게 섞이도록 믹싱한다.

11

10 반죽 마무리하기 믹싱볼 옆면과 바닥을 깨끗하게 훑으며 반죽을 모아가면서 섞는다. 완성된 반죽은 달걀의 폼이 살아 있어 스패튤라로 저은 반죽 자국이 선명하게 남아 있고 머랭 폼이 폭신폭신하게 살아 있어야 한다.

11 시폰 틀에 물스프레이 뿌리기 준비한 시폰 틀에 스프레이로 물을 듬뿍 뿌려준다.

12

12 팬닝하기 물을 뿌린 틀에 반죽을 모두 붓고 젓가락이나 얇은 꼬챙이로 반죽을 빙빙 돌려가며 저어 위로 떠오른 불규칙한 거품들을 터뜨린다. 반죽 속에 숨어 있는 불규칙한 기포들이 정리되도록 팬닝한 틀을 바닥에 두세 번 살살 내리쳐야 결이 고른 케이크가 완성된다.

13 굽기 170℃에서 20분이상 충분히 예열한 오븐에서 윗면의 색이 진하게 날 때까지 40~50분 정도 굽는다. 시간이 다 되면 얇은 꼬치나 젓가락으로 케이크 가운데를 바닥까지 깊숙이 찔러 보아 물기 있는 반죽이 묻어 나지 않고 보송보송하게 깨끗한 상태가 되면 오븐에서 꺼낸다. 오븐에서 꺼낸 시폰 틀은 케이크가 주저앉는 것을 방지하기 위해 바닥에 살짝 떨어뜨려 충격을 준다..
• 꼬치로 찔렀을 때 젖은 반죽이 묻어나오면 5분 단위로 테스트하며 익을 때까지 굽는다.

13

14 거꾸로 세워 식히기 바닥에 떨어뜨렸던 틀을 거꾸로 뒤집어 완전히 식을 때까지 그대로 둔다. 시폰케이크의 윗면이 바닥에 닿아 눌리지 않도록 컵을 뒤집어놓고 그 위에 틀 가운데의 봉이 닿도록 올리면 된다.

15 손으로 케이크 옆면 분리하기 케이크가 완전히 식으면 손가락을 틀 옆면과 반죽 사이로 집어 넣어 케이크를 틀에서 분리시킨다. 손가락에 힘을 너무 많이 주면 케이크가 찢어질 수 있으니 틀과 붙어 있는 케이크 가장자리를 살짝 누르며 조심스럽게 분리시킨다. 손가락에 균일한 힘을 주면서 케이크를 안쪽으로 모으듯 눌러주면 깨끗하게 떨어진다.

16 나이프로 케이크 옆면 분리하기 틀에서 케이크를 분리하는 또 다른 방법도 알아두자. 기다란 나이프를 틀과 케이크 사이에 넣어 분리시키는 방법이다. 손으로 떼어내는 것이 어렵다면 나이프를 이용하면 된다. 단, 곡선의 케이크 옆면을 직선인 나이프로 분리시켜야 하므로 케이크 외관이 상하지 않도록 조심스럽게 작업한다.

17 케이크 밑면 분리하기 옆면을 분리시킨 케이크 틀을 통째로 들어 한번에 바닥으로 확 엎는다. 이때 케이크 밑면이 자연스럽게 떨어지지 않고 그대로 틀에 붙어 있다면 나이프를 이용해 살살 떼어내도록 한다.

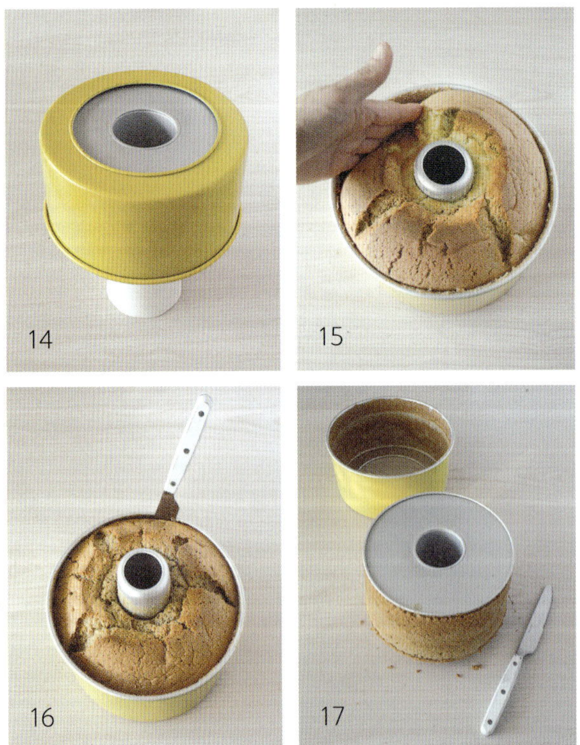

1 부드러운 만큼 약한 구조 살피기

시폰케이크는 스펀지케이크라 불리는 거품형 케이크에 비해 식물성오일과 수분(물, 우유, 기타 액상 재료)의 배합률이 높기 때문에 식감이 매우 촉촉하고 부드러운 것이 특징이지만, 그만큼 구조가 단단하지 않고 부실하기 때문에 케이크 자체가 반죽의 무게를 이기지 못해 주저앉을 수 있다는 것을 알아두어야 합니다. 그래서 베이킹파우더 같은 화학팽창제의 힘을 빌려 볼륨을 키워야 안정적인 케이크가 만들어지지요. 팽창제 없이 흰자 거품인 머랭으로만 볼륨을 살릴 수도 있지만 머랭을 안정적으로 완벽히 올리는 것이 쉽지 않기 때문에 자칫 공들인 케이크를 망칠 수 있어요. 케이크의 구조를 안정적으로 뒷받침해주는 화학팽창제를 사용해 안전하게 만들도록 하세요.

2 가운데 기둥이 있는 전용 틀 사용하기

시폰케이크는 반드시 가운데에 기둥이 있는 전용 틀에 구워야 해요. 다량의 수분과 식물성 유지의 배합으로 반죽의 구조가 무겁고 약하기 때문에 오븐에 케이크를 구울 때 열이 가장 늦게 전달되는 가운데 부분이 익지 않을 수 있어요. 그러면 익지 않은 반죽의 무게를 이기지 못하고 주저앉아 가운데가 푹 꺼지는 현상이 종종 발생하지요. 시폰 틀 가운데의 봉은 이런 특성을 가진 시폰 반죽의 지지대 역할을 합니다. 무너지기 쉬운 반죽이 틀 옆면과 가운데 봉을 의지해 볼륨을 키워나가게 되는 거예요. 지지대가 없는 틀을 이용하면 굽는 동안 반죽이 점점 수축되어 쪼그라들게 된다는 것을 잊지 마세요.

3 케이브 인cave-in 현상 방지하기

시폰케이크를 다 구운 뒤 오븐에서 꺼내면 케이크 내부의 온도가 급격하게 떨어지면서 내부에 팽창되어 있던 열기가 빠져나가며 급격하게 볼륨이 주저앉는 케이브 인cave-in 현상이 생겨요. 이 현상을 막기 위해서는 오븐에서 꺼낸 틀을 바닥에 살짝 떨어뜨려 틀 안에 충격을 주도록 하세요. 내부에 팽창되어 있던 열 구조가 끊어져 케이크가 주저앉는 것을 막을 수 있어요. 또, 틀째 거꾸로 뒤집어 식히면 케이크 내의 잔여 수분이 빠져나가는 것을 막을 수 있어 볼륨을 유지시킬 수 있지요. 볼륨이 유지되어야 부드럽고 촉촉한 케이크를 한껏 즐길 수 있어요.

4 달걀노른자와 흰자 완벽하게 분리하기

머랭을 만들기 위해 달걀흰자와 노른자를 분리할 때 노른자가 터지면서 흰자에 섞이지 않도록 주의하세요. 달걀노른자에는 지방 성분이 들어 있어서 흰자에 아주 적은 양이라도 섞일 경우 머랭이 단단하게 올라오지 못한답니다. 머랭을 만들 때 흰자를 넣는 믹싱볼이나 머랭을 올리는 핸드믹서의 날은 물기를 완전히 제거하고 사용해야 하며, 평소 사용하던 볼에는 음식 냄새가 배어 있을 수 있으니 별도의 스테인리스 볼이나 유리볼을 사용하세요.

5 향 없는 포도씨오일이나 카놀라오일로 만들기

시폰케이크에 사용하는 오일은 특별한 향이 없는 포도씨오일 또는 카놀라오일을 사용하는것이 좋아요. 올리브오일처럼 독특한 향이 있는 오일을 사용하면 케이크 전체의 풍미를 떨어뜨릴 수 있으니 주의해야 합니다.

만드는 법은 모두 '바닐라 시폰케이크'와 같습니다. 부가 재료를 바꿔가며 다양한 스타일의 시폰케이크를 만들어보세요.

녹차 시폰케이크

재료

중력분 90g 녹차(말차)파우더 7~10g 베이킹파우더 3g
달걀노른자 80g(약 4개) 포도씨오일 65g 우유 60g
설탕 40g(30~50g) 소금 1g 바닐라엑스트랙 5g

머랭

달걀흰자 150g(약 5개) 설탕 80g(60~90g)

- 밀가루를 체에 내릴 때 녹차(말차)파우더를 섞어 함께 내려요. 차로 마시는 가루 녹차 말고 '말차' 가루를 이용하도록 하세요.

모카 시폰케이크

재료

중력분 100g 베이킹파우더 3g 달걀노른자 80g(약 4개)
포도씨오일 65g 우유 60g 인스턴트 커피파우더 5~10g
설탕 40g(30~50g) 소금 1g 바닐라엑스트랙 5g

머랭

달걀흰자 150g(약 5개) 설탕 80g(60~90g)

- 우유에 커피를 미리 녹여 커피우유를 만들어 사용하세요. 시폰케이크 만드는 과정에서 우유를 넣을 때 커피우유를 사용하면 됩니다. 원두커피는 너무 연하기 때문에 맛과 향을 위해 인스턴트 커피를 사용하는 것이 좋아요.

초콜릿 시폰케이크

재료

중력분 90g 코코아파우더 30g 베이킹파우더 1g 베이킹소다 1g
달걀노른자 80g(약 4개) 포도씨오일 65g 우유 60g
설탕 50g(40~70g) 소금 1g 바닐라엑스트랙 5g

머랭

달걀흰자 150g(약 5개) 설탕 100g(70~120g)

- 밀가루를 체에 내릴 때 코코아파우더를 섞어 함께 내려요. 코코아파우더는 지방 성분 때문에 다른 재료와 원활하게 섞이지 않을 수 있으니 밀가루와 함께 한두 번 더 체에 내리는 과정을 거치면 좋아요. 코코아파우더의 지방 성분은 머랭을 쉽게 가라앉힐 수 있으니 빠른 손놀림으로 과감하게 믹싱하도록 하세요.
- 코코아파우더의 쌉싸래한 맛이 들어가기 때문에 다른 시폰케이크에 비해 설탕 양을 조금 넉넉히 잡아주는 것도 좋아요.

시나몬 아몬드 시폰케이크

재료

중력분 75g 아몬드파우더 25g 시나몬파우더 4g
베이킹파우더 3g 달걀노른자 80g(약 4개) 포도씨오일 65g
우유 60g 설탕 40g(30~50g) 소금 1g 바닐라엑스트랙 5g

머랭

달걀흰자 150g(약 5개) 설탕 80g(60~90g)

- 밀가루를 체에 내릴 때 아몬드가루를 섞어 함께 내려요. 아몬드가루는 밀가루 보다 무겁고 유분의 함량이 많아 머랭을 쉽게 가라앉힐 수 있으니 빠른 손놀림으로 과감하게 믹싱하도록 하세요.

New York Cheese Cake

뉴욕 치즈케이크

진하고 크리미한 맛으로 남녀노소 누구에게나 사랑 받는 케이크예요. 밀가루가 들어가지 않고 오로지 크림치즈 하나로 그 맛을 내지요. 그러니 무엇보다 신선하고 좋은 재료가 필요하겠지요? 만드는 법이 매우 간단해 웬만해선 실패하지 않는 종목이라 초보자에게 베이킹의 즐거움을 알려주는 메뉴이기도 해요. 맛있는 크림치즈를 준비해 지금 바로 도전해보세요.

치즈케이크

**16㎝ 원형 틀 1개 분량 /
160℃에서 1시간~1시간 20분 내외**

크러스트
다이제스티브쿠키 100g
무염버터 녹인 것 35g
설탕 10g

크림치즈 반죽
크림치즈 300g
생크림 95g
설탕 100g
달걀 50~60g(약 1개)
소금 1g
바닐라엑스트랙 10g

1 **케이크 틀에 유산지 깔기** 치즈케이크를 구울 틀에 유산지를 깔아놓는다.

2 **쿠키시트 만들기** 다이제스티브쿠키를 밀대로 두들겨 입자가 고른 고운 가루로 만든다.

3 **설탕과 녹인 버터 섞기** 쿠키 가루에 버터 녹인 것과 설탕을 넣고 골고루 버무린다.

4 **유산지 위에 쿠키시트 깔기** 유산지를 깔아둔 케이크 틀에 ③의 쿠키 가루를 넣고 꾹꾹 눌러 두께가 고르도록 다듬는다.

5 **크림치즈에 설탕 섞기** 실온에 두어 말랑말랑한 크림치즈와 설탕, 소금을 믹싱볼에 넣고 손거품기로 부드럽게 풀어 마요네즈 상태로 만든다.

6 **달걀 넣기** ⑤의 크림치즈가 부드러운 크림 상태로 되면 풀어놓은 달걀을 조금씩 흘려 넣어가며 섞다가 바닐라엑스트랙을 넣고 골고루 섞는다.

7 **생크림 넣기** 커피를 생크림에 섞어 녹인 것을 ⑥에 넣고 골고루 섞는다.

8 **반죽 정리하기** 모든 재료가 골고루 섞여 부드러운 크림 상태가 되면 반죽을 마무리한다.

9 **팬닝하기** 쿠키시트를 깐 틀에 반죽을 팬닝하고 윗면을 고르게 정리한다.

10 **반죽 위에 모양 그리기** 케이크에 무늬를 넣으려면 반죽을 조금 덜어내 커피를 진하게 녹인 다음 짜주머니에 넣고 달팽이모양으로 선을 그린 다음 가는 꼬치로 선을 긋는다.

11 **스팀법으로 굽기** 준비한 시폰 틀에 반죽이 담긴 틀 아래에 다른 틀 하나를 덧댄 다음 뜨거운 물이 담긴 넓은 오븐 팬에 얹는다. 160℃로 20분 이상 예열한 오븐에 1시간~1시간 20분 정도 굽다가 가는 꼬치나 젓가락으로 가운데를 찔러본다. 바닥까지 깊숙이 찔러보아 꼬치 끝에 반죽의 습기가 살짝 묻어나는 정도에서 마무리한다. 오븐에서 꺼내 틀째 식힌 다음 냉장고에 넣어 차갑게 식혀 완성한다.

1 베이크드 치즈케이크와 레어 치즈케이크

치즈 케이크는 굽는 방법에 따라 두 가지 스타일로 나뉘어요. 오븐에 구워 만드는 베이크드 치즈케이크Baked Cheese Cake와 굽지 않고 냉장고에서 굳히는 무스 타입의 레어 치즈케이크Rare Cheese Cake가 있지요.

베이크드 치즈케이크는 이 레시피에 소개한 것처럼 스팀법으로 낮은 온도에서 오랫동안 굽기 때문에 케이크의 색이 연하고 식감 또한 매우 부드럽고 촉촉합니다. 레어 치즈케이크는 젤라틴이라는 응고제를 넣어 굳혀요. 푸딩이나 아이스크림 같은 식감이 특징이에요.

2 바닥이 쉽게 분리되는 팬 사용하기

치즈케이크는 수분 함량이 높고 질감이 매우 연해 다른 케이크처럼 다 구운 뒤 틀을 뒤집어 분리할 수 없어요. 링 모양 틀이나 옆면과 바닥이 분리되는 스프링 폼 틀을 사용해야 케이크를 부서뜨리지 않고 모양 살려 잘 분리할 수 있어요. 반드시 바닥에 다른 팬 하나를 덧대서 사용하는 것도 잊지 마세요. 스팀법으로 구울 때 물이 반죽에 들어가는 것을 막기 위한 방법이에요.

3 실온에서 말랑말랑해진 크림치즈 사용하기

크림치즈는 실온에 두어 찬기 없이 말랑말랑한 상태의 것을 사용하세요. 냉동 상태이거나 냉동했다 해동한 것은 좋지 않아요. 크림치즈는 얼었다가 녹으면 수분과 유분이 분리되어 몽글몽글한 상태가 되는데, 이를 넣고 반죽을 하면 잘 풀어지지 않아 결을 망치기 때문이에요.

4 반죽의 물기가 살짝 묻어날 때까지 굽기

치즈케이크는 지정된 시간만큼 구운 다음 가운데를 가는 꼬치나 젓가락으로 찔러보세요. 꼬치 끝에 반죽의 물기가 살짝 묻어나는 정도까지 구우면 알맞은 상태입니다. 일반 케이크처럼 수분을 완전히 날리는 것이 아니라 케이크 내에 수분이 촉촉하게 유지되어야 하기 때문이에요. 물기 아닌 반죽이 묻어나면 좀 더 구워야 합니다.

A variety of Cheese Cake 뉴욕 치즈케이크 응용하기

 치즈케이크

**16㎝ 원형 틀 1개 분량 /
160℃에서 1시간~1시간 20분 내외**

<u>크러스트</u>
초콜릿쿠키(오레오) 100g 무염버터 녹인 것 35g 설탕 10g

<u>크림치즈 반죽</u>
달걀 50~60g(약 1개) 크림치즈 300g 생크림 95g 인스턴트커피 7g
설탕 100g 소금 1g 바닐라엑스트랙 5g

- 만드는 방법은 '뉴욕 치즈케이크'와 같습니다. 크림치즈
  반죽에 인스턴트커피를 넣어 모카 치즈케이크로 만들어
  보세요.

모카 치즈케이크

Yogurt Souffle Cheese Cake

요거트 수플레 치즈케이크

유지가 들어가지 않아 아주 깔끔한 치즈케이크예요.
달걀흰자만 거품을 올려 폼을 만들기 때문에 이만큼 부드럽고 가벼운 케이크는 쉽게 찾아볼 수 없어요.
아직까지 이보다 맛있는 치즈케이크는 없다고 말할 수 있을 정도로 자신 있게 추천합니다.

치즈케이크

**16㎝ 원형 틀 1개 분량 /
160℃에서 40분~1시간**

재료
중력분 45g
설탕 60~100g
달걀노른자 60g(약 3개)
크림치즈 250g
무가당 플레인요플레 100g
레몬즙 35g

머랭
달걀흰자 90g(약 3개)
설탕 30~50g

READY

- 크림치즈와 요플레는 냉장고에서 꺼내
  실온에 둔다.
- 달걀은 흰자와 노른자를 분리해 각각 믹
  싱볼에 담아둔다.
- 스팀법에 사용할 뜨거운 물을 준비한다.
- 반죽을 팬닝할 원형 틀에 유산지를 깔아
  둔다.

1 머랭 올리기 물기나 기타 이물질 없이 깨끗한 믹싱볼에 달걀흰자를 넣고 핸드믹서나 스탠드믹서로 휘핑한다. 흰자가 하얗게 변하면서 거품이 올라오기 시작하면 설탕을 두세 번에 나누어 넣어가며 휘핑해 머랭을 올린다. 거품기를 들어올렸을 때 거품 끝이 뾰족하고 앞으로 부드럽게 구부러지는 정도가 적당하다.

2 크림치즈에 설탕 섞기 믹싱볼에 상온의 크림치즈와 설탕을 넣고 부드럽게 크림화시킨다.

3 달걀노른자 넣기 마요네즈 상태로 부드럽게 믹싱된 크림치즈 반죽에 달걀노른자를 넣고 골고루 섞는다.

4 요플레 넣기 반죽에 플레인요플레와 레몬즙, 바닐라엑스트랙을 넣고 골고루 섞는다.

5 밀가루 섞기 ④에 밀가루를 넣고 골고루 섞는다.

6 머랭 나눠 섞기 크림치즈 반죽에 만들어놓은 머랭을 세 번에 나누어 넣어가며 스패튤라를 이용해 아래에서 위로 반죽을 퍼 올리듯 섞는다.

7 반죽 골고루 섞기 반죽에 머랭이 완전하게 섞이도록 스패튤라로 믹싱볼 옆면을 깨끗이 훑어가며 정리한다.

8 케이크 틀에 반죽 팬닝하기 유산지를 깐 원형 틀에 반죽을 팬닝한 뒤 바닥에 두세 번 내리쳐 반죽을 고르게 만든다. 옵션으로 라즈베리나 블루베리를 넣을 경우 이 과정에서 적당한 간격으로 얹어준다.

9 스팀법으로 굽기 다른 넓은 오븐 팬에 뜨거운 물을 붓고 또 다른 팬에 올린 ⑧의 반죽 틀을 얹은 다음 160℃로 20분 이상 예열한 오븐에서 40분~1시간 정도 굽는다. 반죽 가운데를 가는 꼬치나 젓가락으로 바닥까지 깊숙이 찔러보아 꼬치 끝에 반죽의 물기가 살짝 묻어나는 정도가 되면 꺼내 틀째 식힌다.

1 베이크드 치즈케이크와 레어 치즈케이크

치즈 케이크는 굽는 방법에 따라 두 가지 스타일로 나뉘어요. 오븐에 구워 만드는 베이크드 치즈케이크Baked Cheese Cake와 굽지 않고 냉장고에서 굳히는 무스 타입의 레어 치즈케이크Rare Cheese Cake가 있지요.
베이크드 치즈케이크는 이 레시피에 소개한 것처럼 스팀법으로 낮은 온도에서 오랫동안 굽기 때문에 케이크의 색이 연하고 식감 또한 매우 부드럽고 촉촉합니다. 레어 치즈케이크는 젤라틴이라는 응고제를 넣어 굳혀요. 푸딩이나 아이스크림 같은 식감이 특징이에요.

2 바닥이 쉽게 분리되는 팬 사용하기

치즈케이크는 수분 함량이 높고 질감이 매우 연해 다른 케이크처럼 다 구운 뒤 틀을 뒤집어 분리할 수 없어요. 링 모양 틀이나 옆면과 바닥이 분리되는 스프링 폼 틀을 사용해야 케이크를 부서뜨리지 않고 모양 살려 잘 분리할 수 있어요. 반드시 바닥에 다른 팬 하나를 덧대서 사용하는 것도 잊지 마세요. 스팀법으로 구울 때 물이 반죽에 들어가는 것을 막기 위한 방법이에요.

3 실온에서 말랑말랑해진 크림치즈 사용하기

크림치즈는 실온에 두어 찬기 없이 말랑말랑한 상태의 것을 사용하세요. 냉동 상태이거나 냉동했다 해동한 것은 좋지 않아요. 크림치즈는 얼었다가 녹으면 수분과 유분이 분리되어 몽글몽글한 상태가 되는데, 이를 넣고 반죽을 하면 잘 풀어지지 않아 결을 망치기 때문이에요.

4 반죽의 물기가 살짝 묻어날 때까지 굽기

치즈케이크는 지정된 시간만큼 구운 다음 가운데를 가는 꼬치나 젓가락으로 찔러보세요. 꼬치 끝에 반죽의 물기가 살짝 묻어나는 정도까지 구우면 알맞은 상태입니다. 일반 케이크처럼 수분을 완전히 날리는 것이 아니라 케이크 내에 수분이 촉촉하게 유지되어야 하기 때문이에요. 물기 아닌 반죽이 묻어나면 좀 더 구워야 합니다.

A variety of Cheese Cake

요거트 수플레 치즈케이크 응용하기

 치즈케이크

16㎝ 원형 틀 1개 분량 /
160℃에서 50분~1시간

재료
중력분 45g 설탕 45g 달걀노른자 60g(약 3개)
크림치즈 250g 생크림 110g 세미스위트초콜릿커버처 180g
바닐라엑스트랙 5g

<u>머랭</u>
달걀흰자 90g(약 3개) 설탕 45g

• 만드는 법은 '요거트 수플레 치즈케이크'와 같습니다.
  초콜릿을 넣어 다른 버전으로 만들어보세요.

초콜릿 수플레 치즈케이크

Lovely Dessert

쿠키, 마들렌, 브라우니, 파이, 타르트, 마카롱⋯⋯. 이름만 들어도 황홀해지는 디저트예요.
다이어트 의지를 무너뜨리는 주범이기도 하고요. 3~4일 숙성시켜야 제대로 맛이 나는 디
저트는 여유가 있을 때 많이 만들어두고 먹고 싶을 때 하나씩 꺼내 먹으면 좋아요. 홈베이
커의 로망이라 불리는 마카롱은 여간해선 성공하기 어려운 종목이지만 여러 번 만들다보면
자신만의 노하우를 터득하게 될 거예요.

달콤한 디저트를 만들어볼까요?

달콤한 맛과 먹기에 아까운 모양으로 우리들의 마음을 사로잡는 디저트
는 그 종류가 셀 수 없을 만큼 다양합니다. 제각각 비주얼을 자랑하며 쇼
케이스에 전시된 디저트들을 보면 과연 내가 만들 수 있을까? 싶지만,
얼마든지 집에서 만들 수 있어요. 위풍당당한 겉모습에 주눅들지 말고
이 책에 소개한 레시피로 맛있게 만들어 즐겨보세요. 디저트를 만들려고
할 때 살짝 우리를 망설이게 하는 것이 또 하나 있지요. 다소 많은 양의
버터와 설탕이 베이스를 이룬다는 것. 늘 다이어트를 생각하는 우리 여
자들에게 거부하기 힘든 디저트의 유혹은 참 괴로운 것이잖아요. 쿠키,
브라우니, 마들렌, 파이, 타르트, 마카롱. 이름만 들어도 살찌는 소리가
들리는 것 같지요? 그래도 결코 포기할 수 없는 것이 묘한 매력이고요.
우리 너무 자주는 말고 가끔 만들어 가족, 친구들과 함께 즐겨보도록 해
요. 특별한 날 선물하기에도 근사한 아이템이 될 거예요.
디저트류를 만들 때는 먼저 마음을 비우세요. 버터나 설탕을 줄이려고
애써봐도 별 방법이 없어요. 단맛을 줄이면 안타깝게도 맛이 떨어져요.
디저트는 맛과 비주얼 때문에 찾게 되는 메뉴인데 먹는 횟수를 줄이더라
도 맛을 변질시킬 수는 없으니까요.
실제로 버터와 설탕이 주는 맛과 풍미가 디저트의 모든 것이라 할 수 있
습니다. 재료의 분량을 마음대로 바꾸면(물론 오차 범위 내에서는 가능하고
요) 만족할 만한 결과물을 얻기 힘들어요. 베이킹은 과학이라는 건 바로
이런 것만 봐도 알 수 있어요.

여기에 소개된 레시피들은 홈베이커라면 많은 이들이 좋아하고 누구나
한번쯤은 만들어볼 만한 것들이에요. 기본적인 방법이니 책을 보고 혼자
서도 성공할 수 있도록 했습니다. 물론 마카롱과 같이 도전의식을 불러

일으키는 것도 있지만요. 사실 마카롱은 한두 번에 성공하기가 쉽지는 않아요. 수없이 만들어보며 노하우를 터득해야 하지요. 그래도 완성 후에 마카롱만큼 뿌듯한 것이 없으니 섬세한 손길로 인내심을 가지고 도전해보세요.

대부분의 레시피에 설탕 분량에 대한 오차 범위를 표기해두었습니다. 레시피에 정식으로 표기된 양은 가장 최적이라 생각하는 양이고, 괄호 안에 표기된 양은 개인에 따라 선택할 여지를 주는 최소량~최대량이에요. 저는 디저트류를 만들 때는 되도록 정식으로 표기된 양을 사용하라고 권합니다. 많은 사람들이 가장 맛있다고 생각하는 최적의 배합을 적은 것이니까요. 5~10g의 차이는 상관없다고 봐도 무방합니다. 맛이 확 다르다고 느껴지는 분량 차는 30~50g 정도예요.
설탕은 오로지 단맛을 위한 것만이 아니라 결과물을 부드럽고 촉촉하게 만드는 역할을 한다는 것을 잊지 말고 레시피를 잘 지키도록 하세요. 설탕을 많이 사용하면 부드럽고 촉촉하지만 적게 넣으면 건조하고 거칠어진다는 것을 참고하면 됩니다.
또 한 가지 제과류를 만들 때 기억할 것은, 대부분 만들고 나서 바로 먹는 것보다 하루 이상 숙성시켜야 비로소 식감과 풍미가 살아난다는 거예요. 갓 구운 케이크나 마들렌을 바로 먹으면 제대로 된 맛을 볼 수 없어요. 예를 들어 마들렌은 3일 정도 지나면 식감이 달라져요. 훨씬 촉촉하고 좋은 풍미를 지니게 되지요. 카스텔라는 상하기 직전이 최상의 맛이라는 말까지 나올 정도랍니다. 디저트류를 만들고 나서는 잘 밀봉시켜 실온에서 최소 하루 이상 숙성하는 과정을 꼭 거치는 것! 지금부터는 이것을 꼭 지켜주세요.

Chocolate Chip Cookie

초콜릿칩 쿠키

어떤 느낌의 초콜릿칩쿠키를 좋아하세요? 겉은 살짝 바삭하고 속은 부드러운 쿠키?
쫀득쫀득한 쿠키? 아니면 케이크처럼 폭신한 부드러운 쿠키?
쿠키의 다양한 식감을 결정짓는 가장 큰 요소는 바로 설탕과 수분의 양이에요.
다양한 식감을 즐길 수 있도록 3가지 스타일로 준비했으니 원하는 대로 만들어보세요.

쿠키

지름 10㎝의 동그란 모양 20~25개 내외 /
180℃에서 10~15분 내외

TYPE 1–쫀득쫀득한 쿠키
재료
중력분 300g
베이킹파우더 2g
베이킹소다 1g
무염버터 160g
백설탕 135g(120~150g)
황설탕 135g(90~150g)
소금 2g
바닐라엑스트랙 10g
달걀 75g(약 1개 반)
다크 초콜릿(또는 세미스위트 초콜릿)
잘게 부순 것 200g

TYPE 2–얇고 단단하고 바삭한 쿠키
재료
중력분 300g
베이킹파우더 2g
베이킹소다 1g
무염버터 130g
백설탕 80g(60~90g)
황설탕 100g(90~120g)
소금 2g
바닐라엑스트랙 10g
달걀 50g(약 1개)
다크 초콜릿(또는 세미스위트 초콜릿)
잘게 부순 것 150g
호두 구워서 잘게 부순 것 100g(옵션)

TYPE 3–케이크처럼 촉촉한 쿠키
재료
중력분 250g
아몬드파우더 50g
베이킹파우더 2g
베이킹소다 2g
무염버터 130g
백설탕 210g(180~240g)
물엿 20g
소금 2g
바닐라엑스트랙 10g
달걀 100g(약 2개)
우유 25g
다크 초콜릿(또는 세미스위트 초콜릿)
잘게 부순 것 150~200g

버터 크림화하기 믹싱볼에 실온에 두어 찬기 없이 말랑해진 버터와 설탕, 소금을 넣고 섞어 부드러운 마요네즈 상태가 되도록 한다. 버터의 색깔이 연한 아이보리 빛이 될 때까지 섞는다. 이때 설탕이 완전히 녹지 않고 서걱거리는 정도까지만 크림화하면 된다.
- TYPE 3의 케이크처럼 촉촉한 쿠키를 만들 경우, 물엿을 함께 넣고 크림화하면 된다.

달걀 믹싱하기 부드럽게 믹싱된 버터크림에 잘 풀어둔 달걀을 2~3번에 나누어 넣으면서 골고루 섞는다. 달걀을 한 번 넣을 때마다 달걀이 겉돌지 않고 잘 섞일 때까지 젓는다. 너무 오랫동안 섞지 않도록 주의한다.
- 단, TYPE 3의 케이크처럼 촉촉한 쿠키를 만들 경우, 달걀을 좀 더 오래 섞어주면 반죽에 거품이 많이 생겨 부드러운 질감을 만드는 데 도움이 된다.

가루 믹싱하기 미리 2번 체에 쳐서 내려둔 가루류를 모두 넣고 한쪽 방향으로 살살 섞는다. 날밀가루가 보이지 않을 때까지만 섞는다. 가루들이 대충 섞이면 바닐라엑스트랙트를 넣고 골고루 섞는다.
- TYPE 3의 케이크처럼 촉촉한 쿠키를 만들 때에는 우유도 함께 섞는다.

초콜릿칩 믹싱하기 잘게 다져둔 초콜릿을 넣고 골고루 섞어 반죽을 마무리한다.
- TYPE 2의 얇고 단단하고 바삭한 쿠키를 만들 경우, 이 과정에서 호두를 오븐에 살짝 구워 잘게 부순 다음 넣으면 한결 고소하고 씹는 맛이 살아난다.

반죽 마무리하기 스패츌러로 반죽을 골고루 모아 균일하게 정리한다.

반죽 팬닝하기 실리콘패드나 종이포일을 깐 팬에 아이스크림 스쿱으로 반죽을 떠서 적당한 간격을 두고 팬닝한다.
- TYPE 1과 3의 쿠키를 만들 때는 팬닝한 뒤 그대로 오븐에 넣어 굽고, TYPE 2의 쿠키의 경우에는 반죽을 팬닝한 뒤 윗면을 살짝 눌러 납작한 형태로 만든 다음 오븐에 넣는다.

7 굽기 180℃로 20분 이상 예열한 오븐에서 10~15분 정도 굽는다. 쿠키 바닥의 가장자리가 황금색을 띠기 시작할 때 꺼낸다.

1 쿠키의 질감과 두께는 설탕의 양이 결정

쿠키가 구워지는 동안 점점 옆으로 퍼져 납작하게 되는 것은 설탕 때문입니다. 설탕의 양을 얼마나 사용했느냐에 따라 쿠키의 질감과 두께가 달라지지요. 쿠키가 구워지면서 반죽 속에 있는 설탕이 녹으면서 수분으로 바뀌기 때문이에요. 설탕을 많이 넣고 만든 쿠키일수록 팬닝한 뒤 윗면을 납작하게 눌러주지 않아도 구워지는 동안 수분에 의해 자연스럽게 옆으로 퍼지며 쫀득하고 부드러운 식감이 됩니다(TYPE 1의 쿠키).

반대로 설탕이 적게 들어갈수록 수분량이 적어져 쿠키가 덜 퍼지고 다소 건조하고 질감이 단단해집니다. 간혹, 쿠키가 자연스럽게 퍼지지 않아 단단해질 수 있으니 반죽을 팬닝한 다음 윗부분을 살짝 눌러 납작하게 만들도록 하세요(TYPE 2의 쿠키).

2 버터를 크림화할 때는 설탕 입자가 살아 있도록

버터에 설탕을 넣고 크림화할 때 설탕은 입자가 너무 굵게 남지 않는 정도로만 믹싱하는 것이 좋은데, 쿠키가 오븐에서 구워질 때 반죽 속의 설탕이 녹으면서 쿠키가 퍼져 자연스러운 모양을 만들게 하기 위해서예요. 설탕을 미리 너무 많이 녹여버리면 반죽이 너무 질어지고 공기가 많이 들어가 반죽이 가벼워져서 자칫 독특한 식감 없는 쿠키가 될 수 있어요. 이 원리를 반대로 이용하자면, TYPE 3의 케이크처럼 촉촉한 쿠키를 만들 때 달걀을 조금 더 많이 섞어 거품화시키는 거예요. 이렇게 하면 좀 더 부드럽고 폭신한 식감을 만들 수 있지요. 단, 이때는 반죽이 질어서 모양이 퍼질 수 있으니 바로 팬닝해서 굽지 말고 냉장고에 넣어 1시간 정도 휴지시킨 다음 굽도록 해요.

3 반드시 실온 상태의 부드러운 버터를

쿠키에 들어갈 버터는 반드시 실온 상태에서 냉기가 빠지고 부드러워진 것을 사용하세요. 버터에 냉기가 남아 있으면 크림화가 불안정하게 되거나 부족해져 제대로 된 식감이 나지 않으니 주의하세요. 버터 뿐만 아니라 달걀이나 기타 함께 사용되는 모든 재료는 반드시 실온 상태를 유지할 것! 잊지 마세요
'심플 케이크' 파트의 '크림법'으로 만드는 케이크 설명에 여기에 대한 자세한 설명이 나와 있으니 참고하세요.

4 쿠키 굽는 시간은 10~15분 안쪽으로

쿠키는 반죽 양이 적기 때문에 너무 오래 구우면 수분이 증발되어 단단해질 수 있어요. 대부분의 쿠키는 10~15분 정도 사이로 굽는 것이 좋습니다. 가장 적당한 타이밍은 쿠키 바닥 부분 가장자리에 황금빛이 돌기 시작할 때예요. 특히 부드럽고 촉촉한 쿠키를 원할 경우에는 굽는 시간을 줄여 과도한 수분 증발을 막아야 해요. 각자 사용하는 오븐이 다르니 정확한 온도를 체크해서 굽는 것도 중요합니다.

Oatmeal Chocolate Chip Cookie

밀가루보다 오트밀을 더 많이 넣어 굽는 오트밀 쿠키는 식이섬유가 듬뿍 들어 있는 건강 간식이에요.
다른 쿠키에 비해 버터와 설탕이 적게 들어가 느끼하지 않고 깔끔하지요.
말린 귀리를 볶아 만드는 오트밀의 매력이 듬뿍 느껴지는 쿠키랍니다.

쿠키

지름 4㎝ 스쿱 15~20개 내외 /
180℃에서 10~15분 내외

재료
중력분 130g 오트밀 200g 베이킹파우더 4g 베이킹소다 1g 시나몬파우더 3g 무염버터 160g
백설탕 100g(70~120g) 황설탕 80g 소금 2g 달걀 50g(약 1개) 바닐라엑스트랙 10g
초콜릿 다진 것 50~70g

1 버터 크림화시키기 실온에 두어 말랑말랑해진 버터와 설탕, 소금을 볼에 넣고
부드러운 마요네즈 상태가 될 때까지 잘 저어 크림화시킨다. 살짝 서걱거리는 설
탕 알갱이가 남아 있을 때까지 믹싱한다.

2 달걀 섞기 잘 풀어둔 달걀을 두세 번에 나누어 버터크림에 넣어가며 골고루 섞
은 다음 마지막에 바닐라엑스트랙을 넣고 섞는다.

3 가루류에 오트밀과 초콜릿칩 섞기 미리 체 쳐둔 가루류를 ②에 넣고 대충 뒤적
여 날가루가 보이지 않을 때 오트밀과 초콜릿칩을 넣고 골고루 섞는다.

4 반죽 마무리하기 믹싱볼 옆면을 훑듯이 긁어 반죽을 모으고 바닥에 섞이지 않
은 오트밀이 남아 있지 않도록 깨끗하게 긁어 반죽을 뒤집으며 마무리한다.

5 팬닝해서 굽기 아이스크림 스쿱으로 반죽을 떠서 적당한 간격을 두고 팬닝한
뒤, 포크나 숟가락으로 반죽 윗면을 눌러 납작하게 만든다. 180℃에서 20분 이상
예열한 오븐에 팬을 넣고 10~15분 정도, 쿠키 바닥 가장자리가 황금색을 띠기 시
작할 때까지 굽는다.

READY

- 버터와 달걀은 실온상태로 준비한다.
- 밀가루, 베이킹파우더, 베이킹소다, 시나몬파우더를 섞어 미리 체에
  2~3번 내려놓는다.

1 굽기 전에 반죽을 눌러 펴주는 이유

오트밀 쿠키에 사용되는 설탕의 양은 일반 쿠키보다 적어요. 설탕이 적게 들어가면 수분의 양이 적기 때문에 반죽이 오븐에 구워지는 동안 잘 퍼지지 않지요. 그러니 오트밀 쿠키 반죽은 굽기 전에 미리 눌러 납작하게 편 뒤 굽는 것이 좋아요. 얇게 펼수록 바삭한 쿠키를 만들 수 있으니 포크나 숟가락을 이용해 눌러주는 작업을 잊지 마세요.

2 10분쯤 굽다가 윗불로 1~2분 더

오트밀 쿠키는 보통 10분 정도 굽다가 쿠키 바닥의 가장 자리가 황금색을 띠기 시작하면 오븐의 윗불만 남기고 1~2분 더 구워주세요. 이렇게 해야 좀 더 바삭한 식감이 살아나고 쿠키 색이 고르게 난답니다. 사용하는 오븐에 따라 조금씩 차이가 있을 수 있으니 눈으로 쿠키 색을 확인하면서 최상의 상태를 만들도록 해요.

3 입자가 굵은 오트밀을 사용할 때

쿠키에 넣는 오트밀은 잘게 부순 것을 사용해도 되고 전곡 형태의 입자가 굵은 것을 사용해도 됩니다. 전곡 형태의 오트밀의 경우, 입자가 너무 커서 먹기 불편할 것 같다면 믹서에 넣고 살짝 갈아주세요. 오트밀 씹는 맛을 좋아한다면 굵은 상태의 오트밀을, 가볍게 씹히는 맛을 좋아하면 잘게 부순 오트밀을 넣어보세요.

Vanilla Sugar Cookie

바닐라 슈거 쿠키는 버터의 함량을 조금 줄이는 대신 크림치즈를 넣어 진하고 고소한 맛을 느낄 수 있어요.
겉면은 바삭거리고 가운데로 갈수록 촉촉하고 부드러워요. 쿠키와 케이크를 동시에 맛보는 것 같다고 할까요?
반죽을 팬닝하기 전에 설탕 위에 살짝 굴려 구워보세요. 설탕 알갱이가 빛을 받아 반짝이는 모양이 정말 예뻐요.
아이들이 좋아하는 색색의 스프링클스를 뿌려 구워도 좋아요.

쿠키

지름 4㎝ 스쿱 20개 내외 /
180℃에서 10~15분 내외

재료
중력분 200g
베이킹파우더 2g
베이킹소다 1g
무염버터 120g
크림치즈 35g
설탕 140g(100~160g)
소금 1g
바닐라엑스트랙 5g
달걀 35g
반죽에 입힐 설탕 적당량
색색의 스프링클스(옵션)

READY

- 버터와 크림치즈, 달걀은 실온 상태로 준비한다.
- 밀가루, 베이킹파우더, 베이킹소다를 섞어서 미리 체에 2~3번 내려놓는다.

1

버터 크림화시키기 믹싱볼에 실온에서 크림 상태로 녹인 버터와 크림치즈, 설탕, 소금, 바닐라엑스트랙을 넣고 연한 미색의 마요네즈 상태가 되도록 부드럽게 크림화시킨다.

2

달걀 넣기 크림화된 버터 반죽에 달걀을 2~3번에 나눠 넣어가며 계속 믹싱한다. 버터가 풍성해질 때까지 충분히 크림화시킨다.

3

가루류 섞기 미리 체 쳐서 내려둔 가루류를 넣고 날 밀가루가 보이지 않을 때까지 한쪽 방향으로 젓는다. 반죽을 치대지 말고 살살 섞는다.

4

반죽 마무리하기 믹싱볼 벽에 붙은 반죽을 깨끗하게 훑어가며 몽글거리는 덩어리 없이 반죽이 매끈해지도록 마무리한다.

5

팬닝해서 굽기 아이스크림 스쿱으로 반죽을 떠서 설탕 위에 살짝 굴린 다음 간격을 넓게 잡아 팬닝한다. 반죽 윗면에 스프링클스를 조금 뿌려도 좋다. 반죽 윗면을 살짝 누른 다음 180℃에서 20분 이상 예열한 오븐에서 10~15분 내외로 굽는다. 색이 너무 진해지지 않도록 쿠키 바닥 가장자리에 연한 갈색이 돌면 꺼낸다.

• 쿠키는 구운 뒤 바로 만지면 부서질 수 있으니 오븐 팬을 꺼낸 채로 1~2분 두었다가 뜨거운 김이 조금 빠진 다음에 식힘망으로 옮긴다.

1 쿠키의 식감을 결정하는 설탕의 양 정하기

반죽에 들어가는 설탕 양에 따라 쿠키의 식감이 달라집니다. 반죽을 굽는 동안 옆으로 퍼지게 하는 역할을 담당하는 설탕의 양이 많을수록 수분량이 많아져서 쿠키가 납작해지며 부드럽고 촉촉해져요. 반대로 설탕이 적게 들어가면 그만큼 수분량도 줄어들기 때문에 반죽이 많이 퍼지지 않아 두껍게 구워지지요. 설탕을 적게 넣을 때는 반죽을 살짝 눌러 구워주도록 하세요.

이 레시피 기준으로 설탕 130g 이상 사용했을 때 반죽을 동그랗게 팬닝한 상태로 오븐에 넣으면 굽는 동안 반죽이 적당히 내려앉아 옆으로 퍼지면서 겉은 사각거리고 가운데 부분은 촉촉한 쿠키가 됩니다. 이 양을 기준으로 설탕을 줄이면 줄일수록 덜 퍼지고 부드러움이 줄어든다는 것을 기억하고 원하는 정도로 조절해서 사용하세요.

2 바닐라 슈거 쿠키는 버터의 크림화를 충분히

바닐라 슈거 쿠키는 겉은 사각거리면서 속은 부드럽고 촉촉해야 맛있어요. 그러기 위해서는 다른 쿠키 반죽을 만들 때보다 버터를 충분히 크림화시켜주세요. 버터에 설탕을 넣고 계속 저어 크림 상태로 만드는 과정에 따라 식감이 결정되는 쿠키랍니다.

3 너무 오래 굽지 않기

바닐라 슈거 쿠키는 너무 오래 구우면 수분이 과도하게 증발되어 딱딱해질 수 있어요. 보통 오븐에서 10~12분 정도 굽는 것이 적당합니다. 겉면이 그을리지 않도록 하는 것도 중요해요. 쿠키 바닥은 살짝 갈색이 되고 겉면의 색은 연한 아이보리색이 되도록 구워주세요.

Fudge Chocolate Cookie

브라우니의 촉촉하고 쫀득한 질감과 함께 케이크처럼 부드럽고 진한 맛이 매력인 쿠키예요.
코코아파우더와 더불어 초콜릿까지 녹여 넣어 깊고 진한 맛을 내지요.
쿠키 치고는 몸값이 꽤 나간다고 우스개로 표현할 만큼 고급스러운 맛을 자랑해요.
한 번 맛보면 절대로 잊지 못하는 베스트 쿠키랍니다.

쿠키

20~25개 내외 /
160℃에서 10~15분 내외

재료

중력분 250g 코코아파우더 45g 베이킹소다 6g 설탕 200g(170~230g)
무염버터 180g 소금 2g 바닐라엑스트랙 10g 달걀 75g(약 1개 반)
세미스위트(또는 다크커버처)초콜릿 녹인 것 190g
세미스위트(또는 다크커버처)초콜릿 잘게 부순 것 50~80g(옵션)

READY

- 버터와 달걀은 실온 상태로 준비한다.
- 초콜릿은 중탕으로 부드럽게 녹여서 식힌다.
- 밀가루, 코코아파우더, 베이킹소다를 섞어서 미리 체에 2~3번 내려놓는다.

버터 크림화시키기 실온 상태의 부드러운 녹인 버터에 설탕, 소금을 넣고 연한 미색의 마요네즈 상태가 될 때까지 8~10분 정도 충분히 크림화시킨다.

달걀 넣기 달걀을 잘 풀어 3~4번에 나눠 넣어가며 계속해서 믹싱한다. 달걀이 버터크림에 골고루 섞이면 바닐라엑스트랙을 넣고 반죽을 마무리한다.

버터크림 믹싱 마무리하기 믹싱볼 벽에 붙은 반죽을 깨끗하게 훑어가며 몽글거리는 덩어리 없이 반죽이 매끈해지도록 마무리한다. 표면이 매끄럽고 고운 상태의 풍성한 버터크림이 되도록 한다.

가루류 섞기 미리 체에 내려 준비한 가루류를 모두 넣고 한쪽 방향으로 돌리며 덩어리 없이 골고루 섞이도록 한다.

초콜릿 섞기 가루가 모두 섞이면 미리 녹여 식혀둔 초콜릿을 넣고 반죽을 전체적으로 골고루 섞는다.

• 다진 초콜릿을 옵션으로 넣을 경우 이 과정에서 넣고 함께 섞는다.

반죽 마무리하기 녹여 넣은 초콜릿이 겉돌지 않고 골고루 섞이도록 믹싱볼 옆면을 깨끗이 훑어가며 반죽을 매끈하게 마무리한다.

7

팬닝해서 굽기 아이스크림 스쿱으로 반죽을 떠서 간격을 넓게 잡아 팬닝한다. 160℃로 20분 이상 예열한 오븐에서 윗불만 켠 상태로 8~10분 정도 굽는다. 표면에 크랙이 완전하게 생기고 정 가운데 부분이 봉긋하게 살짝 올라오면 오븐의 윗불을 끄고 밑불만 켠 상태로 3~5분 정도 굽는다.

• 쿠키는 구운 뒤 바로 옮기면 부서질 수 있으니 오븐 팬을 꺼낸 채로 1~2분 두었다가 뜨거운 김이 조금 빠진 다음에 식힘망으로 옮긴다.

1 버터를 충분히 크림화시키기

퍼지초콜릿 쿠키는 버터를 충분히 크림화시켜 곱고 풍성한 크림 상태를 만들어야 제대로 된 식감을 즐길 수 있어요. 핸드믹서를 이용해서 10분 이상 충분히 믹싱합니다.

2 버터는 반드시 실온 상태의 것으로

차가운 버터를 사용하면 크림화 작업을 할 때 반죽의 온도가 낮아져 설탕이 잘 녹지 않고 볼륨도 부족해져 크림화가 잘 되지 않아요. 크림화가 부족한 상태로 반죽을 마치면 설탕이 채 녹지 않아 수분이 부족해져 식감이 건조하고 단단한 쿠키가 되지요. 쿠키 반죽을 하기 전 버터를 반드시 실온에 꺼내두어 냉기가 완전히 사라지도록 하는 것을 잊지 마세요.

3 간격을 넓게 잡아 팬닝하기

이 쿠키는 팬닝할 때 반죽과 반죽 사이의 간격을 넓게 잡아야 서로 들러붙지 않고 예쁜 모양으로 완성됩니다. 이 쿠키의 경우 설탕을 200g 정도 사용해야 반죽이 적당하게 퍼져 부드럽고 촉촉한 쿠키가 완성된다는 것도 함께 기억하세요.

4 오븐의 윗불만 사용해서 굽기

퍼지초콜릿 쿠키는 오븐의 윗불만으로 굽는 것이 특징이에요. 이렇게 해야 표면에 멋진 크랙을 만들 수 있지요. 윗불만으로 8~10분 정도 굽다가 쿠키가 적당히 구워지면 그때 밑불로 바꿔 3~5분만 더 구워주세요. 쿠키 윗면 전체에 크랙이 생긴 뒤 정 가운데 부분이 봉긋해지면 쿠키가 다 익은 거예요. 적당한 타이밍에 멈춰 맛있는 쿠키를 만들 수 있도록 오븐 속을 잘 관찰하세요.

Vanilla Buttering Cookie

바닐라 버터링 쿠키

입안에서 사르르 녹는 진하고 고소한 쿠키예요.
시중에 판매하는 버터링 쿠키와는 비교할 수 없이 맛있는 엄마표 쿠키의 대표주자이지요.
얇고 바삭한 식감을 위해 입자가 굵은 설탕 대신 가루 형태의 슈거파우더를 사용해서 만들어요.
재료에 조금씩 변화를 주면 다양한 버전의 버터링 쿠키도 가능합니다.

쿠키

원형 40개 내외 /
170℃에서 10~15분 내외

재료
박력분 250g
아몬드파우더 25g
무염버터 195g
슈거파우더 110g(80~130g)
달걀 50g(약 1개)
소금 1g
바닐라엑스트랙 5g

READY

- 밀가루와 아몬드파우더를 섞어 체에 2번
  내려놓는다.
- 버터는 실온 상태로 준비한다.
- 짜주머니에 별 모양 깍지를 끼워놓는다.

버터 크림화시키기 믹싱볼에 실온
에서 말랑말랑해진 버터와 슈거파
우더, 소금을 넣고 연한 미색의 부
드러운 마요네즈 상태가 될 때까
지 충분히 크림화시킨다.

2

3

4

달걀 섞기 버터가 풍성하게 크림화 되면 달걀을 2~3번에 나눠 넣어가며 골고루 믹싱한다. 달걀이 완전히 섞이면 바닐라엑스트랙을 넣고 좀 더 섞어 마무리한다.

가루류 섞기 미리 체에 내려놓은 박력분과 아몬드파우더를 넣고 몽글몽글한 덩어리 없이 매끈하도록 골고루 섞어 반죽한다.

반죽 완성하기 믹싱볼 벽에 붙은 반죽을 깨끗이 훑어내며 골고루 섞어 반죽을 마무리한다.

5

5

팬닝해서 굽기 별 모양 깍지를 껴서 준비한 짜주머니에 반죽을 채운 다음 유산지를 깐 팬에 동그란 링 모양으로 짜 올린다. 적당한 간격을 두고 팬닝한 다음 170℃로 20분 이상 예열한 오븐에서 10~15분 내외로 굽는다. 보통 윗불과 밑불을 모두 사용하여 10분 정도 굽다가 바닥 가장자리에 연한 갈색이 돌면 밑불은 끄고 윗불로만 1~2분 더 구워 전체적으로 적당한 색이 돌면 꺼낸다.

1 되직한 정도의 반죽으로 쿠키 모양 유지하기

집에서 만드는 버터링 쿠키에는 베이킹파우더와 같은 팽창제가 들어가지 않아요. 그래서 구울 때 많이 부풀어 오르지 않아 쿠키의 모양이 흐트러지지 않지요. 별 깍지 모양으로 짠 반죽의 모양을 그대로 유지시키며 구우려면 반죽이 너무 묽지 않도록 조절하세요. 되직한 상태의 반죽을 짜서 구워야 모양 그대로 도톰한 상태를 유지할 수 있어요. 또 날이 더운 여름철에는 짜고 남은 반죽을 상온에 두지 말고 냉장고에 잠시 넣어두어 버터 반죽이 녹지 않도록 하세요. 그래야 나머지 반죽을 팬에 짜 올릴 때에도 모양이 흐트러지지 않아요.

2 반죽을 짜는 손의 힘 조절하기

버터링 쿠키의 모양을 견고하게 유지하려면 짜주머니에 넣은 반죽을 짜는 손의 힘 조절이 중요합니다. 모양이 고르고 예쁜 쿠키를 만들기 위해 반죽을 고른 두께로 짜주세요. 또 깍지를 팬 바닥에 너무 붙이면 반죽이 나오면서 깍지에 눌려 납작한 모양이 돼요. 팬에서 2~3㎝ 들어 올려 짜야 통통하고 예쁜 쿠키가 된다는 것 잊지 마세요.

3 좀 더 부드럽게 만들고 싶다면

버터에 슈거파우더를 넣고 믹싱할 때 좀 더 풍부하게 크림화시키면 쿠키의 식감이 한결 부드럽고 촉촉해집니다. 여유 있게 시간을 두고 충분한 동작으로 세심하게 크림화를 완성시키도록 하세요.

4 색다른 버터링 쿠키 만들기

쿠키를 굽고 난 뒤 녹인 초콜릿에 담가 코팅시키면 초콜릿 옷을 입은 버터링 쿠키가 돼요. 반죽 가운데에 딸기잼을 얹어 구우면 모양도 예쁘고 새콤달콤한 맛이 어우러진 버터링 쿠키가 되지요.

A variety of Buttering Cookie 버터링 쿠키 응용하기

만드는 방법은 모두 '버터링 쿠키'와 같습니다.
종류별로 재료를 확인하고 다양한 버전으로 만들어보세요.

쿠키

원형 35~40개 정도 /
170℃에서 10~15분 내외

─── 피넛버터 버터링 쿠키

재료

박력분 250g 아몬드파우더 20g 무염버터 160g
슈거파우더 90g(70~110g) 달걀 50g(약 1개)
피넛버터 80g 소금 1g 바닐라엑스트랙 5g

이성실의
BAKING NOTE

1 버터 양 줄이기 피넛버터를 넣어 쿠키를 만들 때는 함께
사용하는 버터의 양을 조금 줄여주는 것이 좋아요. 피넛
버터 자체에 유분이 들어 있기 때문에 버터는 조금 줄여야
느끼하지 않고 고소한 쿠키가 됩니다. 피넛버터에 단맛이
있으니 슈거파우더의 양도 조금 줄이면 좋아요.

2 입자가 고운 피넛버터 사용하기 피넛버터는 땅콩이 씹히
는 것보다는 입자가 고운 스타일이 좋아요. 반죽을 짜주머
니에 넣고 짜는 과정에서 굵은 땅콩 입자가 깍지를 막아버
리는 경우가 있어요. 입자가 적당한 피넛버터는 사용 가능
하니 기호에 따라 적절한 것을 선택하세요.

3 밀가루 양 늘리기 피넛버터가 들어가 반죽이 질어질 수
있기 때문에 밀가루의 양을 조금 늘려주세요. 되직한 반
죽을 짜는 것이 쉽지는 않지만 예쁜 모양의 쿠키를 위해서
라면 이 정도쯤은 감수해야겠지요? 묽은 반죽은 짜놓았을
때 옆으로 퍼져 버려 모양을 낼 수 없다는 걸 기억하세요.

초콜릿 버터링 쿠키

원형 40개 정도 /170℃에서 10~15분 내외

재료

박력분 215g 코코아파우더 35g 무염버터 195g 슈거파우더 130g(100~150g)
달걀 50g(약 1개) 소금 1g 바닐라엑스트랙 5g

1 코코아파우더는 체에 3번 내리기   코코아파우더와 박력분을 섞은 다음 체에 3번 정도 내리는 것이 좋습니다. 코코아파우더의 지방 성분 때문에 반죽에 잘 섞이지 않아 오랫동안 섞다 보면 자칫 오버믹싱될 수 있어요. 재료끼리 골고루 잘 섞일 수 있도록 코코아파우더는 다른 재료보다 한두 번 더 체에 내려 사용하도록 하세요.

2 슈거파우더 양 늘리기   초콜릿 버터링 쿠키에는 코코아파우더가 많이 들어가 쌉싸래한 맛이 나요. 바닐라 버터링 쿠키처럼 달콤한 맛을 내려면 반죽에 들어가는 슈거파우더 양을 조금 늘려주세요.

3 오버베이킹 되지 않도록 하기   반죽의 색이 진하기 때문에 오븐에서 굽는 동안 어느 정도의 색깔이 되었는지 알아볼 수 없어요. 자칫 오버베이킹하거나 태울 수 있으니 바닐라 버터링 쿠키를 구울 때와 동일한 시간으로 잘 조절하도록 합니다.

캐러멜 버터링 쿠키

원형 35~40개 정도 /170℃에서 10~15분 내외

재료

박력분 280g 아몬드파우더 20g 무염버터 180g 슈거파우더 80g(60~100g)
달걀 50g(약 1개) 캐러멜시럽 50g 소금 1g 바닐라엑스트랙 5g

1 밀가루 양 늘리기   캐러멜 버터링 쿠키는 반죽에 들어가는 캐러멜시럽으로 인해 반죽이 질어질 수 있어 밀가루의 양을 좀 더 늘리는 것이 좋아요. 반죽이 질어지면 팬닝 후 주저앉아 납작해질 수 있으니 살짝 된 상태의 반죽이 적당합니다.

2 슈거파우더 양 줄이기   밀가루 양과는 반대로 슈거파우더의 양은 줄여주세요. 캐러멜시럽이 들어가 당도가 높아지기 때문이에요. 쿠키가 너무 달면 특유의 고소하고 향긋한 풍미가 느껴지지 않으니 맛있는 쿠키를 위해 슈거파우더 양을 적절하게 조절하도록 합니다.

3 반죽이 질 때는 냉장고에 잠시 두기   반죽을 짰을 때 너무 묽다고 느껴지면 바로 굽지 말고 반죽을 냉장고에 잠시 넣어두세요. 오븐을 예열하는 동안 넣어두어 차갑게 굳혔다가 구우면 퍼지지 않고 힘 있는 쿠키를 만들 수 있어요. 가끔 반죽을 짜는 동안 손의 체온 때문에 반죽이 녹아 흐물흐물해지는 경우도 있어요. 이럴 때에도 반죽을 냉장고에 잠시 넣어 다시 살짝 굳혀서 사용하세요.

Almond Biscotti 아몬드 비스코티

비스코티는 이탈리아어로 '두 번 굽는다'라는 뜻이에요.
그만큼 손이 많이 가는 쿠키라 엄마의 사랑도 두 배 들어 있지요.
구워낸 쿠키를 다시 한 번 구워내 가볍고 바삭한 식감이 특징이에요.
여러 가지 몸에 좋은 견과류를 넣어 구울 수 있어요. 특히 통아몬드를 넣으면 맛이 최고랍니다.

쿠키

30~40개 내외 /
1차 : 170℃에서 25~30분 내외
2차 : 썰어서 다시 팬닝한 뒤
160~170℃에서 20~30분 내외

재료

중력분 150g 박력분 100g 아몬드파우더 30g 베이킹파우더 7g 무염버터 110g
설탕 140g(120g~160g) 소금 1g 달걀 100g(약 2개) 바닐라엑스트랙 5g 통아몬드 120g

READY

- 버터와 달걀 등 모든 재료는 실온 상태로 준비한다.
- 밀가루와 아몬드파우더, 베이킹파우더는 모두 섞어 체에 2번 정도 내려 놓는다.
- 오븐은 170℃로 예열한다.
- 아몬드는 미리 굽는다. 오븐 팬에 올려 170℃로 예열된 오븐에서 15~20분 정도 살짝 굽는다.

1 버터 크림화시키기 실온 상태의 부드러운 버터에 설탕과 소금을 넣고 저어 크림화시킨다. 설탕이 어느 정도 녹고 연한 아이보리색 크림이 되어 볼륨이 풍성해질 때까지 충분히 섞는다.

2 달걀 넣기 크림화가 완성되면 믹싱볼 벽에 붙은 반죽을 깨끗이 훑어 걷돌고 남는 재료 없이 반죽이 골고루 섞이도록 한다. 달걀을 풀어 5~7번에 나눠 넣어가며 계속해서 믹싱한다. 달걀이 한 번씩 들어갈 때마다 달걀의 수분이 완전히 버터와 믹싱되도록 충분하게 섞도록 한다.

3

4

5

버터 반죽 완성하기 달걀이 골고루 섞여 버터 반죽의 볼륨이 풍부해지고 마요네즈처럼 매우 부드러운 크림 상태가 되면 바닐라엑스트랙을 넣고 골고루 섞는다. 스패튤라로 믹싱볼 벽에 붙은 반죽을 깨끗이 훑어가며 반죽을 매끄럽게 정리한다.

가루류 섞기 미리 체에 내려놓은 가루류를 크림화시킨 버터 반죽에 넣고 골고루 섞는다. 손거품기를 이용해서 크게 빙글빙글 돌려가며 덩어리진 것 없이 매끈한 반죽이 되도록 마무리한다.

아몬드 섞기 반죽이 대충 다 섞이면 겉도는 반죽이 없도록 믹싱볼 벽에 붙은 반죽을 깨끗하게 훑어 정리한 뒤 아몬드를 넣는다. 스패튤라로 반죽을 뒤집어가며 골고루 섞어 반죽을 완성한다.

6

7-1

7-2

팬닝해서 1차 굽기 완성된 반죽을 오븐 팬에 두께 2㎝, 가로 10~15㎝ 정도로 길쭉하게 팬닝한 뒤 스크레이퍼로 최대한 꼭꼭 다지면서 모양을 잡는다. 170℃에서 20분 이상 예열한 오븐에서 25~30분 정도, 살짝 갈색 빛을 띨 때까지 구운 다음 오븐에서 꺼내 실온에서 뜨거운 김이 나가도록 잠시 식힌다.

썰어서 2차 굽기 뜨거운 김이 나가고 손으로 만져보았을 때 따뜻한 온기가 남아 있는 정도가 되면 1~1.5㎝ 두께가 되도록 썰어 팬닝한다. 오븐 팬에 비스코티의 단면이 보이도록 눕혀놓는다. 160~170℃로 예열한 오븐에서 20~30분 내외로, 겉면이 황금빛을 띨 때까지 바삭하게 굽는다. 수분을 완전히 날리며 구운 다음 오븐에서 꺼내 식힘망에 얹어 완전히 식힌다.

1 아몬드는 구워서 사용하기

견과류는 오븐에 구워서 사용해야 한결 고소하고 가볍게 씹히는 식감이 좋아져요. 구운 견과류는 베이킹을 한 차원 업그레이드시키는 재료가 되지요. 평소에도 견과류는 오븐에 구워 밀폐용기에 넣어 냉장 또는 냉동보관해두는 것이 좋아요. 견과류에 많은 불포화지방산이 공기에 장시간 노출되면 산화되어 기름 쩐 내가 나고, 산화가 심하게 진행된 견과류는 심한 알러지를 유발할 수 있으니 주의해야 합니다.

2 달걀은 반드시 여러 번에 나눠 넣기

버터를 크림화시키는 단계에서 달걀을 넣어줄 때는 잘 풀어 여러 번에 나눠 넣도록 하세요. 달걀은 수분이고 버터는 유지이기 때문에 한꺼번에 많은 양이 만나면 분리현상이 생겨 버터 반죽이 몽글몽글해지며 쪼개집니다. 달걀을 조금씩 넣어가며 섞어야 이 문제를 해결할 수 있어요. 달걀의 양이 버터보다 적게 들어갈 때는 큰 문제가 없지만 달걀과 버터의 양이 비슷하게 들어가는 경우에는 특히 이 분리현상을 최소화시키도록 하세요. 만일 분리현상이 보이기 시작하면 미리 체에 내려둔 밀가루를 조금씩 넣어 잘 섞어주세요. 심하지 않은 분리현상은 이 방법으로 진정시킬 수 있어요.

3 팬닝할 때 반죽을 꼭꼭 다지기

아몬드가 들어간 부분의 반죽이 팬닝하는 동안 빈 공간이 생기지 않도록 주의해야 합니다. 반죽에 구멍이 생기거나 부실해지지는 않았는지 눈으로 확인하면서 반죽을 꼭꼭 다져주세요. 반죽을 1차로 구운 뒤 썰어줄 때 부실한 반죽 부분에 공간이 남아 있게 되면 그 부분이 부스러진답니다. 반죽을 다져 견고하게 팬닝해야 비스코티의 모양을 잘 살릴 수 있다는 것 잊지 마세요.

4 반죽을 살짝 식힌 다음 썰기

구워낸 반죽이 너무 뜨거운 상태에서 썰게 되면 부서질 확률이 높아요. 손으로 만졌을 때 사람 체온 정도로 적당한 온기가 남은 상태에서 썰어야 예쁜 모양을 유지할 수 있어요. 썰 때는 쓱싹 쓱싹 톱질하듯이 썰지 말고, 칼을 위에서 아래로 내려 반죽을 끊어주듯이 한 번에 잘라야 덜 부서집니다.

5 다양한 비스코티 만들기

통아몬드 외에 호두나 피스타치오, 해바라기씨 등의 견과류나 건포도, 건크렌베리, 건살구 등의 건과일을 넣어도 맛있어요. 초콜릿칩을 넣어도 좋고, 초콜릿을 녹여 비스코티를 코팅시킬 수도 있어요. 다양한 재료를 활용해 여러 가지 맛의 비스코티를 즐겨보세요.

A variety of Biscotti

만드는 방법은 '아몬드 비스코티'와 같습니다.
굽는 시간은 반죽의 색을 보면서 조절하도록 하세요.

피스타치오 초콜릿 비스코티

쿠키

재료
중력분 130g
박력분 80g
코코아파우더 30g
베이킹파우더 5g
베이킹소다 1g
무염버터 100g
설탕 130g(100g~150g)
소금 1g
달걀 100g(약 2개)
바닐라엑스트랙 5g
피스타치오 130g

이성실의
BAKING NOTE

1 코코아파우더는 체에 3번 내리기

코코아파우더에 들어 있는 지방 성분 때문에 반죽이 잘 섞이지 않아 오버믹싱될 수 있어요. 코코아파우더가 들어갈 때는 보통 때보다 한두 번 더 체에 내려 원활하게 믹싱할 수 있도록 준비하세요.

2 피스타치오 굽기

오븐 팬에 유산지를 깔고 피스타치오를 올려 구워요. 170℃로 예열한 오븐에서 10~15분 정도 살짝 굽는 정도면 됩니다.

3 초콜릿 코팅하기

초콜릿 녹인 것에 비스코티의 절반 정도를 담갔다가 뺀 뒤 종이포일에 올려두면 비스코티 겉면에 초콜릿이 코팅됩니다. 초콜릿은 다크 또는 화이트 등 기호에 맞게 선택하세요.

통밀 시나몬 비스코티

쿠키

재료

박력분 190g

통밀가루 50g

아몬드파우더 20g

시나몬파우더 2~4g

베이킹파우더 7g

무염버터 120g

설탕 150g(130g~170g)

소금 1g

달걀 100g(약 2개)

바닐라엑스트랙 5g

해바라기씨 50~70g

이성실의
BAKING NOTE

1 가루류는 체에 3번 내리기

사용하는 가루 재료의 종류가 여러 가지일 때
는 최소 3번 정도 체에 내려 사용해야 반죽이
한쪽으로 뭉치지 않고 골고루 섞여요.

2 입자가 고운 통밀가루 사용하기

사용하는 통밀가루의 제분 상태나 브랜드에
따라 반죽의 되기, 완성된 쿠키의 식감이 달라
질 수 있어요. 가볍고 바삭한 비스코티를 원한
다면 입자가 고운 통밀가루를 사용하도록 합
니다.

3 견과류나 건과일은 구워서

여기에 사용된 해바라기씨는 오븐에 살짝 구워
서 사용하세요. 건포도나 건크렌베리, 건살구
등을 함께 넣어도 맛있는 비스코티를 만들 수
있어요. 보통 50g 정도를 넣으면 적당합니다.

Galette Bretonne  갈레트 브르통

입안에 넣는 순간 부드럽게 퍼지는 고소하고 진한 아몬드 맛의 갈레트 브르통은 프랑스 브루타뉴 지방의 전통과자라고 합니다. 원래는 '소금의 꽃'이라 불리는 프랑스 소금 '플뢰르 드 셀Fleur de sel'을 사용해서 만드는데, 짭조름한 맛에 부드러운 식감이 일품이지요. 우리는 천일염을 곱게 빻아 넣어도 돼요. 맛은 물론 모양도 보기 좋아 선물용으로 인기가 많은 쿠키랍니다.

쿠키

지름 5~6㎝ 원형 20개 내외 /
170℃ 15~20분 내외
(두께에 따라 시간 조절)

재료

박력분 165g 아몬드파우더 105g 베이킹파우더 2g 무염버터 180g 슈거파우더 80g
소금 3g 달걀노른자 30g(약 1개 반) 바닐라엑스트랙 5g
달걀물(달걀노른자 1개+인스턴트 커피파우더 5~7g+우유 15g)

READY

- 밀가루와 아몬드파우더를 섞어 체에 2~3번 내려놓는다.
- 버터는 실온 상태로 준비한다.
- 달걀노른자에 우유와 인스턴트 커피파우더를 섞어 진한 달걀물을 만들어놓는다.

버터 크림화시키기 실온에 두어 부드러운 버터에 슈거파우더와 소금을 넣고 섞어 부드럽게 크림화시킨다. 볼륨이 풍성해지고 연한 아이보리색 크림이 될 때까지 잘 젓는다.

달걀노른자 넣기 달걀노른자를 넣고 섞어 완벽하게 믹싱되면 바닐라엑스트랙을 넣고 골고루 섞는다.

가루류 섞기 체에 내려놓은 가루 재료들을 넣고 스크레이퍼를 이용해 칼로 자르듯이 11자를 그어가며 섞는다.

반죽 골고루 섞기 덜 섞인 날가루가 남아 있지 않도록 믹싱볼 바닥까지 긁어 뒤적이면서 골고루 섞는다.

반죽 으깨기 스패튤라를 이용해 믹싱볼 벽에 반죽을 얇게 펴 바르듯이 으깨면서 문지른다. 반죽의 결이 점점 고와지고 질척함이 없어져 찰진 상태가 되면 마무리한다. 펴 바르는 동작을 15~20번 정도 하면 적당한 상태가 된다.

반죽 냉장고에 휴지시키기 반죽을 한 덩어리로 뭉쳐 비닐봉지에 넣고 넓적하게 밀어 편다. 적당한 두께를 가진 반죽으로 모양을 잡은 다음 냉장실에서 30분~1시간 동안 휴지시킨다. 냉동실에 넣을 경우 너무 단단하게 얼지 않도록 시간을 줄인다.

반죽 찍어서 팬닝하기 휴지가 끝난 반죽은 1~1.5㎝ 정도의 도톰한 두께가 되도록 밀대로 밀고 원형 또는 사각형 틀에 밀가루를 묻혀 반죽을 찍어준 뒤 팬닝한다.

달걀물 바르고 무늬 그리기 팬닝한 반죽 윗면에 달걀물을 두세 번 덧칠하듯 두껍게 바르고, 포크나 얇은 꼬지를 이용해 이 부분을 긁어 체크무늬를 만든다. 무늬 넣기를 마치면 170℃로 20분 이상 예열한 오븐에서 15~20분 동안, 진한 황금빛을 띨 때까지 굽는다.

1 부드럽게 부서지는 식감이 포인트

갈레트 브르통을 만들 때 가장 중요한 과정은 스패튤라로 반죽을 문지르듯 얇게 밀어 펴서 문지르는 과정이에요. 입안에서 부드럽게 부서지며 마치 모래처럼 사각거리면서도 부드러운 식감을 위해 꼭 거쳐야 하는 믹싱법입니다.

2 냉장고에서 휴지시키기

반죽을 냉장실 또는 냉동실에 넣고 잠시 휴지시키면 틀로 찍을 때 반죽이 퍼지지 않고 모양이 예쁘게 유지됩니다. 반죽이 완성된 뒤 바로 밀대로 밀지 말고 반드시 휴지시킨 다음 밀어서 사용하세요. 냉장실에서는 30분 정도, 냉동실에서는 좀 더 짧게 휴지시켜요.

3 모양 틀을 밀가루로 코팅하기

반죽을 찍어내는 모양 틀은 밀가루에 담가 틀 전체적으로 밀가루를 입힌 다음 사용하세요. 그래야 반죽이 들러붙지 않고 깔끔하게 떨어집니다.

4 달걀물은 도톰하게 바르기

쿠키 윗면에 커피를 넣은 달걀물을 바를 때는 두세 번 정도 덧칠하듯 바르는 것이 좋아요. 도톰하게 발라야 모양을 내면서 굽을 때 선명한 무늬를 만들 수 있어요. 꼼꼼하게 구석구석 발라야 굽고 난 뒤 예쁜 색의 쿠키가 됩니다.

A variety of Galette Bretonne

갈레트 브르통 오 캐러멜

쿠키

지름 5~6㎝ 원형 20개 내외 / 170℃에서 15~20분 내외(두께에 따라서 시간은 조절)

재료

박력분 200g
아몬드파우더 130g
베이킹파우더 2g
무염버터 180g
슈거파우더 60g
소금 3g
달걀노른자 30g(약 1개 반)
캐러멜시럽 50g
바닐라엑스트랙 5g
달걀물(달걀노른자 1개+인스턴트 커피파우더 5~7g+우유 15g)

• 만드는 법은 '갈레트 브르통'과 같습니다. 단, 캐러멜시럽이 들어가 수분의 양이 늘어나기 때문에 반죽이 연하고 질척한 상태이므로 냉장실 또는 냉동실에서 충분히 굳힌 후에 사용하세요.

Honey Madeleine

허니 마들렌

마들렌은 고급스런 티 케이크로 사랑받는 예쁜 조가비 모양의 '구움과자'라고 해요.
고소한 우유 버터의 풍미가 생명인 마들렌은 반죽을 한나절 또는 하룻밤 정도
냉장고에 숙성시킨 뒤 구우면 더욱 부드럽고 촉촉하게 즐길 수 있어요.
만들기가 까다롭지 않아 재료 계량만 실패하지 않는다면 누구나 성공할 수 있어요.

마들렌

24개 분량
170℃에서 10~13분 내외

재료
박력분 100g
아몬드파우더 30g
베이킹파우더 4g
달걀 150g(약 3개)
설탕 90g
꿀 30g
소금 1g
바닐라엑스트랙 5g
바닐라빈 1/2개(옵션)
녹인 버터 150g

- 버터는 전자레인지에 돌리거나 중탕으로 녹여 미지근하게 식혀놓는다.
- 밀가루와 아몬드파우더, 베이킹파우더는 섞어서 체에 2번 내려놓는다.
- 오븐은 170℃로 예열한다.

달걀과 설탕 섞기 믹싱볼에 달걀을 넣고 노른자가 완전히 터져서 흰자와 섞이도록 골고루 풀어준 다음 설탕과 꿀, 바닐라엑스트랙, 소금을 넣고 섞는다.

설탕 완전히 녹이기 손거품기로 설탕과 다른 재료들이 다 녹을 때까지 잘 섞는다. 달걀에 거품이 많이 생기지 않도록 부드럽게 섞어주도록 하며, 손가락으로 볼 바닥을 문질렀을 때 설탕 알갱이가 느껴지지 않을 때까지 골고루 섞는다.

가루류 섞기 설탕이 다 녹으면 미리 체에 내려놓은 가루 재료들을 모두 넣고 손거품기를 천천히 한쪽 방향으로 돌려가며 섞는다.

덩어리 없이 섞기 가루가 남아 덩어리진 것 없이 매끈하고 부드럽게 되도록 골고루 반죽한다.

녹인 버터 섞기 미리 녹여서 미지근하게 식혀둔 버터를 반죽에 조금씩 흘려 넣어가며 손거품기로 골고루 섞는다.

반죽 골고루 섞기 전체적으로 윤기가 나고 표면이 매끈한 반죽이 될 때까지 골고루 섞는다.

냉장고에서 휴지시키기 반죽이 다
되면 믹싱볼 둘레를 깨끗하게 닦
은 다음 랩을 씌워 냉장고에서 최
소 30분~하룻밤 휴지시킨다.

마들렌 틀 코팅하기 반죽을 팬닝할
마들렌 틀에 손가락을 이용해 버
터를 꼼꼼히 바른다. 조가비 모양
의 마들렌 틀 주름 안쪽까지 버터
가 코팅되어야 다 굽고 난 뒤 모양
이 예쁘게 떨어진다.
• 코팅 상태가 좋지 않은 팬이라면 버터
  를 바른 뒤 밀가루를 얇게 뿌리고 겉
  도는 밀가루는 털어낸 뒤 사용한다.

팬닝해서 굽기 휴지시킨 마들렌 반
죽을 틀에 팬닝한다. 반죽이 틀에
꽉 차지 않고 약간 모자랄 정도로
채운다. 170℃에서 20분 이상 예
열한 오븐에서 10분 정도, 반죽 가
운데가 기둥처럼 높게 올라올 때
까지 굽는다. 손으로 반죽 윗면을
살짝 눌렀을 때 반죽이 다 익어 윗
면이 물기 없이 보송보송하면 반
죽을 살짝 흔들어본다. 반죽이 틀
에서 살짝 떨어지면서 흔들리면
오븐을 윗불만 켠 채로 1~3분 정
도 더 구운 다음 오븐에서 꺼내자
마자 틀을 뒤집어 마들렌을 분리
한 뒤 식힘망에 얹어 식힌다.

1 달걀에 거품이 생기지 않도록 주의하기

달걀에 설탕과 그밖의 재료들을 넣고 녹일 때 거품이 생기지 않도록 주의하면서 천천히 저어 주세요. 거품이 많이 생기면 마들렌 속에 기공이 많아져 폭신하고 촉촉한 질감이 떨어질 수 있어요. 마들렌을 반죽한 뒤 바로 굽지 않고 실온 또는 냉장고에 휴지시킨 뒤에 굽는 이유 중 하나도 반죽 속에 남아 있는 기포들이 전부 떠올라 반죽 밖으로 빠지도록 하기 위해서예요. 시간이 없을 때는 실온에서 30분 정도라도 휴지시키도록 하세요.
반죽을 냉장고에 보관하면 굳어지지만 오븐에 넣어 굽는 동안 원상태로 돌아오니 걱정하지 않아도 됩니다.

2 틀에 버터 코팅하기

반죽을 붓기 전에 마들렌 틀을 반드시 버터로 코팅하는 것을 잊지 마세요. 주름 사이사이 빠뜨리지 말고 코팅시켜야 섬세한 조가비 모양을 완성할 수 있어요. 귀찮다고 반죽을 그냥 부어버리면 반죽이 틀에 붙어 너덜너덜한 마들렌이 되버려요.

3 가운데가 봉긋해야 잘 된 것

반죽도 잘 되고 굽기도 성공적인 마들렌은 윗면 가운데가 봉긋하게 솟아오른답니다. 오븐의 열이 반죽 바깥쪽에서부터 닿기 때문에 열이 가장 늦게 전달되는 가운데 부분으로 미처 익지 않은 반죽들이 몰리기 때문이에요. 팽창제를 사용하는 케이크류 대부분에서 이런 현상이 나타나지요. 마들렌에 기둥이 생기지 않거나 평평하게 구워졌다면 반죽이 너무 묽거나 팽창제의 양이 부족하기 때문일 거예요. 재료를 계량할 때 꼼꼼하게 체크하도록 하세요.

4 반죽은 틀의 80~90%만 채우기

마들렌 틀에 반죽이 꽉 차도록 채우면 굽는 동안 반죽이 틀 바깥으로 넘쳐 지저분해져요. 예쁜 아웃라인을 가진 마들렌을 만들려면 반죽을 틀의 80~90%까지만 채우도록 하세요.

5 10분 정도만 굽기

마들렌을 너무 오래 구우면 겉이 타고 수분이 날아가 퍼석해져요. 사용하는 오븐마다 온도가 조금씩 달라 시간차가 있을 수 있지만, 보통 10분 정도 구운 뒤 윗면을 만져 보아 보송보송한 느낌이 들면서 마들렌을 살짝 들어 올렸을 때 틀에서 떨어지면 그만 굽도록 합니다. 때에 따라 윗면에 색을 살짝 내기 위해 오븐 윗불을 이용해 1~3분 정도 더 구워주기도 해요. 이렇게 하면 표면이 찐득해지는 것을 방지할 수도 있어요. 다 구운 마들렌은 뜨거울 때 겹쳐두면 서로 들러붙으니 절대 겹쳐놓지 않도록 합니다. 오븐에서 꺼내자마자 틀에서 꺼내 식힘망 위에 간격을 두고 늘어놓도록 하세요.

6 구운 뒤 1~2일이 지나야 맛있는 마들렌

마들렌은 구운 뒤 이틀 정도 지난 뒤부터 식감이 더 촉촉하고 부드러워집니다. 폭신한 식감과 진한 버터의 풍미를 느끼려면 하루나 이틀은 기다렸다가 먹도록 하세요. 구운 마들렌이 적당히 식으면 공기가 닿지 않도록 밀봉하거나 낱개로 포장한 뒤 상온에 두세요. 숙성 정도에 따라 식감이 달라지는데 3일째부터 급격하게 맛있어진답니다.

A variety of Madeleine

마들렌 응용하기

투 컬러 마들렌

• 조가비 모양 하나에 반죽을 두 가지씩 함께 팬닝합니다. 어떤 반죽이든 먼저 반만
채운 뒤 남아 있는 공간에 다른 반죽을 부어 채우면 돼요. 반죽을 틀 전체에 깔고 다
시 그 위에 다른 반죽을 채우는 식으로 층층이 쌓으면 모양이 엉성하고 예쁘지 않아
요. 좌우로 칸을 나누듯 팬닝해야 완성 후 예쁜 투 컬러 마들렌이 됩니다. 한 가지
반죽을 채운 뒤 시간이 흐르면 점차 반죽이 옆으로 퍼지니 최대한 빠른 시간 내에
다른 반죽 한 가지를 더 채우도록 하세요. 반죽이 너무 묽으면 투 컬러 마들렌의 모
양이 예뻐질 수 없겠죠? 반죽을 냉장고에 잠시 두어 살짝 굳힌 뒤에 틀에 부으면 쉽
게 만들 수 있어요.

초콜릿 마들렌

마들렌

재료

박력분 110g 코코아파우더 25g 베이킹파우더 3g 베이킹소다 1g
달걀 150g(약 3개) 설탕 130g 소금 1g 바닐라엑스트랙 5g 녹인 버터 150g

• 만드는 방법은 '허니 마들렌'과 같습니다. 박력분과 코코아파우더, 베이킹
파우더, 베이킹소다는 함께 섞어 체에 내려 준비하세요.

녹차 마들렌

마들렌

재료

박력분 110g 녹차(말차)파우더 5~10g 베이킹파우더 4g
달걀 150g(약 3개) 설탕 130g 소금 1g 바닐라엑스트랙 5g 녹인 버터 150g

• 만드는 방법은 '허니 마들렌'과 같습니다. 박력분과 녹차파우더, 베이킹파
우더는 함께 섞어 체에 내려 준비하세요. 녹차파우더를 5g 넣으면 맛과 향
이 미비할 수 있어요. 10g까지 넣으면 녹차 특유의 쌉싸래한 풍미가 살아
있지요. 차로 우려 마시는 녹차가루는 색이 탁하고 구웠을 때 탈색되어 좋
지 않으니 베이킹용 말차가루를 사용하세요.

캐러멜 마들렌

마들렌

재료

박력분 110g 아몬드파우더 20g 시나몬파우더 1g 베이킹파우더 4g 설탕 80g
달걀 150g(약 3개) 바닐라엑스트랙 5g 소금 1g 캐러멜시럽 70g 녹인 버터 130g

• 만드는 방법은 '허니 마들렌'과 같습니다. 박력분과 아몬드파우더, 시나몬
파우더, 베이킹파우더는 함께 섞어 체에 내려 준비하세요. 반죽을 할 때는
밀가루→캐러멜시럽→녹인 버터 순으로 섞으면 됩니다.

Fudge Brownie 퍼지 브라우니

초콜릿의 촉촉하고 끈적이는 식감과 진한 맛이 매력적인 브라우니예요. 달달한 게 생각나는 날 커피 한 잔이랑 함께 하면 정말 좋지요. 브라우니를 따뜻하게 데워서 차가운 바닐라아이스크림을 올려 먹으면 또 다른 맛의 디저트가 된답니다. 브라우니는 굽는 시간에 따라 다양한 식감을 낼 수 있어요. 굽는 시간을 짧게 잡으면 끈적이고 촉촉한 브라우니가 되고, 오래 구우면 케이크처럼 보송보송해지지요.

브라우니

20x20cm 정사각 틀 1개 / 180℃에서 20~30분 내외

재료

중력분 140g 코코아파우더 25g 베이킹소다 2g 무염버터 120g
다크초콜릿커버처(또는 세미스위트초콜릿커버처) 200g 설탕 230g(200~250g)
달걀 150g(약 3개) 소금 2g 바닐라엑스트랙 10g

READY

- 밀가루와 코코아파우더, 베이킹소다는 섞어서 체에 2~3번 내려놓는다.
- 오븐은 180℃로 예열한다.

1 초콜릿과 버터 녹이기 적당하게 자른 초콜릿과 버터를 볼에 넣고 중탕으로 녹인 다음 적당한 온도가 되도록 식힌다.

2 설탕 섞기 ①에 설탕을 조금씩 넣어가며 손거품기로 골고루 저어 섞는다. 소금도 함께 넣는다.

3 달걀 넣기 설탕을 다 넣고 섞어 어느 정도 녹으면 달걀을 하나씩 넣어가며 골고루 섞는다. 달걀이 하나씩 들어갈 때마다 손거품기로 볼 옆면과 바닥을 훑어가며 섞는다.

4 가루류 섞기 미리 체에 내려둔 가루 재료들을 넣어가며 날밀가루가 보이지 않을 때까지 골고루 섞는다.

5 반죽 완성하기 뭉치거나 덩어리진 것 없이 매끈하고 윤기가 돌면서 찐득한 반죽이 되도록 마무리한다.

6 팬닝해서 굽기 믹싱볼 옆면에 붙은 반죽이 겉돌지 않도록 스패튤라를 이용해 정리한 다음 팬에 반죽을 붓고 윗면을 평평하고 고르게 편다. 180℃로 20분 이상 예열한 오븐에서 20~30분 정도 굽는다. 20분 정도 지났을 때부터 얇은 꼬치나 젓가락으로 반죽의 정 가운데 부분을 바닥까지 찔러본다. 물기 있는 반죽이 묻어나오면 아직 덜 익은 것이므로 조금씩 시간을 늘려가며 테스트한다. 아무것도 묻어나지 않으면 수분이 적절하게 날아가 케이크처럼 보송보송한 브라우니가 된 것이다.

• 25분 내외로 구우면 꼬치 끝에 살짝 보슬보슬한 반죽이 묻어나는데, 이 정도도 부드럽게 먹기에 적당하다.

1 설탕은 여러 번에 나누어 넣기

녹인 초콜릿과 버터에 설탕을 넣고 녹일 때 설탕을 한꺼번에 넣지 않도록 하세요. 설탕이 녹으면서 생기는 수분으로 인해 지방인 초콜릿과 버터가 덩어리지듯 몽글몽글하게 분리되는 현상이 생기니까요.

2 카카오 함량 35% 이상인 커버처로

브라우니에 사용되는 초콜릿은 카카오 함량이 최소 35% 이상 되는 것을 사용하세요. 50% 정도인 다크초콜릿이나 비터스위트초콜릿이 좋아요. 초콜릿이 브라우니의 맛을 결정지으니 가격이 조금 비싸더라도 질 좋은 리얼 초콜릿인 커버처를 사용하는 것이 좋습니다.

3 달걀에 거품이 생기지 않도록 주의하기

달걀을 넣고 섞을 때 거품이 과도하게 생기지 않도록 주의하세요. 거품이 많이 생기면 식감이 케이크처럼 가벼워질 수 있으니 손거품기를 이용해 살살 저어주는 것이 좋아요.

4 꼬치테스트로 반죽 확인하기

브라우니는 정해진 시간 동안 구운 다음 나무 꼬치나 젓가락으로 찔러 익었는지 확인하는 꼬치테스트를 반드시 거치도록 하세요. 한가운데의 바닥까지 꼬치를 깊게 찔러 넣었다 뺐을 때 물기 있는 반죽이 묻어나면 덜 익은 거예요. 이럴 때는 다시 오븐에 넣고 5분 간격으로 테스트를 해보아 꼬치에 반죽이 살짝 묻어나는 정도에서 마무리하세요.
가운데 부분은 열 전달이 더디기 때문에 레시피에 제시된 시간 동안 구웠다 해도 속까지 잘 익었는지 테스트하는 것이 중요합니다.

A variety of Brownie

넛츠 브라우니

쿠키

재료

중력분 150g
코코아파우더 35g
베이킹소다 2g
무염버터 140g
다크초콜릿(또는 세미스위트초콜릿커버처) 220g
설탕 230g(200~250g)
달걀 200g(약 4개)
소금 2g
바닐라엑스트랙 10g
호두 잘게 부순 것 100g(50~150g)

• 만드는 법은 '퍼지 브라우니'와 같습니다. 호두는 미리 오븐에 살짝 구워 새끼손톱 크기로 자른 것을 사용해요. 밀가루가 대충 섞이고 나면 호두를 넣고 골고루 섞어 팬닝하세요. 피칸이나 아몬드, 헤이즐넛, 해바라기씨 등을 넣어도 맛있어요.

크림치즈 스월 브라우니

쿠키

브라우니 반죽	크림치즈 반죽
중력분 130g	크림치즈 200g
코코아파우더 20g	설탕 60~80g
베이킹소다 1g	달걀 50g(약 1개)
무염버터 130g	생크림 40g
다크초콜릿커버처 150g	레몬즙 10g
설탕 180g(160~200g)	소금 1g
달걀 150g(약 3개)	바닐라엑스트랙 5g
소금 1g	
바닐라엑스트랙 10g	

- 크림치즈에 설탕을 넣고 손거품기로 부드럽게 풀어
  준 뒤, 달걀과 생크림, 레몬즙, 바닐라엑스트랙 순으
  로 한 가지씩 넣어가며 반죽이 덩어리지지 않고 매
  끈해질 때까지 섞어요.

- 브라우니 반죽이 완성되면 팬에 크림치즈 반죽을 먼
  저 군데군데에 넣고 나머지 공간에 브라우니 반죽을
  부어요. 얇은 나이프나 포크로 크림치즈 반죽과 브
  라우니 반죽이 닿아 있는 부분을 들어 올리면서 반
  죽을 살짝 휘저어 자연스러운 마블링이 이루어지도
  록 합니다. 크림치즈 반죽과 브라우니 반죽을 패닝
  하는 대로 다양한 모양의 마블이 생긴답니다.

Chocolate Chip Blondie 초콜릿칩 블론디

황설탕과 녹인 버터를 믹싱해서 만드는 초콜릿칩 블론디는 촉촉하면서도 부드러운 케이크와 쫀득한 쿠키의 식감이 조화를 이룬 바bar 모양의 디저트예요. 브라우니의 사촌 격인데, 한입 크기의 네모난 모양으로 만들고, 커피나 티에 곁들이면 잘 어울리지요. 만드는 시간이 오래 걸리지 않아 간식으로 뚝딱 만들어 내기에 좋아요.

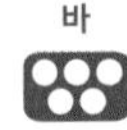

바

20x20cm 정사각 틀 1개 /
180℃에서 20~30분 내외

재료

중력분 200g 베이킹파우더 4g 달걀 90~120g(약 2개) 황설탕 180g(150~200g) 소금 2g
바닐라엑스트랙 5g 녹인 버터 170g 세미스위트초콜릿칩 100g(80~150g)

1 달걀과 설탕 섞기 달걀은 흰자와 노른자가 대충 섞이도록 풀어준 다음 설탕과 소금, 바닐라엑스트랙을 넣고 손거품기로 저어가며 설탕을 녹인다.

2 버터 녹인 것 섞기 설탕이 적당히 녹으면 녹여서 식혀둔 버터를 넣고 윤기가 돌면서 매끈한 반죽이 될 때까지 손거품기를 이용해 골고루 섞는다.

3 가루류 섞기 미리 체에 내려둔 가루 재료들을 넣고 날밀가루가 보이지 않고 덩어리진 것 없이 매끈한 반죽이 되도록 섞는다. 손거품기를 이용해 믹싱볼 옆면과 바닥에 붙은 반죽까지 긁어가며 골고루 섞는다.

4 초콜릿칩 섞기 가루류가 대충 섞이면 초콜릿칩을 넣고 반죽의 바닥면을 들어 올리듯 서너 번 정도 뒤적이면서 골고루 섞어 반죽을 마무리 한다.

5 팬닝해서 굽기 준비한 오븐 팬에 반죽을 붓고 윗면을 고르게 정리한 뒤 180℃로 20분 이상 예열한 오븐에서 20~30분 정도 굽는다. 정 가운데 부분을 가는 꼬치나 젓가락으로 바닥까지 찔러보아 덜 익은 반죽이 묻어나지 않으면 잘 구워진 것이다.

• 젖은 반죽이 묻어나면 5분 간격으로 꼬치테스트를 하며 적당한 시간에 멈춘다.

READY

- 버터는 전자레인지에 돌리거나 중탕으로 녹여 미지근하게 식혀서 준비한다.
- 중력분과 베이킹파우더는 섞어서 체에 2번 내려놓는다.
- 오븐은 180℃로 예열한다.

이성실의
BAKING NOTE

1 달걀에 거품이 생기지 않도록 주의하기

촉촉한 식감의 블론디를 만들기 위해서는 달걀을 믹싱할 때 거품이 많이 생기지 않도록 주의하세요. 거품이 생기면 공기가 들어간 공간이 늘어나 푸석거려요.

2 블론디에는 황설탕

블론디의 풍미와 식감을 좋게 하려면 황설탕을 사용하는 것이 좋아요. 황설탕과 백설탕을 반반씩 사용하거나 황설탕이 없을 때는 백설탕만으로 만들어도 좋지만, 블론디 특유의 맛과 향, 묵직한 식감을 만드는 것은 황설탕이에요.

3 쿠키 같은 식감을 원하면 얇게 팬닝하기

쿠키 같은 식감의 블론디를 만들려면 팬닝할 때 반죽 양을 줄여 얇게 팬닝하세요. 굽는 시간도 좀 더 늘려 수분을 날려주세요. 적당한 시간은 꼬치테스트를 통해 확인하면 됩니다.

4 견과류나 건과일 믹싱하기

호두나 아몬드와 같은 견과류나 건포도, 크렌베리 같은 건과일을 섞어 만들어도 맛있어요. 견과류는 미리 오븐에 구워 넣어야 고소한 풍미가 살아납니다. 건과일은 럼이나 바닐라엑스트랙에 미리 담가두었다가 사용하면 풍미가 좋지요.

5 하룻밤 숙성시켜 먹기

블론디도 일반 케이크류와 마찬가지로 하루 이상 숙성시키면 가장 맛있습니다. 구운 다음 식혀서 밀봉해 실온에 두었다가 먹어보세요.

Pie & Tart Basic Dough

바삭하고 고소한 맛이 특징인 파이와 타르트의 기본 도우입니다.
이 도우 하나면 여러 가지 재료를 더해 맛있는 파이나 타르트를 잔뜩 만들 수 있어요.
만드는 방법이나 재료의 배합에 따라 다양한 도우가 있지만,
제가 애용하는 건 어떤 파이나 타르트에도 잘 어울리고 레시피가 매우 간단한 도우랍니다.

파이와 타르트

**20㎝ 원형 파이 틀 1개와
작은 원형 파이 틀 3~5개 내외**

재료
중력분 200g
아몬드파우더 30g
차가운 버터 130g
차가운 물 60g
소금 1g

1

재료 준비하기 도우에 들어가는 모든 재료는 최대한 차가운 상태를 유지시킨다. 밀가루와 아몬드 파우더는 섞어서 체에 2번 내린 다음 소금을 넣고 대충 섞어놓는다. 버터는 사방 1~1.5㎝ 크기로 깍둑썰기해 미리 냉동실에 넣어두었다가 사용하기 직전에 꺼낸다. 물은 얼음물이나 냉장고에서 차갑게 식힌 것을 준비한다.

2

가루와 버터 섞기 체에 내려놓은 가루 재료에 차가운 버터를 넣고 스크레이퍼로 버무리듯 뒤적이며 버터를 잘게 자른다.

3

버터 자르기 버터가 새끼손톱 정도로 작아질 때까지 스크레이퍼로 자르면서 잘게 잘린 버터와 밀가루가 서로 뭉쳐 부슬부슬한 상태가 되도록 만든다.

차가운 물 넣기 버터와 밀가루가 잘 섞여 부슬부슬해지면 얼음물이나 차갑게 식힌 물을 넣는다.

반죽 대충 뭉치기 스크레이퍼로 반죽을 뒤적거리며 부슬거리는 가루와 버터가 한 덩어리가 되도록 꾹꾹 눌러 뭉친다.

비닐에 넣고 뭉치기 아직 덜 뭉쳐져 부슬거리는 가루와 덩어리진 반죽을 지퍼백 또는 비닐에 넣고 손으로 꾹꾹 눌러 한 덩어리로 뭉친다. 최대한 손이 반죽에 직접 닿지 않도록 하면서 **빠른 시간 내에** 뭉치도록 한다.

밀대로 정리하기 비닐에 넣은 반죽이 한 덩어리로 뭉쳐지면 스크레이퍼를 이용해 반죽이 사각형이 되도록 눌러가며 모양을 잡은 뒤 2~2.5㎝ 정도의 두께가 되도록 밀대로 밀어 정리한다.

파이지 완성하기 두께와 모양이 잘 잡히면 비닐을 잘 접어 정리해 냉장실 또는 냉동실에 넣고 휴지시키며 단단하게 굳힌다. 냉장실에서는 최소 1시간, 냉동실에서는 30분 정도 굳혀야 나중에 밀어 펴기 좋은 상태가 된다. 잘된 반죽은 군데군데 잘게 잘라진 버터 알갱이가 눈에 보이며 때에 따라 약간의 날밀가루가 보여도 적당한 상태이다. 반죽이 늘어지지 않고 견고하고 단단한 형태를 유지하면서 손으로 만져보았을 때 차가운 냉기를 유지하고 있도록 한다.

밀가루 코팅하기 반죽이 차가운 냉기를 지닌 채로 적당하게 굳으면 작업대에 올려 밀가루를 앞뒤로 골고루 뿌린 다음 다시 밀가루를 싹 털어주는 동작을 두세 번 반복한다. 밀가루를 뿌린 뒤 완전히 털어주지 않으면 파이지가 질겨지고 딱딱해질 수 있다.

10

11

12

반죽 밀기 작업대 위에 날밀가루를 살짝 뿌린 다음 털어내고 반죽을 올려 균일한 두께가 되도록 밀대로 밀어 편다.

뒤집어 반대 방향으로 밀기
세로 방향으로 길게 밀어 편 반죽 위에 밀가루를 뿌린 다음 털어낸다. 반죽의 앞뒤를 바꾼 다음 세로로 길쭉한 반죽을 가로로 놓고 다시 균일한 두께로 길쭉하게 밀어준다. 만일 파이지를 한쪽 방향으로만 계속 밀게 되면 오븐에 굽는 동안 반죽이 한쪽으로만 수축해서 갈라질 수 있으니 주의한다. 파이지가 0.3~0.5㎝ 두께가 되도록 반죽을 밀어준다.

반죽 밀대에 말아 틀에 얹기 반죽을 밀대에 조심스럽게 말아준다. 이 상태로 파이나 타르트를 만들 틀 위에 살짝 얹는다.

13

14

반죽 틀에 자리 잡아주기
밀대에 감긴 반죽을 조심스럽게 풀어주면서 반죽이 사용할 팬에 자리를 잘 잡아준다.

반죽 재단하기 손가락을 이용해 반죽을 팬에 잘 눌러 붙인다. 팬의 주름 모양까지 잘 살아나도록 섬세하게 붙인다. 반죽을 붙인 틀 윗면을 밀대로 밀거나 칼로 깔끔하게 잘라내어 틀 밖으로 나간 여분의 반죽을 깨끗하게 정리한다. 완성된 도우를 냉장실 또는 냉동실에 넣어 차갑게 보관하는 동안 속을 채울 필링을 준비한다.

1 파이와 타르트

고소하고 바삭한 도우 위에 달콤한 재료를 얹어 굽는 인기 디저트 파이와 타르트는 어떻게 다를까요? 가장 큰 차이는 필링 위를 파이지로 덮느냐 오픈시키느냐 라고 할 수 있어요. 파이는 파이지 안에 필링을 얹고 다시 그 위를 파이지로 덮어 구워요. 타르트는 필링을 얹어 바로 굽지요. 파이의 도우가 되는 파이지에는 밀가루나 버터 이외에 다른 재료를 사용하지 않고 단순하게 만들어요. 반죽의 상태가 매우 중요한 만큼 눅눅하거나 딱딱한 파이지가 되지 않도록 스피디하게 다루고, 파이지에 어울리는 필링의 당도를 적당하게 조절하세요.

타르트의 도우인 타르트지에는 밀가루와 버터 이외에 견과류를 갈아놓은 분말이나 달걀노른자, 설탕 등을 넣어 쿠키 같은 맛을 내기도 해요. 물론, 여기에 소개한 기본 도우는 파이와 타르트에 공통으로 사용합니다.

2 가볍고 바삭한 식감이 포인트

파이와 타르트를 만들 때 가장 중요하게 생각할 것은 바로 가볍고 바삭한 식감을 내는 거예요. 재료 중 밀가루가 매우 중요한 역할을 하는데, 가장 적합한 밀가루는 중력분이에요. 가벼운 식감을 위해 글루텐이 거의 없는 박력분을 사용해야 한다고 생각할 수도 있지만 글루텐을 어느 정도 포함한 중력분을 사용해야 맛있는 도우를 만들기 쉬워요. 글루텐 함량이 적은 박력분은 수분 흡수력이 낮아 반죽 내에 수분을 많이 보유할 수 없으므로 반죽이 잘 뭉치지 않고 부스러지며 힘이 없어요. 강력분으로 만들면 식감이 딱딱하고 질긴 도우가 되지요.

3 반드시 차가운 버터로

파이와 타르트를 만들 때 밀가루만큼 중요한 또 한 가지 포인트는 바로 사용하는 버터의 상태입니다. 밀가루에 넣기 직전까지 냉장실이나 냉동실에 보관해두었던 버터를 사용하세요. 밀가루에 버터를 섞은 뒤 버터를 잘게 쪼개면서 밀가루와 한 덩어리가 되도록 뭉칠 때, 반죽을 휴지시킬 때, 그리고 반죽을 밀대로 밀어 펼 때에도 반죽이 차가운 상태를 유지하도록 해야 해요. 오븐에 넣기 직전까지 최대한 손으로 만지는 것을 최소화하여 반죽이 서늘한 온도를 유지해야 바삭한 식감의 파이나 타르트가 완성됩니다.

이렇듯 반죽의 온도가 중요하니, 버터를 섞는 과정에서부터 푸드 프로세서를 사용하기를 권하고 싶어요. 물을 제외한 모든 재료를 넣고 한꺼번에 섞어주니 손의 사용을 최소화시킬 수 있어요. 위의 레시피의 2~5번까지의 과정에 푸드 프로세서를 이용한 뒤 이후로는 같은 방법으로 만들면 됩니다. 어떤 방법으로 만들던지 가장 중요한 것은 처음부터 끝까지 버터가 차가운 상태를 유지하는 것임을 잊지 마세요.

4 아몬드파우더로 업그레이드시키기

도우를 만들 때 밀가루의 일부를 아몬드파우더로 바꿔 넣으면 좋아요. 아몬드파우더는 고소하고 진한 풍미의 유분을 함유하고 있기 때문에 부드러우면서도 바삭한 맛을 더해줍니다. 이 레시피에 제시된 아몬드파우더의 양을 참고해 아몬드파우더가 없을 때는 그만큼을 밀가루로 대체하세요.

5 낱개 포장해 냉동보관하기

파이지는 반죽을 한 뒤 한 번 사용할 양만큼씩 낱개로 포장해서 냉동실에 보관해두고 필요할 때마다 꺼내 쓰세요. 냉동실에서 장기간 보관이 가능하니 파이나 타르트를 만들 때 반죽을 꺼내 필링만 얹어 구우면 매우 간단하게 만들 수 있어요. 완벽하게 밀봉한 상태라면 냉동실에서 6개월 이상도 보관 가능합니다. 단, 파이지에 달걀이나 우유 등 유통기한이 짧은 동물성 재료들을 넣어 만든 경우에는 되도록 그 재료의 유통기한을 지키는 것이 좋다는 점도 기억하세요.

6 팬닝 후 남은 반죽은 다시 사용하기

사용하는 틀의 크기에 따라 필요한 반죽 양이 달라지는데, 팬닝한 뒤 윗면을 잘라내고 남는 반죽은 뭉쳐서 다시 사용하면 되니 버리지 마세요. 단, 밀대로 밀고 남은 반죽을 너무 여러 차례 다시 사용하면 바삭함이 덜해지고 질긴 반죽이 될 수 있으니 두세 번 정도만 재활용해요. 반죽에 냉기를 유지시켜야 하기 때문에 빠른 손놀림으로 만드는 것도 중요해요. 파이나 타르트를 굽기 전 오븐을 예열하는 동안 냉동실에 넣었다가 사용하세요.

Caramel Pecan Pie

캐러멜 피칸 파이

달달하고 진한 흑설탕 필링이 입에 착 달라붙고 은은한 캐러멜향이 좋아 자꾸 먹고 싶어지는 파이에요.
제 수업에서 가장 인기 있는 메뉴 중 하나이지요. 냉동실에 넣어둔 파이지가 있다면 필링을 얹어 뚝딱 구워내면 되니,
파이를 좋아한다면 시간 날 때 파이지를 미리 만들어두세요. 예쁜 박스에 담아 선물하면 정말 환영받는 디저트랍니다.

반죽 팬닝해서 준비하기 반죽해서 냉장고에 넣어 휴지시켜두었던 반죽을 꺼내 파이 팬에 팬닝한 다음 (p.396 참고) 냉동실에 넣어둔다.

흑설탕 필링 만들기 냄비에 흑설탕, 캐러멜시럽, 물엿, 버터, 시나몬파우더, 소금을 한꺼번에 넣고 가스레인지에 올려 모든 재료가 부드럽게 섞이고 흑설탕이 녹을 정도까지 뭉근하게 끓인다.

달걀 섞기 흑설탕이 다 녹으면 냄비를 불에서 내리고 손거품기로 저어 뜨거운 열기가 빠져나가도록 한다. 미지근한 정도로 식으면 달걀을 하나씩 넣어가며 골고루 섞이도록 한다.

p.396 참고

기본 도우 1개 사용 시
지름 10㎝ 원형 파이 틀 3~4개 분량 /
170℃에서 30~40분

흑설탕 80g(70~100g) 캐러멜시럽 50g 물엿 90g 버터 30g 시나몬파우더 2g
소금 1g 달걀 100g(약 2개) 생크림 20g 바닐라엑스트랙 10g
피칸 다진 것 150g 장식용 피칸 적당량

생크림 녹이기 달걀이 완전히 섞여 윤기 나는 소스가 되면 생크림과 바닐라엑스트랙을 넣고 골고루 섞어 소스를 완성한다

소스에 피칸 버무리기 오븐에 미리 구워 잘게 잘라둔 피칸을 소스에 넣고 뒤적여 골고루 버무린다.
• 피칸 대신 호두를 사용해도 된다.

파이지에 필링 넣고 굽기 냉동실에 넣어둔 파이지에 완성한 피칸 필링이 80% 정도 차도록 부은 다음 남은 피칸으로 윗면을 장식한다. 170℃로 예열한 오븐에서 30~40분 정도, 파이지 옆면이 황금빛을 띨 때까지 굽는다. 다 구운 뒤에는 오븐에서 꺼내 한김 날린 뒤 식힘망에 얹어 완전히 식힌다.

1 반드시 물엿을 사용하기

물엿은 파이 속을 채워주는 피칸과 소스가 잘 엉겨 흘러내리지 않고 견고하게 굳도록 하는 역할을 해요. 만드는 과정에서 물엿의 양이 많다고 느껴지더라도 양을 줄이거나 올리고당 등의 다른 시럽으로 대체하지 않도록 합니다. 물엿의 양이 적거나 물엿 대신 다른 재료가 들어가면 파이 속 필링이 제대로 굳지 않고 물컹거리게 되니 주의하세요.

2 흑설탕은 정성껏 녹이기

흑설탕을 불에 올려 녹일 때는 주걱으로 저어가며 입자가 잘 녹았는지 확인하세요. 흑설탕은 일반 설탕에 비해 입자가 굵어 녹는 시간이 좀 더 걸린답니다. 흑설탕 입자가 잘 녹지 않고 살아 있는 상태로 파이를 구우면 완성된 파이를 먹을 때 설탕 입자가 씹혀 식감이 좋지 않으니 정성껏 저어가며 완전히 녹여주세요.

3 필링을 채운 뒤 냉동실에 잠깐 넣었다 굽기

틀에 필링을 채운 뒤에는 바로 굽지 말고 오븐을 예열하는 동안 냉동실에 넣어두세요. 예열이 다 되면 냉동실에서 꺼내 바로 오븐에 넣고 구워요. 이렇게 하면 한결 바삭바삭한 식감을 가진 피칸 파이가 완성됩니다.

4 파이를 굽는 2가지 방법

파이를 굽는 방법에는 2가지가 있어요. 하나는 파이지를 먼저 한 번 굽고 필링을 채워 다시 한 번 굽는 것이고, 또 하나는 파이지 위에 바로 필링을 얹어 한꺼번에 굽는 방법이에요.
파이지만 미리 구울 때는 200℃로 예열한 오븐에서 15~20분 정도 구운 다음 뜨거운 김이 나갈 때까지 식혔다가 필링을 얹어 다시 구워요. 이 방법을 '블라인드 베이킹'이라고 합니다. 수분이 많은 재료나 생과일과 같이 구울 때 물이 많이 나올 수 있는 재료를 필링으로 사용할 경우 이 방법이 좋아요. 수분으로 인해 파이지가 눅눅해지는 것을 막을 수 있으니까요. 주의할 점은 파이지만 구울 때 파이지 윗면에 올록볼록 기포가 올라올 수 있다는 거예요. 이 현상을 막기 위해서는 파이지 위에 전용 베이킹 스톤이나 콩, 쌀 등의 무게 있는 알갱이를 얹어 굽도록 합니다.
파이지 위에 필링을 얹어 한꺼번에 굽는 방법은 두 번 굽는 번거로움 없이 간편하게 만들 수 있는 장점이 있지요. 수분이 적은 필링을 사용하거나 작은 사이즈의 파이를 만들 때 유용합니다. 큰 사이즈의 파이를 이 방법으로 만들 때는 파이지가 눅눅해지지 않도록 필링을 얹은 뒤 냉동실에 15~30분 정도 넣어두었다가 꺼내 굽도록 하세요.

A variety of Pie

호두 파이

파이

파이지 기본 도우 1개로 지름 20㎝ 원형 파이 틀 1개,
지름 5㎝ 미니 원형 파이 틀 3~5개 분량 / 170℃에서 40분~1시간

호두 필링
흑설탕 100g(80~130g) 물엿 130g 버터 35g
시나몬파우더 2g 소금 1g 달걀 100g(2개) 생크림 30g
바닐라엑스트랙 10g 호두 다진 것 170g 장식용 호두 적당량

• 만드는 법은 '캐러멜 피칸 파이'와 같습니다.

이성실의
BAKING NOTE

1 파이지를 한 번 구워 사용하기

파이지를 만들어두었다가 필링을 얹기 전에 파이지만 미리 200℃ 오븐에서 15~20분 정도 구워 사용하면 훨씬 바삭한 파이를 만들 수 있어요. 뜨거운 열기가 나가면 호두 필링을 얹어 다시 구워주면 되지요. 파이지를 미리 굽지 않고 사용할 때는 호두 필링을 얹은 다음 바로 굽지 말고 오븐을 예열하는 동안 냉동실에 넣어 최대한 차가운 상태를 유지해 구워야 바삭해져요.

2 호두는 미리 구워놓기

파이에 들어가는 호두는 180℃로 예열한 오븐에서 15~20분 정도 바싹 구워서 사용하세요.

3 파이 사이즈에 따라 굽는 시간 정하기

보통 20㎝ 원형 틀에 구울 때는 170℃에서 40분~1시간 정도 충분하게 구워주세요. 파이의 크기가 커지면 굽는 시간도 늘려줘야 해요. 파이의 정 가운데가 봉긋하게 올라오면 다 구워진 거예요.

Almond Tart

아몬드 필링을 가득 채운 뒤 좋아하는 과일이나 견과류로 장식해 굽는 타르트로,
고소한 아몬드파우더의 감칠맛이 매력이에요. 아몬드 필링은 웬만한 타르트의 기본 필링으로 흔히 쓰이므로
알아두면 이 필링 하나로 각양각색의 타르트를 만들 수 있어요.

반죽 팬닝해서 준비하기 냉장고에 휴지시켜둔 반죽을 꺼내 균일한 두께가 되도록 밀대로 밀어 편다. 파이 틀에 반죽을 얹고 틀 모양에 맞춰 손가락으로 꾹꾹 눌러 팬닝한다. 윗면은 밀대로 밀거나 잘라 내어 남은 반죽을 깔끔하게 정리한다. 아몬드크림을 만드는 동안 틀째 냉장실 또는 냉동실에 보관한다.

버터 크림화시키기 실온에서 말랑말랑해진 버터에 설탕을 넣고 저어 연한 미색의 부드러운 크림 상태를 만든다.

달걀 넣기 달걀노른자를 하나씩 넣어가며 골고루 섞는다.

파이지 기본 도우 1개로 직사각형
또는 정사각형 파이 틀 2개 분량 /
180℃에서 40~50분

아몬드 크림 필링
아몬드파우더 190g 중력분 40g 버터 150g 설탕 95g
달걀노른자 80g(약 4개) 바닐라엑스트랙 10g 통조림복숭아나 살구 슬라이스한 것 적당량
아몬드 슬라이스한 것 · 장식용 피스타치오 · 글레이즈용 살구잼 적당량씩

가루류 섞기 미리 2~3번 체에 내
려놓은 밀가루와 아몬드파우더를
③에 넣고 골고루 섞은 다음 바닐
라엑스트랙을 넣는다.

아몬드 필링 완성해 파이 굽기

 스패튤라를 이용해 반죽이 담긴
믹싱볼을 깨끗이 훑어 한 데 모아
아몬드 필링을 마무리한다. 냉장
고에 넣어둔 타르트지를 꺼내 아
몬드 필링으로 80~90%를 채운
다. 통조림복숭아나 살구, 슬라이
스한 아몬드 등을 크림 위에 얹은
다음 180℃로 예열한 오븐에서
40~50분 정도, 타르트지 옆면이
황금빛을 띨 때까지 굽는다.

글레이징하고 장식하기

 타르트가 다 구워지면 광택이 나
도록 뜨거울 때 윗면에 살구잼 글
레이즈(살구잼에 약간의 물을 넣
고 살짝 끓여 묽게 만든 것)를 듬
뿍 바른 다음 피스타치오로 장식
한다.

• 파이 위에 과일 토핑을 얹은 경우에는
 살구잼 글레이즈를 바른다. 과일 없이
 견과류 토핑만 얹었다면 살구잼 글레이
 즈는 생략해도 좋다.

1 버터와 설탕 크림화를 풍성하게

아몬드 필링을 만들 때 버터와 설탕을 풍성하게 크림화시키면 가볍고 부드러운 필링이 됩니다. 버터에 설탕을 넣고 섞을 때 설탕이 다 녹을 때까지 섞으려고 너무 애쓰지 마세요. 설탕이 어느 정도 녹고 손으로 만져보아 살짝 깔깔한 느낌으로 설탕이 만져지는 정도까지만 믹싱하면 나머지 설탕은 달걀을 넣고 섞는 과정에서 달걀의 수분으로 자연스럽게 녹으니 걱정하지 마세요.

2 다양한 토핑 얹기

아몬드 타르트에는 다양한 토핑을 얹어 만들 수 있어요. 과일을 얹을 경우에는 생과일 보다는 설탕조림이 된 통조림과일을 사용하면 좋아요. 타르트를 구울 때 물기가 생기면 질감을 망치니 생과일의 경우에는 물기를 최대한 제거하고 슬라이스해서 사용하세요.
견과류를 얹을 때는 아몬드크림을 완전히 덮지 않도록 하세요. 크림이 완전히 덮여버리면 오븐에 구울 때 열이 차단되어 속이 익지 않을 수 있어요.

Cream Cheese Tart

크림치즈 필링으로 깔끔하게 만든 타르트예요.
타르트 반죽만 구운 다음 크림치즈 필링을 얹어 냉장고에 굳혀먹어요.
밀가루와 달걀이 들어가지 않아서 굽지 않아도 되지요.
냉동실에서 꽁꽁 얼려 먹으면 아이스크림처럼 맛있고 생과일을 필링 위에 얹어도 좋아요.

타르트

기본 파이지 도우 1개
미니 사이즈 원형 타르트 10~15개 분량

도우
p.396 참고

크림치즈 필링
크림치즈 200g 슈거파우더 100g(80~150g) 플레인 요플레 30g 생크림 40g
레몬즙 10g 바닐라엑스트랙 5g
장식용 생과일(딸기 외 각종 베리류, 키위, 망고, 바나나 등)

타르트 반죽 만들기 타르트지를 틀에 넣어 모양을 잡고 180℃로 예열한 오븐에서 진한 황금빛을 띨 때까지 20~30분정도 구워 완전히 식힌다(자세한 만들기는 p.396 참고).

크림치즈 믹싱하기 실온에 두어 말랑말랑해진 크림치즈에 슈거파우더를 넣고 부드럽게 풀어주다가 마요네즈처럼 풍성한 크림 상태가 되면 플레인 요플레, 생크림, 레몬즙, 바닐라엑스트랙을 순서대로 넣어가며 골고루 섞는다.

반죽 마무리하기 크림치즈 필링이 부드러운 크림 상태로 완성되면 미리 구워놓은 타르트지에 크림치즈 필링을 채운다. 짜주머니에 크림치즈 필링을 넣고 듬뿍 짜서 채운 다음 좋아하는 생과일로 장식해 냉장고에 넣고 차갑게 굳힌다.

1 구운 타르트지가 완전히 식은 뒤 필링 채우기

반드시 타르트지가 완전히 식은 다음 필링을 채워야 합니다. 타르트지가 덜 식어 온기가 남았을 때 크림치즈 필링을 채우면 녹아내려 제대로 만들 수가 없어요.

2 차갑게 식혀 빠른 시간 내에 먹기

크림치즈 필링에는 젤라틴이 들어가지 않아 차가운 냉장고에서 식혀 굳혀야 해요. 온도에 민감하기 때문에 냉장고에 넣어 차갑게 식힌 다음 빠른 시간 내에 먹도록 하세요. 꺼내놓고 실온에 오래 두면 필링이 녹아 눅눅해져 맛이 없어요.

3 필링의 당도 조절하기

크림치즈 필링의 당도는 본인 입맛에 맞게 조절할 수 있어요. 살짝 달짝지근한 정도로 만들어야 전체적인 맛의 밸런스가 맞으니 너무 달지 않게 하는 것이 좋습니다.

Macaron

마카롱은 사랑스러운 모양과 색깔로 사랑 받는 디저트예요.
한입 깨물 때의 독특한 식감과 달콤한 맛, 예쁜 모양이 그냥 지나칠 수 없게 만들지요.
마카롱을 집에서 만들어 먹을 수 있도록 기본적인 방법부터 배워볼까요?
마카롱을 만드는 방법은 크게 두 가지가 있어요. 하나는 '프렌치 머랭법'이고 또 하나는 '이탈리
안 머랭법'이에요. 달걀흰자에 설탕을 섞어 머랭을 올릴 때 사용하는 방법에 따라 나뉘지요.
같은 마카롱이라 할지라도 각각의 기법에 따라 사용되는 레시피의 배합률이 전혀 다를 뿐 아니
라 맛과 식감에도 차이가 있으니 두 가지 기법 모두 꾸준히 연습해보도록 하세요.

프렌치 머랭법

마카롱의 겉을 이루는 바삭한 껍질을 '꼬끄'라고 하는데, 이 꼬끄를 만들기 위해 달걀흰자와 설탕으로 머랭을 올리는 대표적인 방법이 바로 '프렌치 머랭법'이에요. 달걀흰자에 과립형 설탕을 넣어가며 머랭을 올리는 방법으로, 스폰지케이크나 시폰케이크 등 머랭을 사용하는 베이킹에서 가장 흔하게 쓰여요. 만드는 과정이 간단해서 마카롱을 처음 만들어보는 초보자들이 제일 처음 시도해보는 방법입니다.

마카롱은 머랭의 농도, 반죽을 섞는 방향과 횟수, 머랭의 기포를 적당하게 죽여주는 마카로나주, 반죽을 말려 완성하는 적절한 타이밍, 오븐의 온도, 그날의 날씨, 만드는 곳의 온도 등이 모두 잘 지켜질 때 성공할 수 있는 고난도의 작업이에요. 아무리 간단한 프렌치 머랭법이라 해도 여러 번 도전해서 노하우를 익히는 것만이 성공할 수 있는 길임을 기억하세요.

이탈리안 머랭법

현재 마카롱계의 장인이라 불리는 프랑스 셰프 피에르 에르메르의 기법이라 불려요. 프렌치 머랭법이 달걀흰자에 설탕을 바로 넣고 머랭을 올리는 것과 달리, 설탕을 끓여 적정 온도의 뜨거운 시럽을 만든 뒤 달걀흰자에 흘려 넣어가며 만드는 방법이에요. 설탕을 시럽으로 만드는 과정을 거치기 때문에 까다로워 보이지만 결과물을 봤을 때는 프렌치 머랭법에 비해 실패율이 적고, 식감도 좀 더 쫄깃하고 속이 꽉 찬 마카롱을 만들 수 있어요. 찐득한 시럽을 사용하기 때문에 머랭 자체가 매우 차지고 힘이 있어 마카로나주 과정(자세한 만들기는 p.424 참고)에서 반죽의 농도 조절이 수월하지요. 반죽에 시럽의 온기가 더해져 반죽이 더 빨리 잘 말라 시간도 절약할 수 있다는 것도 이탈리안 머랭법의 장점이에요.

마카롱을 잘 만드는 최고의 비법은 바로 '연습'이에요. 실패하던 성공하던 꾸준하게 한 가지 레시피로 수차례 연습하면서 자기만의 레시피를 만들도록 하세요. 마카롱은 레시피가 바뀔 때마다 적응하는 시간이 꽤 오래 걸려요. 재료의 브랜드만 바뀌어도 결과물에 영향을 미치고 같은 장소에서 똑같은 방법으로 만들어도 그때마다 완성된 맛과 모양이 달라질 만큼 섬세한 메뉴랍니다. 한 번 성공했다고 해서 그 다음 번에 반드시 성공한다는 보장이 없어요. 이론만 달달 외우고 있다고 잘 되는 것도 물론 아니고요. 많이 구워보고 많이 실패해본 사람일수록 마카롱의 고수가 될 수 있어요. 제 경우에도 열 번 중에 두세 번은 문제가 생길 정도라서 수업 전에는 항상 한 판씩 구워보며 반복해서 점검하곤 합니다.

많은 분들이 마카롱 사이에 샌드하는 필링(자세한 만들기는 p.437 참고)에 관심을 보이는데 필링은 꼬끄를 성공시킨 다음 고민하세요. 우선 프렌치 머랭법 또는 이탈리안 머랭법을 이용해 동그랗고 예쁜 색색의 꼬끄부터 만들어보기로 해요.

만드는 방법에 대해 공부했으니, 다음은 마카롱을 만들기 위해 갖춰야 할 필수 재료를 소개할게요. 마카롱은 사용하는 재료에 따라 맛과 결과물에 커다란 차이를 보이니 세심하게 신경 써서 준비하고 꾸준히 연습하면서 능숙하게 다뤄보세요.

기본 재료

달걀흰자

달걀흰자는 노른자와 분리하여 1~5일 정도 냉장고에 넣어두었다가 단백질이 풀어진 뒤에 사용하도록 하세요. 흰자가 너무 신선하면 단백질의 탄성이 강해 머랭을 올릴 때 믹싱이 과해지고 거친 기공이 형성될 수 있어요. 오븐에 구울 때도 팽창력이 커서 머랭이 너무 많이 부풀었다 주저앉아 마카롱 속이 비는 원인이 되기도 합니다. 흰자를 흘려보아 덩어리지지 않고 물처럼 주르륵 흐르는 정도의 농도일 때 사용하면 좋아요. 미리 흰자를 분리해놓지 못했다면 흰자의 뭉친 덩어리들을 가위로 잘라주거나 손으로 살살 주물러 덩어리진 것을 풀어주는 방법이 있습니다.

달걀을 분리할 때는 흰자에 노른자가 깨알만큼도 섞이지 않도록 하는 것이 중요해요. 노른자에는 천연유화제라 불리는 지방 성분(레시틴)이 들어 있어 이것이 섞인 채로 머랭을 올리면 단단하지 않고 부실한 머랭이 됩니다. 간혹 달걀흰자를 담은 볼 옆에서 아몬드파우더를 체에 내리는 경우를 보는데, 이때 아몬드파우더가 흰자에 들어가면 아몬드파우더의 유분 때문에 머랭을 실패할 수도 있어요. 아주 작은 환경 변화도 마카롱의 성공 여부에 영향을 미친다는 것을 명심하고 주의해서 작업하도록 하세요.

아몬드파우더

슈거파우더와 함께 마카롱의 속을 채우고 맛을 결정짓는 중요한 재료입니다. 아몬드파우더의 유분으로 고소하고 진한 맛을 내지만, 또 유분이 많으면 그만큼 마카롱을 성공적으로 만들기 어려워 까다로운 재료이기도 해요. 신선한 상태의 파우더를 준비하고 만드는 과정에서 파우더를 너무 짓눌러 유분이 흘러나오지 않도록 주의하세요. 예전 제 클래스에서 갑자기 속이 텅텅 빈 마카롱이 나와 당황한 적이 있었어요. 아무리 궁리해도 원인을 찾을 수 없었는데 문제는 아몬드파우더였어요. 좀 더 맛이 좋고 진한 아몬드파우더를 사용했는데 유분 함량이 많아지면서 유분이 몰려서 머랭이 사그라드는 원인이 되었던 거예요. 그만큼 아몬드파우더가 성패를 좌우하는 중요한 재료임을 알 수 있어요. 아몬드파우더는 반드시 슈거파우더와 함께 2~3번 체에 내려 사용하세요. 체에 내리지 않고 믹서에 두 가지 파우더를 함께 갈아 사용하는 경우도 있는데, 자칫 이 과정에서 아몬드파우더의 유분이 흘러나올 수 있어 주의가 필요합니다.

설탕

마카롱에 사용하는 설탕은 백설탕이 좋아
요. 설탕은 머랭에 윤기를 주고 밀도를 조
밀하게 하여 견고한 기공을 만들어줍니다.
단단하고 안정적인 머랭을 만드는 데 꼭
필요한 재료이지요. 설탕이 많이 들어갈수
록 마카롱의 껍질인 꼬끄는 견고하고 묵직
한 스타일이 되며, 설탕이 적게 들어갈수
록 꼬끄가 얇고 부드러워집니다. 머랭을
올리기 시작하는 초기에는 설탕을 한꺼번
에 넣지 말고 조금씩 넣어가며 섞어야 설
탕이 흰자에 완전히 녹아들어 견고한 머랭
을 만들 수 있다는 것도 기억하세요.

• 머랭 올리기는 심플 케이크의 '별립법'과
 '시폰법'에 자세히 나와 있습니다.

슈거파우더

슈거파우더는 아몬드파우더와 함께 마카롱
의 속을 채우는 역할을 하는 동시에 촉촉하
고 부드러운 식감을 만들어줍니다. 슈거파
우더의 배합률이 높을 때 마카롱이 더욱 부
드럽고 촉촉해지지요. 일반적으로 베이커
리에서 파는 마카롱은 대부분 아몬드파우
더보다 슈거파우더의 비율을 높여서 만들
어요. 슈거파우더는 설탕 100%인 것도 있
고 전분이 1~5% 정도 들어간 것도 있으니
기호에 맞게 선택하세요. 단, 전분이 들어
간 슈거파우더를 사용할 경우 꼬끄 윗면이
갈라지며 터지는 현상이 생길 수 있으니 알
아두세요. 만드는 사람에 따라, 경험에 따
라 조금씩 다르니 연습해보면서 자신에게
맞는 것을 사용하는 것이 좋습니다.

난백파우더(머랭파우더)

난백파우더는 달걀흰자를 건조시킨 파우더로, 머랭의 부실한 조직을 채워 안정적으로 만드는 역할을 합니다. 평소 머랭이 잘 올라오지 않거나 거칠어지는 경우가 많다면 난백파우더를 넣어 보다 안정적으로 만들어보세요. 특히 처음 만들 때는 난백파우더의 도움을 받는 것도 좋아요. 물론 난백파우더가 없다면 사용하지 않아도 무방합니다.

식용색소

마카롱에는 되도록 고운 입자의 파우더 색소를 사용하세요. 액상 색소를 사용하면 반죽의 수분 상태에 영향을 줄 수 있으니 주의해야 해요. 마카롱은 수분에 매우 민감하기 때문에 액상 색소를 사용할 때는 적은 양을 사용하도록 하고, 여러 가지 색깔을 혼합해서 사용할 경우 반죽이 불안정해지고 질척해져 마카로나주의 적당한 타이밍을 알아채기 어렵다는 것을 알아두세요.

핑크색, 녹색, 보라색 계열을 내기 위해 딸기나 복분자, 녹차, 블루베리 등의 천연가루로 마카롱 반죽을 만들어 구우면 오븐 열에 의해 탈색이 심하게 일어날 수 있어요. 열에 약해 누리끼리한 색으로 탈색되기 쉬운 색깔이랍니다. 알록달록 선명한 컬러가 생명인 마카롱에는 천연가루보다는 식용색소를 사용하는 것이 효과적일 수 있어요. 식용색소로 만들 때에도 연한 색깔을 낼 때는 주의 깊게 살피며 굽는 시간을 잘 조절해야 합니다.

참고로, 제가 애용하는 색소는 분말 형태의 프랑스 천연색소인 '데코 릴리프deco relief'와 '모라 색소'라 불리는 'Sevarome', 액상의 미국 색소인 '아메리컬러 Americolor'입니다.

French Macaron 프렌치 머랭법으로
꼬끄 만들기

마카롱

**원형으로 필링 샌드해서
20~25개 분량**

재료

아몬드파우더 100g 슈거파우더 100g 달걀흰자 75g
설탕 65g 난백파우더(머랭파우더) 1g(옵션) 식용색소

1 마카롱 시트 준비하기 사용하는 오븐 팬 크기에 맞춰 마카롱 반죽을 짤 시트와 지름 3.5㎝의 원형 가이드라인, 원형 깍지를 끼운 짜주머니를 준비한다. 원형 가이드라인이 없으면 직접 베이킹 시트 위에 일정한 사이즈와 간격으로 반죽을 짜도록 하는데, 일정한 크기로 반죽을 짜는 것이 쉽지 않으니 컴퍼스나 작은 컵, 뚜껑 등을 이용해 원을 그려 자리를 잡는다. 마카롱은 2개의 꼬끄와 가운데 필링이 한 세트이기 때문에 반죽의 모양과 크기가 일정해야 짝을 지을 수 있다.

• 짜주머니에 0.5~1㎝ 정도의 원형 깍지를 주로 사용하며, 베이킹 시트는 실리콘이나 테프론, 종이포일 등 여러 가지를 활용할 수 있다. 오랫동안 마카롱을 만들어오면서 가장 편리했던 시트는 얇고 매끈한 테프론시트로, 마카롱 바닥이 깔끔하고 균일하게 나오는 장점이 있다.

2 아몬드파우더와 슈거파우더 체에 내리기 아몬드파우더와 슈거파우더를 섞어 2~3번정도 체에 내려놓는다. 일반 밀가루에 사용하는 것보다 구멍이 조금 큰 체를 이용해야 아몬드파우더의 굵은 입자가 잘 내려간다. 덩어리져서 내려가지 못하는 파우더는 스패튤라를 이용해 살살 문질러 남김없이 내리도록 한다. 체 망 사이에 굵게 남아 있는 아몬드파우더도 최대한 사용해 계량한 파우더 분량이 그대로 유지되도록 한다.

3 달걀흰자와 설탕 준비하기 달걀흰자는 노른자와 분리하여 1~5일 정도 냉장고에 보관해 단백질이 풀어지도록 노화시킨다. 설탕은 반드시 백설탕으로 준비한다.

4 머랭 올리기 달걀흰자에 난백파우더를 넣고 핸드믹서(중간 속도)를 이용해 흰자 윗면에 하얗게 폼이 생기도록 30초 정도 돌린다. 하얀 폼이 형성되면 설탕을 솔솔 뿌려가며 계속 믹싱한다. 설탕은 처음부터 넣지 말고 흰자에 공기가 들어가 폭신해진 상태에서 뿌려 설탕이 밑으로 가라앉지 않고 바로 핸드믹서에 의해 섞이도록 한다. 이것이 좋은 머랭을 만드는 시작이라고 할 수 있다. 핸드믹서 중간 속도에서 1분 안에 설탕이 모두 들어가 섞이는 것이 좋으며, 설탕이 다 들어간 뒤 핸드믹서를 멈췄을 때 흰자 폼의 표면에 난 핸드믹서 날 자국이 금세 없어지는 상태가 되도록 한다.

• 폼이 다 형성되어 덩어리 상태가 된 뒤에도 설탕이 남아 계속 들어가면 설탕을 녹이기 위해 오버믹싱되어 머랭이 부실해지니 주의할 것.

5 머랭 완성하기 설탕이 다 들어가면 핸드믹서를 고정시킨 뒤 속도를 낮춰 거품이 곱게 정리되고 일정한 밀도를 가진 머랭이 되도록 천천히 휘핑한다. 머랭 윗면에 핸드믹서가 돌아간 회오리 모양 자국이 선명하고 덩어리 상태이면 완성된 것이다.

6 머랭에 색소 넣기 완성된 머랭에 원하는 색소를 조금 넣은 뒤 다시 핸드믹서로 머랭을 올린다. 전체적으로 균일한 색을 띨 때까지 휘핑한다. 되도록 고운 분말 상태의 파우더 색소를 사용하는 것이 좋고, 농축되어 있는 액상 색소를 사용할 경우에는 반죽의 수분 상태에 영향을 줄 수 있다는 것을 염두에 두도록 한다.

• 마카롱은 수분에 매우 민감하기 때문에 액상 색소를 사용할 때에는 많은 양을 사용하지 않도록 한다.

또, 여러 가지 색을 혼합할 경우 반죽이 불안정해질 수 있으니 이 점도 기억해 둔다.

7 색소 머랭 완성하기 색소를 넣고 완성한 머랭의 농도는 핸드믹서의 날을 들어 올렸을 때 묻어 나온 반죽이 전체적으로 삼각뿔처럼 단단하되, 끝부분은 낚시바늘처럼 안으로 부드럽게 휘어져 살짝 흔들리는 정도로 부드러운 상태가 알맞다.

8 머랭 농도 확인하기 핸드믹서의 날을 거꾸로 뒤집었을 때도 날에 묻어 있는 머랭이 뿔처럼 단단하게 서 있고 끝부분은 낚시바늘처럼 안으로 부드럽게 구부러지면서 달랑달랑 흔들리는 정도가 최상의 머랭이다.

9 머랭 완성하기 완성된 머랭을 스패튤라로 모아 한 바퀴 뒤적인다. 스패튤라가 지나간 자리에 견고한 자국이 생기되, 소프트아이스크림 같은 질감과 농도를 가지고 있으면 완성된 것이다. 머랭 표면에 기공이 전혀 없이 매끄럽고 윤기 나는 머랭이 되도록 한다.

10 가루의 1/3 섞기 미리 체에 내려둔 가루류의 1/3을 머랭에 넣고 섞는다. 머랭을 헤집지 말고 스패튤라를 이용해 믹싱볼 옆면을 계속 훑어가며 빙빙 돌려 머랭과 가루류를 가운데로 몰아준다. 가루가 살짝 보일 정도까지만 섞는다.

11 가루 잘 섞기 다시 남은 가루류의 1/2을 넣고 같은 방법으로 섞는다. 가루가 많아질수록 머랭의 농도가 단단해지기 때문에 머랭이 짓눌리지 않도록 믹싱볼 옆면에서 가운데로 반죽을 모은다는 느낌으로 조심스럽게 섞어준다.

12 남은 가루 섞기 마지막으로 남아 있는 가루류를 모두 넣고 같은 방법으로 섞는다. 날가루가 보이지 않을 때까지만 대충 섞는다.

13 완전히 잘 섞기 스패튤라로 믹싱볼 바닥에 있는 반죽까지 뒤집어 가며 덜 섞여 겉도는 날가루가 남지 않도록 잘섞는다. 이때는 견고하고 폼이 살아 있어 반죽을 들어올려 떨어뜨렸을 때 반죽이 흐르지 않는 상태가 되어야 한다.

14 마카로나주 하기 잘 섞인 반죽을 스패튤라의 납작한 면을 이용해 믹싱볼 옆면에 문질러주며 마카로나주 한다. 이 과정은 머랭을 적당히 죽이는 과정으로, 머랭이 으깨지며 흘러나온 설탕 수분으로 반죽에 윤기가 돌고 기포가 빠지며 폼이 사그라들어 반죽의 볼륨이 줄어들면서 안정화된다. 스패튤라의 납작한 면 전체가 닿아 넓고 고른 압력으로 머랭을 으깨듯이 누르며 반죽한다.
• 만드는 상황에 따라 차이가 있지만 보통 20번 정도 문지르면 적당히 마카로나주 된 것이다.

15 마카로나주 상태 확인하기 반죽을 모아 흘려보았을 때 반죽이 리본처럼 납작한 모양으로 차곡차곡 천천히 쌓이는 정도의 농도면 알맞다. 반죽 윗면에 떨어진 다른 반죽의 모양이 금세 사라지지 않고 어느 정도 유지되었다가 서서히 사라지면 잘 된 것이다.

16 마카로나주 마무리하기 반죽을 골고루 잡아서 문지르도록 하고, 반죽에 윤기가 돌면서 믹싱볼 옆면에 붙은 반죽이 아래로 줄줄 흘러내리지 않고 벽에 붙어 있되, 아주 천천히 아래로 흘러내리는 정도로 마무리한다.

17 반죽 마무리하기 완성된 마카롱 반죽을 들어올려 흘렸을 때 납작한 리본 모양으로 천천히 지그재그로 쌓이며 떨어지는 것이 좋다. 반죽 윗면에 쌓인 모양이 20~30초 정도 유지되었다가 천천히 퍼지는 상태가 최상이라고 할 수 있다. 보통 다섯 번 정도 마카로나주 하고 반죽을 흘려보는 과정을 반복하며 반죽 상태를 확인해 적당한 시점에 마무리한다.

18 짜주머니에 넣고 반죽 짜기 반죽이 완성되면 지름 0.5~1㎝의 원형 깍지를 끼운 짜주머니에 담고, 시트 패드 밑에 원형 가이드라인을 얹은 다음 시트 위로 보이는 가이드라인 안쪽으로 반죽을 짜놓는다. 반죽이 고른 두께와 크기를 유지하도록 한다.

19 반죽을 짜는 올바른 방법 반죽을 짤 때는 짜주머니를 완전히 조이고 오른손으로 쉽게 눌렀다 뗐다 하며 힘을 줄 수 있도록잡는다. 왼손은 깍지가 껴 있는 앞쪽을 살짝 받치고 있어야 하는데, 반죽을 짤 때 왼손에는 힘이 전혀 들어가지 않도록 하고 오직 오른손의 힘으로만 반죽을 짜야 균일한 모양이 된다. 동그란 가이드라인 한가운데에 깍지를 직각으로 세운 뒤 바닥에서 0.5~1㎝ 떨어진 높이에서 반죽을 짠다.
동그라미 크기 만큼 반죽을 짠 다음 짜주머니를 누르던 힘을 **빼서** 압력이 전혀 가해지지 않은 상태로 깍지 부분만 아래로 살짝 눌렀다가 톡 하고 끊듯이 위로 들어올린다.
• 반죽을 짤 때 깍지의 각도가 한쪽으로 기울어지면 반죽의 두께가 일정하지 않다. 깍지의 높이가 시트에서 너무 높으면 반죽이 떨어지는 동안 흔들려서 동그란 모양이 예쁘게 나오지 않으니 모두 염두에 둔다.

20 짜놓은 반죽의 좋은 상태 적절한 농도를 가진 반죽은 짰을 때 처음에는 키세
스초콜릿처럼 삼각뿔 모양으로 윗면에 뾰족한꼭지가 보였다가 반죽이 점점 내려
앉으며 없어진다.

21 반죽 말리기 매끄러운 조약돌처럼 반죽 윗면에 윤기가 도는 상태여야 잘 된
것이다. 반죽을 짜놓은 팬의 바닥부분을 손바닥으로 탁탁 쳐서 반죽 위에 떠오른
기포를 제거한다.

22 반죽 말리기 반죽 표면을 손가락으로 만졌을 때 아무것도 묻어나지 않도록
상태를 봐가며 30분~1시간 정도 실온에서 말린다. 반죽이 적당하게 마르면 표면
에 윤기가 사라지고 매트한 상태가 된다. 반죽을 짜주머니에 담았을 때와 똑 같
은 상태로 보이면 맞다. 손가락으로 반죽 옆면을 살짝 눌러보면 표면에만 살짝
손자국이 나고 젖은 반죽이 묻어나지 않아야 한다. 윗면을 문질러보면 반죽 위에
랩을 씌운 것처럼 속만 말캉한 상태가 되도록 한다.
• 마카로나주가 적절히 되고 아주 습한 날씨가 아니라면 30~40분 건조시키면 충분하다.

23 오븐에 굽기 150℃로 15분 이상 예열한 오븐에 반죽을 넣고 10분 동안 굽는다. 10분이 지나면 오븐 문을 열고 마카롱 윗면을 손톱으로 살짝 두들겨보아 달걀 껍질을 두들길 때처럼 단단하면서 공명이 느껴지는 정도가 되면 꺼낸다. 살짝 말랑한 느낌이면 2~3분 더 구운 뒤 다시 손톱으로 두드려 보아 적당한 시기에 꺼낸다. 만일 단단한 느낌 없이 계속 말랑한 상태로 느껴지면 오븐 온도를 100~120℃로 낮추고 3~5분 간격으로 확인하며 굽는다.

• 마카롱은 무엇보다도 본인이 사용하는 오븐의 상태를 잘 파악해야 성공률이 높다. 색깔이나 마카로나주 상태에 따라 굽는 시간에 차이가 생기니 번거롭더라도 반죽 상태를 체크한다.

24 짝지어 몽타주하기 꼬끄가 완성되면 오븐에서 꺼내 적당히 식혀 시트에서 떼어낸 뒤 크기가 비슷한 것끼리 짝을 지어 필링을 바르고 샌드한다. 필링을 샌드하는 과정을 몽타주라고 하며, 몽타주가 끝난 마카롱은 밀봉하여 최소 하루이틀은 냉장고에서 숙성시킨 뒤 냉동실에 보관해두고 먹는다.

몽타주법 p.437 참고

Italian Macaron

이탈리안 머랭법으로
꼬끄 만들기

마카롱

원형으로 필링 샌드해서
25~30개 정도 분량

재료

아몬드파우더 100g 슈거파우더 100g 달걀흰자 A(페이스트용) 37g

달걀흰자 B(머랭용) 37g 설탕 100g 물 25g 식용색소

p.421 프렌치 머랭법과 동일

1 마카롱 시트 준비하기 사용하는 오븐 팬에 맞는 시트와 지름 3.5㎝ 원형 가이드라인, 원형 깍지를 끼운 짜주머니를 준비한다.

2 아몬드파우더와 슈거파우더 체에 내리기 아몬드파우더와 슈거파우더를 섞어 체에 2~3번 내린 뒤 머랭을 반죽할 큼직한 믹싱볼에 담는다.

• 달걀흰자에 설탕시럽이 들어가면 볼륨이 많이 늘어나기 때문에 머랭을 올릴 믹싱볼은 넉넉한 사이즈가 필요하다.

3 페이스트용 달걀흰자와 색소 넣기 ②의 믹싱볼 한쪽 구석에 페이스트용 흰자 A를 넣은 다음 색소를 넣고 스패튤라로 그 부분을 대충 저어 흰자에 색소가 골고루 섞이도록 한다. 달걀흰자를 별도의 볼에 넣고 색소를 섞은 다음 가루에 넣어도 좋다. 단, 따로 섞어 넣을 때는 흰자 분량에 손실이 생기지 않도록 최대한 긁어 넣도록 한다. 색소를 섞은 흰자의 색은 원하는 색보다 다소 진하게 나와야 한다. 프렌치 머랭법은 머랭에 가루를 나누어서 섞기 때문에 생각했던 색을 낼 수 있지만, 이탈리안 머랭법은 그 반대로 가루에 머랭을 나누어 섞기 때문에 하얀 머랭이 다 들어가면 색이 많이 옅어질 수 있다는 것을 감안해야 한다. 보통 2~3배 정도 밝아진다는 것을 염두에 두고 색소를 넣는 것이 좋다. 색이 옅거나 짙어졌다고 해서 이후에 가감하는 것은 어려우니 이 단계에서 원하는 색깔을 신중하게 생각해서 색소의 양을 결정한다.

4 가루에 흰자 섞기 색소가 어느 정도 섞이면 본격적으로 달걀흰자와 가루를 뒤적여 섞는다. 스패튤라를 칼처럼 세워서 반죽을 11자로 자르듯이 섞는 것이 좋다. 이 단계에서 반죽을 너무 꾹꾹 눌러 문지르듯 비비면 아몬드가루의 유분이 과도하게 나와 마카롱을 망치는 원인이 될 수 있으니 가벼운 동작으로 칼로 끊듯이 11자로 잘라주고, 반죽을 뒤집어가며 날밀가루가 보이지 않을 때까지만 섞는다.

5 페이스트 반죽 완성하기 완성된 반죽은 찐득한 느낌의 페이스트 상태로, 다소 덜 섞인 것 같아도 겉도는 가루만 보이지 않으면 된다. 이후에 머랭을 넣고 섞으면 풀어지니 너무 오랫동안 섞어 기름지게 만들지 않도록 한다.

6 머랭용 달걀흰자 준비하기 믹싱볼은 바닥과 윗지름이 좁고 깊은 것으로 준비해 물기나 이물질 없이 깨끗하게 건조시킨 다음 머랭용 달걀흰자 B를 넣는다. 다음 단계에서 설탕시럽을 넣으면 바로 휘핑할 수 있도록 핸드믹서를 꺼내 전원을 연결해둔다. 이탈리안 머랭법은 한 번에 만드는 양이 많아야 안정적인 머랭을 만들 수 있기 때문에 가정에서 미니오븐으로 만들 때는 어려움이 있다. 레시피에 제시된 재료 분량을 줄여서 만들 경우 성공 여부를 장담할 수 없기 때문에 여기에 제시된 재료의 양이 최소단위라는 점을 기억한다.

7 시럽용 설탕과 물 계량하기 바닥과 윗지름이 좁고 깊이가 깊은 냄비에 설탕을 넣고 분량의 물을 넣는다. 설탕이 군데군데 물에 젖지 않았다고 해서 섞이도록 도구로 저어주면 절대 안 된다. 설탕에 결정이 생겨 단단한 설탕 덩어리가 될 수 있으니 설탕 위에 물을 넣은 상태 그대로 사용하도록 한다. 시럽을 만들 냄비는 바닥코팅이 잘된 스테인리스냄비나 일반적으로 가정에서 사용하는 테프론 코팅 냄비를 준비한다. 스테인리스냄비의 경우 간혹 열전달이 빨라 설탕이 녹기도 전에 타버려서 캐러멜화 될 수도 있는데, 이렇게 되면 설탕시럽을 사용하지 못하고 버려야 하니 냄비 선택이나 가열시 주의하도록 한다.

8 시럽 만들기 설탕과 물이 들어 있는 냄비를 불에 올려 끓인다. 처음에는 불이 너무 세지 않도록 중간 정도에서 끓인다. 단, 너무 약하면 시럽의 온도가 올라가지 않으니 보통 국이나 찌개를 끓일 때의 불 세기가 적당하다. 냄비를 불에 올리면 처음에는 온도가 점점 올라가면서 냄비 가장자리부터 끓어올라 보글보글 기포가 생기고, 온도가 점점 올라갈수록 가운데로 가면서 기포가 더 많이 생긴다. 이때는 냄비 바닥에 채 녹지 않은 설탕이 보이니 중간 중간 냄비를 살짝 들어 올려 빙빙 돌려주면서 가장자리에 붙어 있는 설탕이 타지 않도록 한다. 이렇게 하면 설탕이 한쪽에 두껍게 몰려 녹지 않는 현상도 막을 수 있다.

9 시럽 온도 체크하기 보글보글 끓어오른 기포가 냄비 윗면 전체에 보이면 온도를 체크한다. 100℃ 정도면 설탕이 거의 다 녹았다고 보면 된다.

10 흰자 폼 만들기 설탕시럽이 100℃가 되면 바로 옆에 준비해둔 핸드믹서를 이용해 흰자의 거품을 올린다. 20~30초 정도 강한 속도로 거품을 올리는데, 거품의 정도는 흰자가 물처럼 흐르는 상태를 벗어나 뭉실뭉실 솜 같은 폼이 생기면 적당하다. 시럽을 끓이면서 재빠르게 머랭을 올리는 것이 급하고 어려우면 설탕이 든 냄비를 불에 올린 다음 바로 머랭 올리는 작업을 먼저 해두는 것도 좋다.

11 118℃까지 시럽 온도 올리기 시럽의 온도가 118℃가 되는 순간 불을 끈다. 그 이상으로 올라가면 캐러멜화 되어 갈색으로 변하니 주의한다.

12 흰자에 시럽 부어가며 머랭 올리기 머랭을 올려둔 믹싱볼에 불에서 바로 내린 시럽을 옆면 가장자리로 졸졸 부어가며 핸드믹서를 돌려 머랭을 올린다. 핸드믹서의 속도를 조금 빠르게 하는데, 불에서 내린 시럽의 온도가 많이 떨어지기 전에 흰자에 다 들어가야 하므로 불에서 냄비를 내리자마자 바로 핸드믹서를 켜 머랭 올리는 작업을 시작한다. 시럽의 온도가 떨어지기 전에 작업을 완료하려면 핸드믹서의 코드를 꽂아 흰자와 함께 바로 옆에 준비해두도록 한다.

• 시럽을 돌아가고 있는 핸드믹서 날 위에 붓지 않도록 한다. 빠른 속도로 돌아가는 날 위에 시럽을 부으면 시럽이 믹싱볼 옆면으로 날아가 붙어 머랭에 투입될 시럽의 양이 줄어들어 배합률에 문제가 생긴다.

13 머랭 완성하기 머랭에 설탕 시럽이 전부 들어가면 핸드믹서기의 속도를 고속에서 중간 정도의 속도로 낮춘 뒤 계속 휘핑한다. 믹싱볼을 손으로 만졌을 때 따뜻한 온기가 남아 있고 머랭의 농도가 매우 차지고 걸쭉하며, 핸드믹서의 날을 들어 올렸을 때 딸려 올라온 머랭이 삼각뿔처럼 단단하게 서서 뾰족한 끝부분이 앞으로 부드럽게 구부러지면 완성된 것이다.

• 보통 머랭 온도가 50~60℃ 정도 되면 완성된 것으로 보는데, 온도가 되었어도 머랭이 덜 올려진 경우가 많으므로 머랭 농도를 반드시 체크하여 완성 시점을 정한다.

14 머랭 농도 확인하기 핸드믹서를 멈추고 날을 살짝 들어 올렸을 때 머랭의 형태가 ⑬에서 말한 것과 같은지 확인해 마무리한다. 프렌치 머랭은 소프트아이스크림처럼 매우 부드러워 휘어진 머랭 끝부분이 살짝 흔들리는 정도이지만, 이탈리안 머랭은 휘어진 부분이 흔들리지 않고 견고한 느낌이다.

15 아몬드페이스트에 머랭 1/3 섞기 달걀흰자를 가루와 섞어 찐득한 상태로 만들어둔 아몬드페이스트에 머랭의 1/3을 덜어 넣고 섞는다.

16 머랭을 비비듯이 섞기 아몬드페이스트에 머랭을 넣으면 처음에는 아몬드페이스트가 굉장히 되직하고 단단해 머랭과 따로 놀 수밖에 없기 때문에 스패튤라로 뒤적이는 정도로는 섞이지 않는다. 스패튤라의 납작한 면을 이용하여 머랭과 페이스트를 동시에 비비듯 믹싱볼 옆면에 짓이겨 펴 바르듯이 섞는다. 믹싱볼 바닥에 달라붙어 있는 아몬드페이스트까지 싹싹 긁어가며 채 섞이지 않고 남은 페이스트가 없도록 믹싱한다. 초기의 머랭과 페이스트가 완전히 섞여야 두 번째로 머랭이 들어갈 때부터 수월하게 섞인다.

17 남은 머랭의 절반 섞기 다시 머랭의 절반을 덜어 넣고 계속 섞는다.

18 머랭 골고루 섞기 두 번째 머랭을 섞을 때부터는 과도하게 반죽을 뭉개지 말고 반죽을 전체적으로 확확 뒤집어가며 섞는다. 아래쪽의 반죽을 과감하게 위로 퍼 올려 엎어주는 동작을 반복하면서 머랭이 보이지 않을 때까지 믹싱한다.

19 나머지 머랭 섞기 나머지 머랭을 모두 싹싹 긁어 넣고 골고루 섞는다.

20 반죽 완성하기 마지막 머랭이 들어가면 반죽을 완전히 뒤집어 골고루 섞는다. 아래쪽 반죽을 퍼 올려 뒤집는 동작을 반복하되, 믹싱볼 옆면에 묻어 있는 반죽까지 싹싹 훑어 모아 섞는다. 머랭이 보이지 않고 반죽 자체가 매끈한 색이 되면 믹싱을 마무리한다. p.424 프렌치 머랭법과 동일

21 마카로나주 하기 머랭과 아몬드페이스트의 믹싱이 끝나면 본격적으로 마카로나주를 시작한다. 스패튤라의 납작한 면 전체가 믹싱볼 옆면에 닿아 넓고 고른 압력으로 머랭을 으깨도록 한다. 열 번 정도 마카로나주 하고 멈춘다. p.424 프렌치 머랭법과 동일

22 마카로나주 상태 확인하기 반죽을 모아서 흘려보았을 때 반죽이 얇은 리본 모양으로 차곡차곡 쌓이는 농도가 좋고, 떨어진 흔적이 금세 사라지지 않고 얼마 동안 그 모양이 그대로 유지되는 상태여야 한다. p.424 프렌치 머랭법과 동일

23 마카로나주 마무리하기 반죽의 상태가 리본이 층층이 쌓인 모양으로 반죽 윗면에 다른 반죽이 떨어진 자국이 견고하게 그대로 남아 있으면 마무리한다.

24 반죽 마무리 하기 반죽을 떨어뜨리거나 저어준 자국은 20~30초 정도 후에 점점 뭉개지면서 반죽의 각진 부분이 부드럽게 변한 상태가 최상이다.

25 가이드라인 안에 반죽 짜기 반죽이 완성되면 지름 0.5~1㎝의 원형 깍지를 끼운 짜주머니에 담고 패드 위로 보이는 가이드라인 안에 짠다. 깍지를 가이드라인 한가운데에 직각으로 세우고 바닥에서 0.5~1㎝ 떨어진 높이에서 짜는데, 두께와 크기가 고르도록 한다. 반죽을 끊을 때는 반드시 짜주머니를 누르던 손의 힘을 완전히 빼고 깍지를 바닥으로 살짝 눌렀다가 위로 들어 올리면서 톡 하고 끊는다.

26 짜놓은 반죽의 좋은 상태 적절한 농도를 가진 반죽은 짰을 때 처음에는 키세스초콜릿처럼 삼각뿔 모양으로 윗면에 뾰족한 꼭지가 보였다가 반죽이 점점 내려앉으며 없어진다.

27 반죽 균일하게 짜기 반죽은 균일한 두께와 크기로 짠다. 짜주머니를 누르는 힘을 동일하게 해 반죽 분량이 거의 같도록 하고, 꼬끄 위에서 한쪽으로 쏠리지 않고 한가운데에 동글납작하게 짜 올리도록 한다.

28 반죽 말리기 반죽 표면을 손가락으로 만졌을 때 아무것도 묻어나지 않도록 상태를 봐가며 30분~1시간 정도 실온에서 말린다. 반죽이 적당하게 마르면 표면에 윤기가 사라지고 매트한 상태가 된다. 반죽을 짜주머니에 담았을 때와 똑 같은 상태로 보이면 맞다. 손가락으로 반죽 옆면을 살짝 눌러보면 표면에만 살짝 손자국이 나고 젖은 반죽이 묻어나지 않아야 한다. 윗면을 문질러보면 반죽 위에 랩을 씌운 것처럼 속만 말캉한 상태가 되도록 한다. p.426 프렌치 머랭법과 동일

29 오븐에 굽기 160℃로 15분 이상 예열한 오븐에 반죽을 넣고 10분 동안 굽는다. 이탈리안 마카롱은 프렌치 마카롱보다 조금 더 높은 온도에서 구워야 속까지 열전달이 확실하게 되고 보송보송한 마카롱이 완성된다. 10분 정도 지나면 오븐 문을 열고 손톱으로 마카롱 윗면을 살짝 두들겨보아 달걀껍질을 두들길 때처럼 단단하면서 공명이 느껴지는 정도가 되면 꺼낸다. 약간 말랑한 느낌이 든다면 2~3분 정도 더 굽고 다시 손톱으로 톡톡 두들겨보아 달걀껍질 같이 얇고 단단한 느낌인지 확인한다. 계속 말랑한 상태라면 오븐의 온도를 100~120℃로 낮추고 3~5분 간격으로 체크하면서 굽는다. 이때는 굽는다기보다는 건조시키는 것으로 보면 된다.

30 짝지어 몽타주하기 꼬끄가 완성되면 적당하게 식혀 시트에서 떼어낸 뒤 크기가 비슷한 것끼리 짝을 맞춰 필링을 샌드하는 몽타주 과정(p.437 참고)을 거친다. 몽타주가 끝나 완성된 마카롱은 밀봉해서 최소 하루 이틀 정도 냉장고에서 숙성시킨 뒤 냉동실에 보관해두고 먹는다.

필링 만들기와 몽타주

마카롱의 *꼬끄*(껍질)에 크림을 얹고 다시 *꼬끄*로 덮으면 동그란 *꼬끄*가 마주본 상태로 하나의 마카롱이 완성되는데, 이렇게 크림을 샌드하는 과정을 '몽타주'라고 한다. 마카롱은 몽타주 한 뒤 최소 하루 이틀 정도 냉장고에서 숙성시킨 뒤 냉동실에 보관해두고 먹을 때 잠깐 상온에 꺼내두었다가 먹는 것이 가장 맛있다. 숙성을 거치는 이유는 필링 속의 수분이 *꼬끄*로 옮겨가면서 마카롱의 식감이 부드럽고 촉촉해지며 특유의 풍미가 살아나기 때문이다. 며칠 내에 다 먹을 거라면 냉장실에 두고 먹어도 좋다.

마카롱 필링에 사용하는 크림은 크게 3가지로 나뉜다. 버터를 크림화시켜 만드는 버터크림류, 초콜릿을 녹여 만드는 가나슈, 과일 등을 설탕에 조려 만드는 잼 등으로, 다양한 필링을 만드는 것이 마카롱을 만드는 사람의 노하우가 담기는 부분이다. 마카롱 전문가들 사이에 어떤 필링을 어떻게 만드느냐를 일급비밀에 부칠 만큼 매우 중요한 영역이다.

이 책에서는 가장 손쉽게 집에서 만들어 쓸 수 있는 바닐라 버터크림류와 가나슈 만드는 법을 소개한다. 마카롱의 예쁜 모양을 무너뜨리지 않고 잘 유지시킬 수 있는, 가장 현실적인 필링이기도 하다. 기본적인 방법만 잘 익혀두면 다양한 버전을 만드는 것도 가능하다.

바닐라 버터크림

마카롱에 가장 흔히 사용되는 기본 크림이다. 이탈리안 머랭을 만들 때처럼 설탕시럽을 만든 뒤, 달걀노른자와 흰자에 넣고 거품을 올린 다음 버터를 믹싱해서 만드는 전형적인 방법도 있지만, 보다 쉽고 빠르게 만들 수 있는 방법을 소개하려 한다. 만드는 법이 간단할 뿐 아니라 장기간 보관해두고 사용할 수 있어서 많은 홈베이커들의 사랑을 받고 있다.

마카롱

재료
실온에서 부드럽게 녹은 버터 100g
슈거파우더 120g(100~200g)
소금 1~2g
바닐라엑스트랙 5g
바닐라빈 1/2개(옵션)

1 핸드믹서나 스탠드 믹서를 이용해 실온 상태의 버터를 더 부드럽게 풀어준 뒤 슈거파우더와 소금을 넣고 섞는다. 버터 색이 아주 연해지고 볼륨이 풍성한 크림 상태가 될 때까지 휘핑한다. 휘핑을 오래 할수록 공기가 많이 들어가 버터크림의 식감이 매우 부드러워지므로 시간과 공을 들여서 충분하게 믹싱한다. 보통 10분 이상 휘핑하는 것이 좋다.

2 풍성한 크림이 되면 바닐라엑스트랙과 바닐라빈(기호에 따라 넣기)을 넣은 다음 좀 더 휘핑해부드럽고 풍부한 크림을 만든다.

3 완성된 버터크림을 짜주머니에 넣고 꼬끄 한쪽에 짜 올린 뒤 다른 꼬끄 하나를 짝지어 샌드한다. 필링은 꼬끄의 한가운데에 깍지를 직각으로 세워 짜도록 하며, 크림의 모양이 키세스초콜릿처럼 삼각뿔 모양으로 나오는 것이 가장 예쁘고 안정적으로 샌드하기에 좋다. 한쪽으로 치우쳐 크림을 짜면 몽타주 후 크림이 밖으로 나와 모양을 망칠 수 있으니 주의한다.
• 마카롱 반죽을 짤 때와 비슷하다. 한두 개 먼저 몽타주 해보고 사용되는 필링의 양을 가늠한 뒤 나머지도 같은 양을 짜주도록 한다.

4 사용하고 남은 버터 크림은 공기가 닿지 않도록 밀봉한 뒤 가까운 시일 내에 다시 사용할 계획이라면 냉장실에, 오래 둘 거라면 냉동실에 보관한다. 냉장보관은 버터에 표시된 유통기한을 기준으로 하고, 냉동보관은 좀 더 오래 가능하다.
• 크림을 다시 사용할 때는 미리 실온에서 자연적으로 해동시킨다. 버터크림을 만든 뒤 바로 필링으로 사용하지 않고 냉장보관했다가 다시 해동시켜 부드럽게 만드는 믹싱 과정을 거치면 크림의 밀도가 더 조밀해져 몽타주 작업의 완성도가 높아지니, 이런 요령도 알아두자.

A variety of Butter Cream 다양한 버터크림

모카 버터크림

- 인스턴트 커피에 약간의 물을 섞어 진하게 녹인 다음 버터크림을 휘핑할 때 함께 섞는다.

캐러멜 버터크림

- 버터크림을 휘핑할 때 캐러멜시럽을 넣는다. 당도가 높아지므로 버터크림을 만들 때 기본적인 슈거파우더의 배합률을 낮춰야 너무 달지 않은 필링이 된다.

피넛 버터크림

- 땅콩잼을 버터크림에 섞는다. 캐러멜 버터크림과 마찬가지로 슈거파우더의 배합률을 조금 낮춰야 고소한 크림을 맛볼 수 있다.

다양한 잼을 믹싱한 버터크림

- 좋아하는 과일잼을 버터크림에 섞어 사용한다. 이때 잼의 수분으로 인해 버터크림이 분리되거나 묽어져 몽타주 작업이 어려울 수 있으니 너무 많은 양을 사용하지 않도록 한다.

마카롱

재료

다크초콜릿 또는
화이트초콜릿커버처 100g
생크림 70g(50~100g)
버터 15g
물엿 10g

초콜릿 가나슈

딱딱하게 굳어 있는 일반 초콜릿을 부드럽게 만들기 위해 생크림을 섞어 녹인 것으로, 마카롱 필링으로 가장 맛있고 고급스러운 것으로 꼽는다. 특히 집에서 마카롱을 만들 때 초콜릿 가나슈처럼 간편하고 성공적인 것이 없다고 할 만큼 실용적인 크림이다. 일반적으로 가나슈에 사용하는 초콜릿은 '커버처'라고 하는 리얼 초콜릿으로, 사각형의 판 모양이거나 녹이기 쉽게 버튼 모양으로 된 것이 있다. 다양한 브랜드와 더불어 카카오 함량에 따라 가격 차이가 많고 그 종류가 다양하니 기호에 맞게 선택한다. 함께 사용하는 생크림은 동물성 크림을 사용하도록 한다.

초콜릿을 너무 고온으로 녹이지 않도록 하고, 생크림과 섞을 때 완벽하게 유화시켜야 분리현상이 생기지 않아 윤기 돌고 입 안에서 사르르 녹는 가나슈를 만들 수 있다. 또 이렇게 하면 보관 기간도 길어진다. 한 번 만든 가나슈는 굳은 후 초콜릿이나 생크림의 유통기한만큼 보관했다 재사용이 가능하다. 가나슈를 저어줄 때 기포가 많이 생기면 곰팡이의 원인이 되니 절제된 동작으로 천천히 유화시키도록 한다.

마카롱의 필링으로 사용하려면 가나슈를 실온이나 냉장고에서 장시간 굳혀야 하기 때문에, 오후에 몽타주 작업을 할 계획이라면 가나슈를 오전에 미리 만들어 상온에서 굳히는 정도로 시간 분배를 하는 것이 좋다.

1 생크림을 냄비에 담고 불에 올려 끓기 직전까지 뜨겁게 데운다.

2 미리 잘게 다져서 믹싱볼에 넣어둔 초콜릿에 뜨겁게 데운 생크림을 모두 붓고 물엿도 함께 넣어 잠시 두었다가 스패튤라로 천천히 저어 녹인다. 믹싱볼 가운데 바닥부터 저어 녹이도록 하고 거칠게 저어 기포가 생기지 않도록 주의한다.
• 만일 초콜릿이 덜 녹아 덩어리진 것이 남아 있으면 따뜻한 물에 올려 중탕으로 녹여도 좋다.

3 초콜릿이 완전히 녹으면 버터를 넣고 분리되지 않도록 조심하며 젓는다. 초콜릿 윗면에 윤기가 돌면서 겉도는 기름기 없이 표면이 매끈해지면 핸드믹서나 푸드 프로세서로 살짝 갈아 한 번 더 유화시킨다. 윗면이 마르지 않도록 랩을 씌워 적당한 농도가 될 때까지 굳힌다.

4 물처럼 줄줄 흐르지 않고 필링으로 사용하기에 적당한 농도로 굳으면 짜주머니에 넣어 꼬끄 위에 짜 올려 몽타주 작업을 한다. 필링은 꼬끄의 한가운데에 깍지를 직각으로 세워 짜도록 하며, 크림의 모양이 키세스초콜릿처럼 삼각뿔 모양으로 나오는 것이 가장 예쁘고 안정적으로 샌드하기에 좋다. 한쪽으로 치우쳐 크림을 짜면 몽타주 후 크림이 밖으로 나와 모양을 망칠 수 있으니 주의한다.
• 마카롱 반죽을 짜는 것과 동일하다. 한두 개 먼저 몽타주 해보고 사용되는 필링의 양을 가늠한 뒤 나머지도 같은 양을 짜주도록 한다.

5 화이트초콜릿 가나슈의 경우, 핸드믹서나 스탠드 믹서로 충분히 휘핑하면 버터크림처럼 풍성한 볼륨이 생기며 질감이 매우 부드러워진다. 색도 일반 가나슈와 달리 하얀색이라 색다른 초콜릿 가나슈를 즐길 수 있다.

마카롱의 핵심 포인트

1 머랭의 균일성과 농도

설탕은 머랭에 윤기를 내고 밀도를 조밀하게 하여 견고한 기공을 만들어줍니다. 안정된 머랭을 만드는 핵심 재료라고 할 수 있지요. 하지만 흰자에 섞이는 즉시 녹아 수분 형태로 바뀌기 때문에 많은 양의 설탕을 한꺼번에 넣으면 머랭 올리기에 실패할 수 있어요. 많은 양의 설탕이 한꺼번에 들어가면 얼른 흰자와 섞이게 하기 위해 빠른 속도로 거칠게 믹싱하게 되고, 그로 인해 오버피크(흰자를 과도하게 저은 상태)가 되면 흰자의 입자들이 깨져 퍼석하고 몽글몽글 분리된 머랭이 되고 말지요.

마카롱의 수많은 실패 요인 중 가장 흔한 것이 바로 이 부실한 머랭이에요. 마카롱에 있어 머랭의 중요성은 아무리 강조해도 지나치지 않지요. 프렌치 머랭법이나 이탈리안 머랭법 각각에 적합한 머랭의 농도를 반드시 체크하세요. 각 머랭법에서도 설명했지만, 잘 된 머랭의 상태는 머랭을 올리던 핸드믹서의 날을 들어 올렸을 때 날에 묻어 딸려온 반죽이 뿔처럼 단단하게 서되, 끝부분은 낚싯바늘처럼 안쪽으로 부드럽게 휘어지는 정도예요. 프렌치 머랭은 그 끝이 소프트아이스크림처럼 살짝 흔들리고 이탈리안 머랭은 끝이 흔들리지 않아 강도의 차이가 있어요.

2 머랭에 가루류를 섞으며 농도를 조절하는 마카로나주

머랭에 가루 재료를 넣고 머랭이 적당하게 풀리면서 폼이 사그라들 때까지 반죽을 믹싱볼 옆면에 문질러주는 동작을 '마카로나주'라고 하는데, 보통 5번 마카로나주 한 다음 반죽을 모아 흘려보아 적당한 농도가 됐는지 확인합니다. 한 번 오버된 마카로나주는 되돌릴 수 없으니 다섯 번 단위로 체크하면서 프렌치 머랭은 총 20~25회 정도, 이탈리안 머랭을 10회 내외로 마카로나주 하세요. 반죽을 흘렸을 때 얇은 리본 모양으로 차곡차곡 쌓이는 상태가 좋고, 흘린 자국이 반죽 윗면에 살짝 형태만 남아 서서히 퍼지는 상태가 최상이에요.

3 안정적인 삐에와 속결을 만들기 위한 말리기

꼬끄를 굽고 나서 손가락으로 만져봤을 때 아무 것도 묻어나지 않을 때까지 30분~1시간 정도 실온에서 말려요. 반죽이 적당하게 마르면 표면의 윤기가 모두 사라지고 매트한 상태로 보이며, 손가락으로 반죽 옆면을 살짝 눌러보았을 때 속은 말랑하고 윗면은 말랑한 반죽에 랩을 씌운 것 같은 느낌이면 좋아요. 비가 오거나 아주 습한 날씨가 아니라면 30~40분 정도 지나면 충분히 마른답니다.

4 촉촉한 속결과 얇고 바삭한 꼬끄를 위한 굽기

마카롱을 만들 때 가장 많이 연구해야 하는 부분이 오븐 같아요. 가정에서 흔히 사용하는 홈베이킹용 오븐으로는 정확한 온도가 나오기 쉽지 않기 때문이에요. 열선이 지나가는 위치에 따라 오븐 안의 온도도 곳곳이 다르고, 오븐 안쪽과 바깥쪽의 기온차가 심한 것도 문제이지요. 그러니 마카롱을 굽기 전에 본인이 사용하는 오븐을 제대로 파악하고 있어야 합니다. 레시피에 제시된 온도만큼 예열해서 사용한다 해도 사용하는 오븐에 따라 높거나 낮은 온도를 내는 경우가 있고, 또 윗불이 센지 밑불이 센지 등등 파악해야 할 오븐의 특성이 여러 가지입니다. 이 부분은 마카롱뿐 아니라 홈베이킹 전반에 걸쳐 주의해야 할 부분이기도 하고요. 마카롱 수업을 하다보면 의외로 굽는 과정에서 반죽을 망치는 경우가 종종 있는데, 오븐에 굽기 시작해서부터 중간 중간, 그리고 완성될 때까지 오븐 상태를 세심하게 살피는 것이 중요합니다.

5 마카롱 굽기 3단계

1) 예열 단계

예열 단계를 절대로 무시하지 마세요. 예열 과정을 생략하는 것은 쭈글쭈글 주름지고 기름지며 찐득한 마카롱의 원인이 돼요. 오븐은 예열을 시켜놓아야 반죽을 넣는 순간부터 원하는 온도에서 구울 수 있어요. 예열 안 된 낮은 온도에서 굽게 되면 머랭이 부풀어 오르지 못하고 바로 퍼지면서 반죽 속의 공기와 수분이 방출되어 최악의 사태가 발생됩니다. 최소 15~20분은 예열하여 150℃까지 올리고, 온도를 체크할 때도 오븐에 표시된 숫자만 보지 말고 온도계로 직접 확인해야 합니다.

2) 팽창 단계

충분히 예열된 오븐에 반죽을 넣고 구우면 3분 정도 지난 시점에서 *꼬끄*에 삐에가 보이기 시작합니다. 머랭이 열을 받아 팽창해 부풀어 오르면서 *꼬끄* 속을 채우고 있는 과정이지요. 대략 시간으로 따져보면 8~10분 정도 돼요. 아주 연한 색이거나 탈색이 심한 색을 사용한 경우에는 8분 정도, 좀 더 진한 색의 반죽은 10분 정도 걸려요.

3분 정도 지나면 삐에가 생기기 시작해 7~8분 정도가 되면 삐에가 살짝 내려앉으면서 전체적으로 볼륨이 조금 주저앉아 안정화되는 시점이 생기는데, 이때까지를 팽창 단계로 보면 됩니다. 이 단계에서는 오븐 문을 절대로 열지 마세요. 열기가 빠져나가 온도가 떨어지면 머랭이 마카롱 속을 채우지 못하고 주저앉아 속 빈 마카롱이 됩니다.

이렇게 시간이 다 되면 오븐 문을 열고 반죽 윗면을 손톱으로 가볍게 톡톡 두드려서 완성 시점을 정하는 단계를 거치세요(p.435 참고).

제 경우 10분 동안 굽고 오븐 문을 열어 손톱으로 두들겨본 뒤 다시 문을 닫고 2분 정도 두었다가 꺼내요. 오븐 문을 열었을 때 온도가 떨어지기 때문에 문을 닫은 후 2분 정도 두어 조금 더 건조시키면 알맞은 타이밍이라고 봅니다.

손톱으로 두들겨보았을 때 윗면이 말랑말랑해 푹 꺼지거나 찢어지면 얼른 오븐 문을 닫고 건조 단계로 돌입하세요. 또, 아주 연한 색을 내고 싶을 때는 8분 후 오븐을 한 번 열어서 열을 빼주는 것이 좋습니다.

3) 건조 단계

제시간을 넘기고 이렇게 건조 단계로 넘어온 반죽들은 일단 어떤 이유로든 문제가 생긴 반죽이라고 보면 되는데, 머랭의 부실함에서 출발해 마카로나주가 오버된 것에 이르는 경우가 대부분이에요. 아주 심한 경우가 아니라면 오븐에 있는 동안 충분히 문제를 해결할 수 있으므로 포기하지 말고 세심하게 신경써주세요. 아직 실패한 것이 아니랍니다. 반죽 윗면을 손톱으로 두들겨보았을 때 단단한 느낌 없이 말랑하게 느껴지면 얼른 오븐 문을 닫은 뒤 온도를 100~120℃로 낮춘 다음 3~5분 간격으로 살펴가며 건조시켜요. 열풍으로 수분을 날려주어 상태 좋은 *꼬끄*가 되도록 기다리는 과정이에요. 반드시 달걀껍질 같은 단단함이 느껴져야 합니다.

마카롱의 실패 요인

마카롱은 만드는 과정에서 어느 한 부분만 실수했다고 해서 반죽을 망치지는 않아요. 머랭을 올릴 때부터 마지막 굽기까지 연쇄적으로 반응하며 영향을 주지요. 마카롱의 실패 요인을 생각하다 보면 하나로 연결되어 있다는 걸 알 수 있을 거예요. 마카롱 만들기에 실패했다면 다음의 4가지 현상을 보고 본인이 만든 마카롱은 어떤 문제가 있는지 그 원인을 살펴보세요.

1 윗면이 터지거나 찢어지고 삐에가 생기지 않는다

이 경우 가장 큰 원인은 반죽이 덜 말라 머랭이 꼬끄 윗면을 뚫고 올라온 것입니다. 또는 오븐의 밑불이 너무 세서 머랭이 폭발하듯 부푼 경우예요. 마카로나주를 할 때 머랭이 제대로 죽지 못하고 균일하지 않으며 밀도가 한쪽으로 몰려 부실한 머랭일 경우에도 이런 현상이 나타날 수 있어요. 이렇게 나온 마카롱을 잘라서 단면을 보면 크고 작은 불규칙한 기포 자국이 많이 보여요. 머랭을 문제 없이 잘 만들려면 머랭의 균일함과 농도에 신경 써야 합니다. 마카로나주를 견고하게 해서 반죽의 거품이 균일하게 다듬어지도록 하고, 말릴 때도 꼬끄 상태를 체크하며 정성껏 작업하도록 하세요.

2 속이 비어 껍질이 쉽게 부서지고 얼룩졌다. 삐에가 넓고 볼륨 없이 얇고 납작한 마카롱이 되었다

전형적인 마카로나주 오버로 인한 문제예요. 주로 초보 단계에 흔한 실수이지요. 마카로나주가 오버되면 머랭이 너무 죽어버리고 남아 있는 머랭도 부풀어 올랐다가 다시 주저앉아요. 이렇게 되면 속을 채우지 못하고 속에서 설탕이 녹으며 생긴 수분이 흘러나와 찐득해져요. 아몬드의 유분도 흘러나와 껍질에 얼룩이 지고요. 수분이 많아지니 반죽은 점점 퍼지고 삐에도 옆으로 퍼져 일명 우주선이라 불릴 만큼 납작한 마카롱이 됩니다. 간혹 마카로나주 과정에서가 아니라 머랭을 올리는 단계에서 곱고 균일하게 되지 못해 이런 현상이 나타나기도 해요.

3 윗면에 얼룩과 주름이 생기고 삐에가 약하며 바닥이 덜 익어 베이킹 시트에 붙어버렸다

이 현상은 먼저 오븐의 예열 문제부터 체크해보아야 해요. 오븐 온도가 너무 낮을 경우 윗면에 주름과 얼룩이 생겨요. 초기 오븐의 온도가 낮아 열로 인해 팽창해야 하는 머랭이 부풀지 못하고 그대로 주저앉아버렸기 때문이지요. 반드시 예열 과정을 거쳐 오븐 온도를 처음부터 적정 상태로 유지시키는 것이 중요합니다.

예열을 잘 했다 하더라도 굽는 도중에 오븐 문을 열어 온도를 떨어뜨리면 같은 현상이 생겨요. 예쁜 마카롱을 만들기 위해 오븐 온도를 꼭 지킬 것! 잊지 마세요.

4 삐에가 한쪽으로 쏠리고 전체적으로 기울었다

이런 현상을 '야구모자 현상' 또는 '슬라이딩 현상'이라 불러요. 이런 현상은 아몬드파우더의 문제인 경우가 많아요. 아몬드파우더가 오래된 것이거나 공기에 닿은 채 실온에 오래 방치된 것을 사용하면 이렇게 돼요. 또 아몬드파우더를 체에 내리거나 사용할 때 짓눌러 유분이 배어 나왔기 때문일 수도 있어요. 이런 경우 아몬드 유분으로 인해 삐에가 껍질에 붙어 자리 잡지 못하고 한쪽으로 미끄러져 마카롱 단면을 보면 속이 비어 있어요. 아몬드파우더를 신선한 것으로 교체하거나 유분이 적은 것을 사용하면 해결할 수 있는 문제입니다.

EPILOGUE

오늘도 보조개가 예쁜 새댁이 열심히 마카롱을 연습합니다.
입맛이 까다로운 시어머니가 새댁이 만든 마카롱을 한입 맛보고서
세상에서 이렇게 맛있는 과자는 처음이라고 감탄하셨다며 기뻐하더니,
요즘은 여기 저기 선물하고 싶어 안달이 났네요.
나눔이 얼마나 기쁜 일인지, 새댁의 얼굴이 웃음꽃으로 활짝 피어났어요.
빵을 굽고 나누는 이들의 얼굴은 늘 선한 미소와 웃음이 가득합니다.
저 역시 세상에서 가장 행복한 일을 함께 한다는 것에 흐뭇하기만 합니다.
정말 매일 매일이 새롭고 감사합니다.
맞아요. 한마디로 빵은 사랑입니다!
끝으로 이 책을 만드는 동안 너무 바빠 잘 챙겨주지 못한 가족들,
엄마가 만든 빵이 세상에서 가장 맛있다고 말해주는 남편과 두 아들들에게
진심어린 감사의 인사를 전합니다.

● **참고 문헌**

《Baking & Pastry》 The Culinary Institute of America, Wiley

《Professional Baking, Fourth Edition》 Wayne Gisslen-Le Cordon Bleu, John Wiley and Sons, Inc

《제과제빵 이론 특강》 월간빠띠씨에, 비앤씨월드

《제과제빵 과학》 김성곤, 조남지, 김영호, 윤성준, 이재진, 정순경, 채동진 공저, 비앤씨월드

《올 어바웃 브레드》 이성실, 알에이치코리아

《올 어바웃 케이크》 이성실, 알에이치코리아

《우리밀 홈베이킹》 이성실, 웅진리빙하우스

CONVEX 42L
PO9242

Rotisserie
Electric oven

CONVEX 4QT
BK1000P

Dough&Blender
Machine

빵선생 이성실의
홈베이킹 노트

ⓒ이성실, 2015

초판 1쇄 발행일 2015년 10월 27일
초판 2쇄 발행일 2016년 8월 16일

지은이 이성실
펴낸이 윤은숙
기획·편집책임 이희원
디자인 윤미정
마케팅 나다연 옥찬미
도움 주신 곳 오븐엔조이 www.ovennjoy.com
　　　　　　　맘스오븐 www.momsoven.co.kr

펴낸 곳 (주)느림보
등록일자 1997년 4월 17일
등록번호 제10-1432호
주소 경기도 파주시 회동길 198
전화 편집부 031-955-7383 영업부 031-955-7374
팩스 031-955-7393
홈페이지 www.nurimbo.co.kr

이 책의 글과 사진의 일부 또는 전부를 재사용하려면 반드시 저작권자와 (주)느림보 양측의 동의를 얻어야 합니다.
책값은 뒤표지에 있습니다.
ISBN 978-89-5876-201-0 13590

이 도서의 국립중앙도서관 출판시도서목록(CIP)은 서지정보유통지원시스템 (http://seoji.nl.go.kr)와
국가자료공동목록시스템(http://nl.go.kr/kolisnet)에서 이용하실 수 있습니다.
(CIP제어번호 : CIP2015027835)